AF297449

Prix : 2 fr. 25 net.

PRÉPARATION AU BREVET ET AUX ÉCOLES NORMALES

CHIMIE

Par M. et Mme H. GRANDMONTAGNE

CRISTAL DE ROCHE OU QUARTZ HYALIN (SILICE PURE)

Paris — Librairie Larousse

Cours expérimental
DE CHIMIE

TROISIÈME ÉDITION

COURS EXPÉRIMENTAL DE PHYSIQUE ET DE CHIMIE, PAR M. ET Mme H. GRANDMONTAGNE

Enseignement primaire supérievr : garçons.

Première annee. 225 giavmes. Cartonne . . . .   1 fr. 80
Deuxième annee. 237 graxures. Cartonné.   2 fr. 50
Troisième anuée. 282 gravures. Cartonné. . .   2 fr. 80

Enseignement primaire supérieur : filles.

Première année. 219 giavures Cartonné .   1 fr. 80
Deuxième an 1ée. 150 giavures, Cartonné   1 fr. 80
Troisième année. 188 gravmes. Cartonné,   1 fr. 75

Brevet et écoles normales.

Physique. 330 giavures. Cartonné   2 fr 25
Chimie. 140 gravures. Cartonne. .   2 fr. 25

Cours expérimental
DE CHIMIE

à l'usage des Candidats au Brevet et aux Écoles normales

PAR

M. et Mme H. GRANDMONTAGNE

PROFESSEURS AUX ÉCOLES NORMALES DE BLOIS.

PARIS. — LIBRAIRIE LAROUSSE

RUE MONTPARNASSE, 13-17. — SUCC^{le} : RUE DES ÉCOLES, 58 (SORBONNE)

AVANT-PROPOS

A partir de 1912, les candidats aux concours d'entrée des Écoles normales primaires ont à préparer des programmes limitatifs. En ce qui concerne la physique et la chimie, ces programmes offrent une remarquable unité de vues.

Deux idées ont présidé à leur élaboration :

1° Amener les candidats à concentrer leur attention sur des questions qui leur sont accessibles, au lieu de les laisser disperser leurs efforts sur toute l'étendue du programme de physique et de chimie. On espère ainsi qu'ils acquerront sur les matières étudiées des notions suffisamment précises et étendues pour qu'on puisse, à l'École normale, se contenter de reviser rapidement ces questions, en y ajoutant, s'il y a lieu, quelques compléments ;

2° Les matières figurant au programme limitatif ont été choisies de façon que leur enseignement, *même au cours supérieur des écoles primaires*, puisse revêtir le caractère expérimental. On demandera aux candidats le détail des expériences qui leur ont été faites pour la vérification de telle ou telle loi ; on pourra même les inviter à faire eux-mêmes quelques démonstrations simples. En un mot, on veut, dans la mesure du possible, supprimer le verbalisme dans l'enseignement scientifique.

Au fond, on n'a fait que régulariser en droit ce qui existait en pratique. Les questions qui figurent aux programmes limitatifs sont précisément celles sur lesquelles portaient exclusivement les interrogations aux concours d'entrée des écoles normales. Il se trouve aussi qu'en pratique ce sont à peu près les seules questions qui sont posées aux épreuves orales des brevets élémentaires. Aussi le présent volume peut convenir aux candidats et aux candidates aux deux examens.

Pour permettre aux maîtres de donner un enseignement expérimental, nous nous sommes préoccupés de faire construire un matériel simple, de prix abordable, robuste, permettant des démonstrations rapides et, malgré tout, probantes. *Ce matériel,*

*dont nous avons construit nous-mêmes les appareils originaux,
nous l'avons utilisé dans nos cours à l'école normale avant de le
faire figurer dans nos ouvrages.* Ainsi, les élèves trouveront dans
leurs livres, l'appareil même qui a servi aux démonstrations.
Nous avons par ce moyen évité l'inconvénient grave résultant
du fait que l'élève trouve dans son livre un appareil complètement différent de celui dont le maître s'est servi au cours de
sa leçon.

Nous avons consulté les programmes limitatifs des différentes
académies, et notre ouvrage répond à toutes les exigences. De
plus, nous avons ajouté quelques chapitres qui ne figurent pas
aux programmes des candidats aux écoles normales, mais qui
peuvent être utiles pour la préparation au Brevet élémentaire.

Nous pensons que cet ouvrage sera utile aux élèves et aux
maîtres qui les préparent; nous accueillerons avec reconnais-
sance les observations qui pourront nous être présentées.

LES AUTEURS.

PROGRAMME DE CHIMIE

pour le concours d'admission aux Écoles normales primaires d'instituteurs et d'institutrices de l'Académie de Paris.

————

Notions générales sur les combinaisons et les décompositions chimiques : corps simples et corps composés.

L'hydrogène : préparation, propriétés et usages.

L'oxygène : préparation, propriétés et usages.

L'eau : sa composition chimique, ses propriétés; eaux potables. Purification des eaux pour l'usage domestique.

L'air : sa composition et ses propriétés.

L'azote.

Le soufre : propriétés et usages.

L'anhydride sulfureux et l'acide sulfhydrique : principales propriétés.

Le carbone et les charbons naturels et artificiels : propriétés et usages.

L'oxyde de carbone et le gaz carbonique : préparation, propriétés et usages.

La chaux, le carbonate de calcium et le sulfate de calcium : propriétés et usages; expériences simples.

Rôle de ces corps en agriculture.

Métaux usuels : propriétés et usages (ne figure qu'au programme des Écoles normales d'institutrices).

Nota. — On interrogera les aspirantes sur les applications à l'hygiène et à la vie ménagère que comporte le programme.

REMARQUE. — Les programmes limitatifs de l'*Académie de Paris* sont les moins étendus de ceux que nous avons consultés, mais dans tous on rencontre les matières qui figurent ci-dessus, matières qui constituent ainsi une partie commune à tous les programmes.

————

✺ ✺ CHIMIE ✺ ✺

1re LEÇON

CORPS SIMPLES ET CORPS COMPOSÉS

MATÉRIEL : A défaut d'une cornue en terre réfractaire, mettre dans une casserole en fer *sans soudure* 25 grammes de craie ; placer cette casserole plusieurs heures dans un feu bien ardent, après l'avoir couverte d'un couvercle en fer. — Chlorate de potassium. — Appareil à dégagement, représenté par la figure 1. — 2 ou 3 piles électriques en série et voltamètre pour la décomposition de l'eau. (Avec de l'eau acidulée, il faut des électrodes en platine, mais on peut prendre pour électrode positive un crayon de charbon des cornues et pour électrode négative une lame de cuivre ; avec une solution de soude caustique, on peut prendre des électrodes en fer.) — Soufre en fleur. — Charbon (morceau de fusain tenu par un fil de fer.) — Soufre en canons. — Têt à combustion tenu par un fil de fer. — Tournesol bleu. — Eau de chaux. — Limaille de fer. — Recueillir 3 ou 4 flacons d'oxygène. — Sulfure de fer. — Tournure de cuivre. — Acide sulfurique. — Tubes à essais.

Corps composés. — Leur décomposition.

1. Décomposition de la craie. — EXPÉRIENCE. Dans une casserole en fer battu, nous avons mis 25 grammes de craie. La casserole a été placée plusieurs heures dans un foyer bien ardent. Pesons à nouveau son contenu : nous trouvons de 15 à 16 grammes. Cependant l'aspect des morceaux de craie n'a pas changé ; il semble que la substance retirée du feu soit la même qu'auparavant.

Mais jetons cette substance dans l'eau : elle produit un bruit analogue à celui d'un fer rouge ; nous la voyons se fendre, tomber en poussière, et si nous agitons, nous obtenons un liquide blanc comme du lait ; cette substance s'est délayée dans l'eau.

Ainsi, la chaleur a transformé la craie en une substance nouvelle, la *chaux*, identique à celle dont se servent les maçons.

Nous avons de plus constaté une importante diminution de poids. Quelque chose s'est échappé de la craie. Nous aurions pu nous arranger pour recueillir ce qui s'est échappé, et nous aurions obtenu un gaz que nous étudierons plus tard. C'est le *gaz carbonique*, qu'on appelle encore d'une façon incorrecte « acide carbonique ». Nos 25 grammes de craie auraient fourni 5 litres de ce gaz, formant un poids d'environ 10 grammes.

Ainsi, la craie, sous l'influence de la chaleur, donne de la chaux et du gaz carbonique : c'est un *composé*. On dit que la chaleur *décompose* la craie.

Des expériences plus difficiles à réaliser ont montré que la chaux elle-même est formée d'un gaz appelé *oxygène* et d'un métal, le *calcium*; le gaz carbonique est formé de *charbon* et d'*oxygène*. La chaux, le gaz carbonique sont donc encore des corps composés.

2. *Décomposition du chlorate de potassium.* — Voici un corps que l'on appelle *chlorate de potassium*. J'en mets 10 grammes dans ce tube, fermé à un bout et qu'on appelle *tube à essais (fig. 1)*. Je tare le tube et son contenu sur une balance. Puis je le ferme avec un bouchon traversé par un tube recourbé.

L'extrémité de ce tube plonge dans l'eau d'une terrine ou d'une assiette; elle est recouverte d'une petite capsule renversée. Cette capsule porte un trou en son centre, comme un pot à fleurs, et une ouverture latérale pour laisser passer le tube. On l'appelle *têt à gaz*. Ce têt sert de support à un flacon ou à une *éprouvette*, tube large et à parois épaisses. On a rempli d'eau le flacon et on l'a retourné dans la terrine, sur le têt à gaz. L'appareil précédent, que nous retrouverons fréquemment, est dit *appareil à dégagement de gaz*.

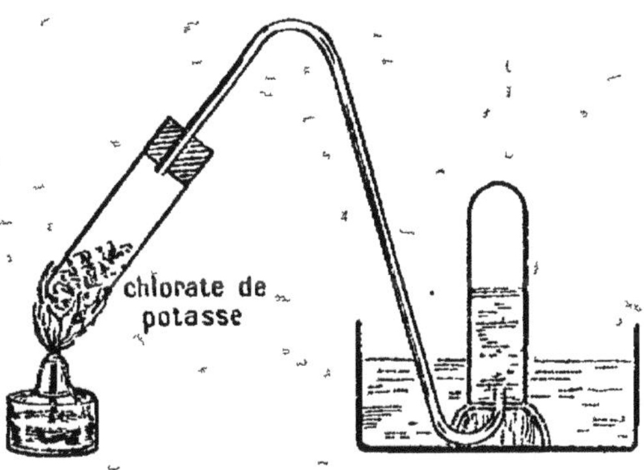

Fig. 1. — Appareil à dégagement pour recueillir un gaz.

Chauffons le tube à essais. Des bulles de gaz s'échappent par l'extrémité du tube à dégagement, sous le têt à gaz, montent dans le flacon et chassent l'eau. Bientôt le flacon est rempli de gaz. Je le soulève un peu et je passe sous l'ouverture maintenue dans l'eau une petite soucoupe. Je retire ainsi le flacon et la soucoupe, et le gaz est emprisonné dans le flacon (*fig. 2*).

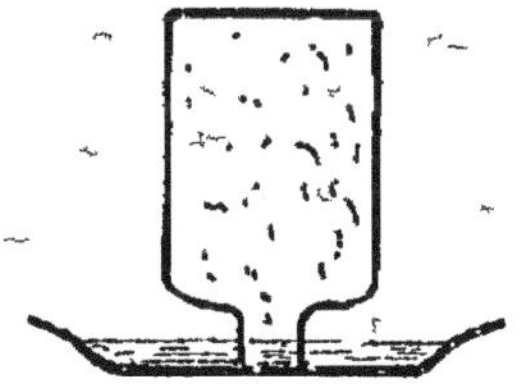

Fig. 2. — Moyen de conserver un gaz dans un flacon.

Recueillons ainsi trois flacons de ce gaz, et continuons à chauffer jusqu'à ce qu'il ne se dégage plus rien. A ce moment, enlevons le tube à essais et pesons-le de nouveau. Son poids a diminué de 3 à 4 grammes. Si nous avions recueilli tout le gaz qui s'est dégagé, nous verrions que son poids est justement égal à la différence constatée.

Prenons un flacon du gaz qui s'est dégagé, allumons une allumette, éteignons-la, et quand il reste encore un point rouge, introduisons-la dans le flacon. Elle se rallume et brille avec un vif éclat. Ce gaz, qui rallume ainsi une allumette n'ayant plus qu'un point rouge, a été appelé *oxygène*.

Ainsi, la chaleur *décompose* le chlorate de potassium et il se dégage de l'oxygène. Il reste dans le tube à essais un corps appelé *chlorure de potassium*, qui est lui-même formé de *chlore* et d'un métal, le *potassium*.

Le chlorate de potassium, le chlorure de potassium sont des corps composés.

3. Décomposition de l'eau. — Voici plusieurs appareils qu'on appelle des *piles électriques* (nous les étudierons plus tard) [*fig.* 3]. Ces piles produisent un *courant électrique* qui est conduit par un fil de cuivre. Voici, d'autre part, un verre dont le fond est percé de deux trous par lesquels passent deux fils de métal. Ce verre s'appelle un *voltamètre*.

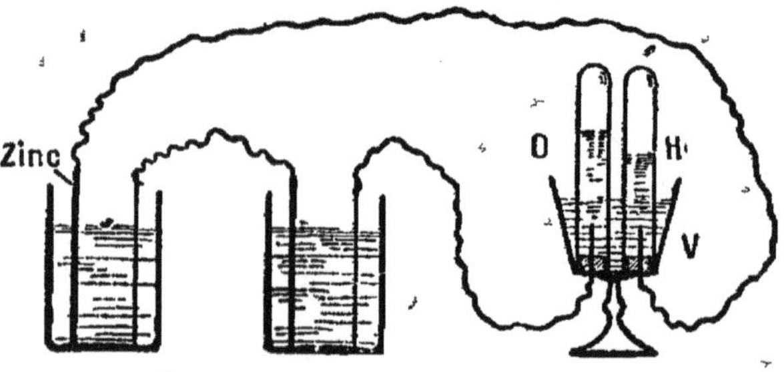

Fig. 3. — Décomposition de l'eau par le courant electrique dans un voltamètre V.

Versons dans le verre de l'eau additionnée d'un peu d'acide sulfurique, et recouvrons chaque fil d'un tube à essais plein d'eau. Réunissons les deux bouts du fil de cuivre aux fils du voltamètre.

Nous constatons que des bulles se forment sur les fils, puis s'élèvent dans les éprouvettes. L'une des éprouvettes se remplit deux fois plus vite que l'autre ; le gaz qu'elle contient brûle avec une flamme bleue.

Ce gaz s'appelle *hydrogène*. L'autre éprouvette renferme un gaz qui rallume une allumette n'ayant plus qu'un point rouge : c'est de l'*oxygène*.

Ainsi, le *courant électrique* a décomposé l'eau en *hydrogène* et en *oxygène*. *L'eau est donc un corps composé.*

4. Définition. — Nous avons vu que, de la craie, du chlorate de potassium, de l'eau, etc., on peut retirer plusieurs substances différentes : ce sont des *corps composés*. Au contraire, de l'oxygène, de l'hydrogène, du chlore, du charbon, on n'a pu *jusqu'à ce jour* retirer qu'une seule et même substance. Ces corps sont dits *simples*. *Un corps simple est donc un corps que jusqu'ici on n'a pu décomposer.*

On connaît à l'heure actuelle environ 80 corps simples. Le nombre des corps composés formés par l'union de deux ou plusieurs corps simples est considérable.

5. Le soufre s'unit à l'oxygène. — Voici un petit morceau de soufre : c'est un corps simple. Je le place dans une coupelle en terre maintenue par un fil de fer (*fig.* 4), je l'allume et je le plonge dans un flacon rempli d'oxygène. On le voit brûler avec une belle flamme bleuâtre.

Le flacon est maintenant rempli d'un gaz à odeur suffocante. Ce gaz résulte de l'union du soufre et de l'oxygène : on l'appelle *gaz sulfureux*.

6. Le charbon s'unit à l'oxygène. — Voici un morceau de fusain maintenu par un fil de fer. Je chauffe au rouge l'extrémité et je l'introduis dans un flacon d'oxygène. Il brûle avec de vives étincelles.

Quand le charbon cesse de brûler, le flacon est rempli d'un gaz qui provient de l'union du charbon et de l'oxygène. C'est le *gaz carbonique*.

Je verse de l'*eau de chaux* dans le flacon : cette eau se trouble.

Fig. 4.—Combustion du soufre dans l'oxygène.

Le gaz carbonique s'est uni à la chaux pour former un corps identique à la craie. C'est ce corps qui trouble l'eau dans laquelle il reste en suspension.

7. Le soufre s'unit au cuivre, au fer. — Dans un tube à essais, je fais fondre du soufre, puis j'introduis dans le tube un morceau de tournure de cuivre (copeaux qui se détachent pendant qu'on travaille le cuivre au tour). On voit le cuivre rougir. Je le retire, et vous voyez qu'il est transformé en un corps noir, cassant. Ce corps est formé de l'union du cuivre et du soufre ; on l'appelle *sulfure de cuivre*. — Chauffer de même de la fleur de soufre et de la limaille de fer : on obtient du *sulfure de fer*.

8. But de la chimie. — Ces exemples suffisent pour montrer comment les corps simples s'unissent les uns aux autres pour former des corps composés. La *chimie* est la science qui étudie les propriétés des corps simples et la façon dont ils s'unissent pour former des corps composés. Elle fait connaître les procédés employés pour obtenir les différents corps simples ou composés, ainsi que les applications pratiques qui résultent de la connaissance des propriétés de ces corps.

Combinaison. — Ses caractères.

9. Changement de propriétés. — Nous avons vu les corps simples s'unir pour donner des corps composés. Cette union porte le nom de *combinaison chimique*. Nous allons examiner quels sont ses caractères.

Considérons la craie, corps solide. Nous avons vu qu'en la chauffant on en retire un gaz, le gaz carbonique, et un autre corps, la chaux, dont les propriétés ne sont pas les mêmes que celles de la craie.

Voyons maintenant l'eau, corps liquide. Nous savons déjà qu'elle est formée d'hydrogène et d'oxygène, corps gazeux ayant des propriétés bien différentes de celles de l'eau.

Voici encore du sulfure de fer. Nous savons qu'il est formé de soufre et de fer. Mais on ne reconnaît plus dans le sulfure de fer les propriétés des corps précédents. Ainsi, un morceau de soufre se dissout dans le sulfure de carbone, le sulfure de fer ne s'y dissout pas. — Je verse de l'acide sulfurique sur le soufre : il ne se produit rien. J'en verse sur le fer : il se dégage un gaz que nous étudierons plus tard; c'est l'hydrogène, qui est inodore. Mais, si je verse de l'acide sulfurique sur le sulfure de fer, il se dégage un gaz à odeur désagréable d'œufs pourris. Le sulfure de fer a donc aussi des propriétés bien différentes de celles du soufre et du fer. — Comparez de même le soufre, l'oxygène et le gaz sulfureux, le carbone, l'oxygène et le gaz carbonique.

Nous voyons ainsi que, quand deux corps se combinent, *le corps composé résultant de leur combinaison a des propriétés différentes de celles des composants.*

10. Dégagement de chaleur. — Nous avons vu le soufre, le charbon brûler dans l'oxygène. Cette union, cette combinaison des deux corps se faisait avec un vif éclat et un grand dégagement de chaleur. Nous avons vu aussi le cuivre et le soufre s'unir avec un grand dégagement de chaleur qui portait le métal au rouge. De même lorsque le fer s'unissait au soufre. On peut donner à cette dernière combinaison une forme saisissante.

EXPÉRIENCE. On prend 40 grammes de limaille de fer et 20 grammes de fleur de soufre, qu'on triture ensemble de façon à les bien mélanger. On met le tout dans un ballon et on verse de l'eau chaude jusqu'à ce que l'on ait une pâte épaisse. Au bout de quelque temps on voit se dégager des torrents de vapeur; c'est que le fer et le soufre se sont unis, et que le dégagement de chaleur a fait vaporiser l'eau.

La plupart des combinaisons se produisent comme les précédentes avec un dégagement de chaleur plus ou moins grand. On a pu mesurer ce dégagement, qui est parfois considérable.

Ainsi 3 grammes d'hydrogène, en brûlant dans l'oxygène pour former de l'eau, dégagent assez de chaleur pour porter de 0° à 100° un litre d'eau.

Lorsque deux corps se combinent avec grand dégagement de chaleur, on dit qu'ils ont beaucoup *d'affinité* l'un pour l'autre. Ainsi, le soufre, le charbon ont beaucoup d'affinité pour l'oxygène : le soufre a de l'affinité pour le fer, le cuivre, etc.

11. Rapport constant entre les poids des composants. — Nous avons vu que le courant électrique décompose l'eau et donne un volume d'hydrogène double de celui d'oxygène. Chaque fois qu'on décompose l'eau, on trouve le même rapport. En tenant compte du poids du litre d'oxygène et du poids du litre d'hydrogène, on trouve que l'eau renferme 1 gramme d'hydrogène pour 8 grammes d'oxygène. Dans l'eau, le rapport du poids d'hydrogène au poids d'oxygène est constant.

Ce fait est général. Ainsi, pour le gaz sulfureux, 32 grammes de soufre s'unissent à 32 grammes d'oxygène ; pour le gaz carbonique, on trouve 32 grammes d'oxygène et 12 grammes de carbone ; pour le sulfure de fer, 32 grammes de soufre et 56 grammes de fer ; pour la craie, 56 grammes de chaux et 44 grammes de gaz carbonique, etc.

Donc, quand deux corps s'unissent pour former un composé, il existe un *rapport constant* entre les poids des corps qui se combinent.

Mélange.

12. Caractères du mélange. — Quand deux corps sont réunis, sans présenter les caractères précédents, on dit qu'ils sont *mélangés*.

Exemple : J'ai réuni de la fleur de soufre et de la limaille de fer : j'ai fait un mélange. Ainsi, le fer de ce mélange est attiré par l'aimant, le soufre se dissout dans le sulfure de carbone, l'acide sulfurique versé sur le mélange laisse dégager de l'hydrogène comme si le fer était seul. Chacun des corps conserve donc ses propriétés. On n'a observé aucun dégagement de chaleur.

Les corps ont été réunis dans des proportions quelconques. Nous verrons bientôt que l'air est formé de plusieurs gaz simplement mélangés, tandis que nous savons l'eau formée de deux gaz combinés.

Décomposition.

13. Décomposition. Réaction. Analyse. Synthèse. — La *décomposition* est évidemment l'inverse de la combinaison. Nous avons vu précédemment des exemples de décomposition. Comme la combinaison se fait en général avec dégagement de chaleur, la décomposition, au contraire, exige qu'on fournisse de la chaleur au corps qu'on veut décomposer. Ex. : décomposition de la craie, du chlorate de potassium. Pour l'eau, nous avons fourni un courant électrique ; mais nous apprendrons que la chaleur et l'électricité sont des formes d'*énergie* qu'on peut transformer l'une dans l'autre, et que fournir de l'énergie électrique ou fournir de la chaleur, c'est en définitive apporter une certaine énergie, capable de provoquer la décomposition.

On désigne sous le nom général de *réactions chimiques* les phénomènes de combinaison ou de décomposition que nous étudierons dans ce cours.

Quand nous décomposerons un corps pour reconnaître ses composants, nous ferons une *analyse*.

Quand nous combinerons deux ou plusieurs corps pour former un composé, nous effectuerons la *synthèse* de ce composé.

Premières notions sur les atomes, les molécules, les symboles chimiques.

14. Pour des raisons que nous ne pouvons exposer dans ce cours, les chimistes ont été amenés à admettre que les corps simples sont formés par l'association de particules extrêmement petites appelées *atomes*. Ces particules sont indivisibles, d'où précisément leur nom. *Pour un corps donné, les atomes sont tous identiques et ont un poids invariable.*

Les atomes des différents corps simples s'unissent pour former des groupements plus complexes appelés *molécules*.

L'atome est la plus petite particule d'un corps simple; la molécule est la plus petite particule d'un corps composé.

On ne sait pas déterminer le poids d'un atome, mais il est possible de déterminer le rapport entre le poids de l'atome d'un corps simple et le poids de l'atome d'hydrogène. C'est ce rapport qu'on appelle *poids atomique* de l'élément.

Pour simplifier l'écriture, on a pris l'habitude de représenter les corps simples par un symbole qui est généralement la première lettre du nom.

Ainsi, le symbole de l'oxygène est O; celui du soufre S; celui du phosphore P. Quand les noms de plusieurs corps commencent par la même lettre, on convient de représenter l'un par sa lettre initiale, les autres par un symbole formé de la première lettre associée à une autre lettre du nom.

Exemples: Le symbole du charbon est C; celui du chlore, Cl; celui du cuivre, Cu. La première lettre du symbole est toujours une majuscule.

On convient aussi que ce symbole représente un poids du corps proportionnel au poids de l'atome, ou poids atomique du corps.

Ainsi, le symbole C veut dire non seulement du carbone, mais encore il représente un poids de carbone proportionnel au nombre 12, poids atomique du carbone. De même O veut dire un poids d'oxygène proportionnel à 16.

Les symboles des corps composés s'obtiennent en juxtaposant les symboles des corps qui les constituent, et en plaçant à droite et en haut de chaque symbole un exposant qui indique le nombre d'atomes qui entrent dans la molécule du corps composé.

Ainsi, l'eau a pour symbole H^2O, ce qui signifie: dans une molécule d'eau, il y a 2 atomes d'hydrogène et 1 atome d'oxygène; or, comme le poids atomique de l'hydrogène est 1, celui de l'oxygène 16, ce symbole indique immédiatement que pour former de l'eau 2 grammes d'hydrogène s'unissent à 16 grammes d'oxygène.

En ajoutant les poids des atomes des différents corps simples qui figurent dans le symbole d'un composé, on a le *poids moléculaire* de ce composé. Ainsi, le poids moléculaire de l'eau est 18.

Nous donnerons, au fur et à mesure que nous en ferons l'étude, les symboles des différents corps simples ou composés dont nous parlerons.

15. *Tableau des symboles et des poids atomiques des corps simples usuels.*

Nom du corps	Symbole.	Poids atomique.	Nom du corps.	Symbole.	Poids atomique.
Hydrogène. . . .	H.	1	Cuivre	Cu.	63
Chlore	Cl.	35,5	Plomb	Pb.	207
Potassium	K.	39	Mercure	Hg.	200
Sodium.	Na.	23	Azote.	Az.	14
Argent.	Ag.	108	Phosphore. . . .	P.	31
Oxygène	O.	16	Or.	Au.	196
Soufre	S.	32	Carbone	C.	12
Calcium.	Ca.	40	Silicium	Si.	28
Magnésium . . .	Mg.	24	Platine.	Pt.	195
Fer.	Fe.	56	Étain.	Sn.	118
Zinc.	Zn.	65	Aluminium. . . .	Al.	27

REMARQUE. Le symbole K du potassium vient de *kalium;* celui du sodium, Na, vient de *natron;* celui du mercure, Hg, de *hydrargyrum;* celui de l'or, Au, de *aurum...,* etc., noms latins ou anciens des corps simples considérés (1).

RÉSUMÉ

1. En chauffant la *craie,* on peut en retirer du *gaz carbonique* et de la *chaux.* La craie est un *corps composé.* La chaux ellemême est formée d'*oxygène* et d'un métal appelé *calcium;* le gaz carbonique renferme du *carbone* et de l'*oxygène.*

En chauffant le *chlorate de potassium,* on en retire un gaz appelé *oxygène,* qui rallume une allumette n'ayant plus qu'un point rouge, et il reste un corps appelé *chlorure de potassium,* formé de *chlore* et de *potassium.*

Le *courant électrique* traversant l'eau permet d'en retirer de l'*hydrogène* et de l'*oxygène.*

2. On appelle *corps composés* ceux desquels on peut retirer plusieurs substances différentes. Un *corps simple* est un corps que jusqu'ici on n'a pas pu décomposer.

---

(1) Dès qu'il l'aura jugé opportun, le professeur introduira l'usage des symboles et des formules pour désigner les corps simples et les corps composés. Les élèves seront exercés à se servir du tableau des poids atomiques sans se préoccuper des conventions qui ont permis de dresser ce tableau : il suffira qu'ils puissent appliquer aux formules les recherches numériques sur les poids et les volumes que comporte leur emploi. (Instructions annexées aux programmes de 1909.)

Les corps simples s'unissent pour former des corps composés. Ainsi le soufre s'unit à l'oxygène pour donner le *gaz sulfureux;* le charbon et l'oxygène donnent le *gaz carbonique;* le soufre et le fer ou le cuivre, du *sulfure de fer, de cuivre,* etc.

La *chimie* étudie les corps simples et les corps composés qui résultent de leur union. Elle s'occupe de la préparation de ces corps, de leurs propriétés et de leurs applications.

3. Lorsque deux corps s'unissent pour donner un corps nouveau, on dit que ces deux corps se combinent; leur union s'appelle *combinaison.*

Les caractères de la combinaison sont les suivants:

a) Les propriétés du composé sont différentes de celles des composants;

b) L'union des composants s'effectue généralement avec dégagement de chaleur;

c) Pour former un même composé, les poids des composants s'unissent dans un rapport bien déterminé et invariable.

Quand l'union de deux corps ne présente pas les caractères précédents, ces corps sont simplement *mélangés.*

4. La *décomposition* est l'inverse de la combinaison. On appelle *réaction* tout phénomène de combinaison ou de décomposition. On *analyse* un composé quand on le décompose en corps plus simples; on en fait la *synthèse* quand on provoque la combinaison des éléments qui le constituent.

5. On admet que les corps ne sont pas divisibles à l'infini. Les plus petites particules des corps simples sont des *atomes.* Les atomes d'un corps donné sont tous identiques et chacun de ces atomes a un poids invariable. Plusieurs atomes de corps différents peuvent s'unir pour former une *molécule* d'un corps composé.

Le *poids atomique* d'un corps simple est le rapport entre le poids d'un atome de ce corps et le poids de l'atome d'hydrogène; le *poids moléculaire* d'un corps composé est égal à la somme des poids des atomes qui entrent dans une molécule de ce composé.

EXERCICES

Qu'appelez-vous corps simples, corps composés? — Citez des corps simples, des corps composés. — De quoi sont formés les corps suivants: craie, chlorate de potasse, eau? — Comment montre-t-on la composition des corps précédents? — Montrez, par des exemples, que des corps simples peuvent s'unir pour donner des corps composés.

Qu'appelle-t-on combinaison de deux corps? — Montrez, par des exemples,

les caractères de la combinaison. — Qu'appelle-t-on mélange de deux corps ?
— Donnez des exemples de mélanges, de combinaisons, et justifiez ce que vous
dites. — Qu'appelle-t-on décomposition, réaction, analyse, synthèse ? — Donnez
des exemples de ces divers phénomènes. — Qu'appelle-t-on atome d'un corps
simple, molécule d'un corps composé, poids atomique, poids moléculaire ?

2ᵉ LEÇON

L'EAU. — PROPRIÉTÉS. — COMPOSITION

MATÉRIEL : Eau ordinaire, sel, sucre, pétrole, huile, alcool, glycérine. —
Appareils des figures 6, 7 et 8. — Eau de pluie. — Solution de savon blanc dans
l'eau de pluie ou dans l'alcool. — Eau chargée de plâtre ; mettre quelques pincées de plâtre dans un verre d'eau, agiter, laisser reposer ou filtrer. — Eau
calcaire : faire passer un courant de gaz carbonique dans de l'eau de chaux ; on
peut se contenter de souffler dans cette eau jusqu'à ce que le précipité formé
commence visiblement à paraître, ou simplement ajouter de l'eau de Seltz
jusqu'à disparition du précipité formé. — Bougie de filtre Chamberland ou
simplement vase poreux pour piles électriques. On plongera le vase dans de
l'eau boueuse. — Charbons ardents pour la décomposition de l'eau. Il faut des
charbons bien incandescents pour que l'expérience de la figure 13 réussisse ;
c'est le coke qui nous a donné les meilleurs résultats.

Propriétés physiques.

15. *Changements d'état*. — L'eau se rencontre dans nos régions sous
trois états physiques. Généralement, elle est à l'état liquide. Incolore sous une faible masse, elle paraît bleue sous une grande épaisseur. La coloration verdâtre de certaines rivières est due aux matières que l'eau tient en suspension.

L'eau à l'état solide constitue la neige, la glace. La neige est formée de petits cristaux souvent disposés en étoiles hexagonales et
d'aspect varié.

L'eau à l'état de vapeur se trouve dans l'atmosphère, les gaz des
volcans (*fig.* 5). La condensation de la vapeur d'eau atmosphérique
forme les nuages, la pluie, etc.

On a *choisi* le point de fusion de la glace comme point fixe inférieur
dans la graduation du thermomètre centigrade. La température de
la vapeur d'eau bouillante, lorsque la pression extérieure est de
760 millimètres, a été *choisie* comme point fixe supérieur.

L'eau présente à 4° centigrades un *maximum de densité*. On a *choisi*
pour unité de poids le poids de 1 décimètre cube d'eau à 4°. C'est le
kilogramme.

L'eau augmente de volume en se solidifiant ; 13 dm³ d'eau donnent
environ 14 dm³ de glace.

Fig. 5. — Nuée ardente sortant de la Montagne-Pelée (Martinique).
Phot. de M. A. Lacroix, extraite de *La Montagne Pelée* (Masson et Cie, édit).

16. L'eau est *un dissolvant*. — EXPÉRIENCES. I. Mettre un morceau de sucre, une pincée de sel dans un verre d'eau de pluie et agiter ; le sel, le sucre disparaissent ; ils se sont dissous dans l'eau. *L'eau dissout donc des solides.* Chauffer sur une lame de couteau une goutte d'eau sucrée ou salée; il y a un résidu solide.

L'eau ne dissout pas tous les corps solides. — Citer des corps solubles dans l'eau et des corps insolubles dans l'eau.

II. Constater que l'eau se mêle à l'alcool, à la glycérine, qu'elle ne se mêle pas à l'huile, à la benzine, au pétrole.

III. Remplir un flacon de gaz ammoniac. (Il suffit de chauffer la solution du commerce dans un ballon, comme le montre la figure 6.)

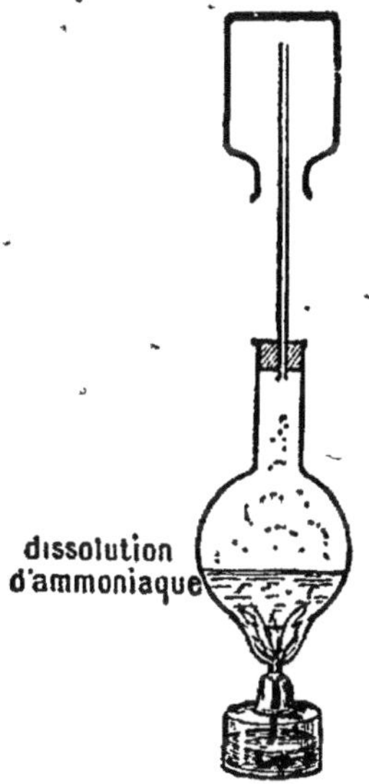
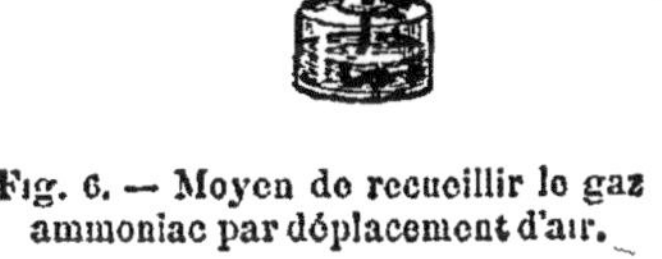

Fig. 6. — Moyen de recueillir le gaz ammoniac par déplacement d'air.

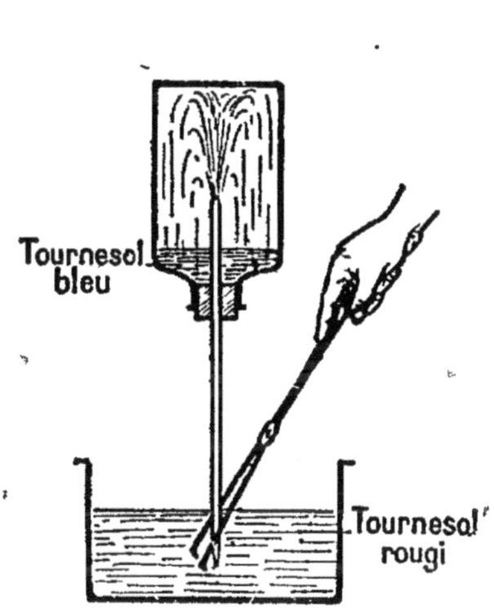

Fig. 7. — Jet d'eau produit par suite de la solubilité du gaz ammoniac.

Le gaz ammoniac chasse l'air du ballon. Quand celui-ci est plein de gaz, ce qu'on sent à l'odeur d'ammoniac qui se dégage, on ferme le flacon avec un bouchon terminé par un tube effilé à ses deux extrémités. L'une des extrémités est fermée à la lampe. On la plonge dans l'eau et on brise la pointe. On voit un jet d'eau se produire dans le flacon. — (Explication : V. *fig.* 7.)

On peut donner à l'expérience précédente une forme plus simple. Il suffit de remplir de gaz ammoniac un tube à essais. On ferme le tube avec le doigt, on plonge dans l'eau l'extrémité ouverte et on enlève le doigt. L'eau remplit presque tout le tube.

L'eau dissout donc les gaz. Le gaz ammoniac. le gaz chlorhydrique, le gaz sulfureux sont extrêmement solubles ; le chlore, le gaz carbonique sont assez solubles ; l'oxygène, l'azote, l'hydrogène, sont très peu solubles. (V. ces différents corps.)

Gaz dissous dans l'eau. Expérience. Chauffer de l'eau à l'ébullition pendant quelques minutes dans l'appareil (*fig.* 8). Le ballon et le tube de dégagement ont été au préalable remplis d'eau. On recueille sous l'éprouvette de 20 à 25 centimètres cubes de gaz, comprenant un peu de gaz carbonique, de l'oxygène et de l'azote. — Ces gaz étaient dissous dans l'eau.

Solides dissous dans l'eau. Dans l'eau ordinaire, les corps que l'on trouve le plus habituellement en dissolution sont le calcaire et le plâtre.

Expérience. Verser dans une dissolution de savon : de l'eau chargée de calcaire, de l'eau chargée de plâtre, de l'eau de pluie. Les premières eaux donnent des

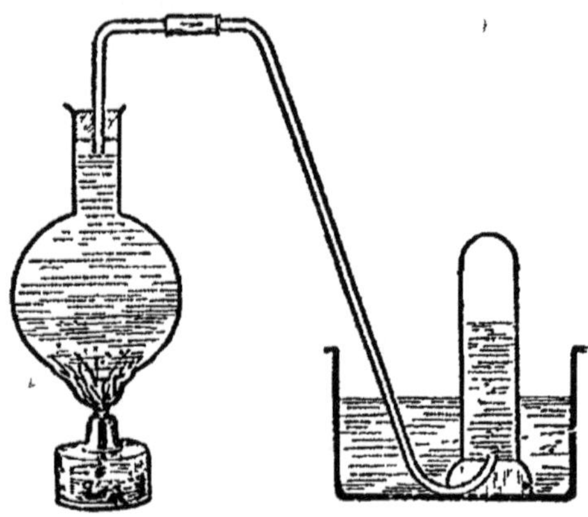

Fig. 8. — Quand on porte l'eau du ballon à l'ébullition, les gaz dissous se dégagent et se rendent dans l'éprouvette.

grumeaux ; elles ne dissolvent pas le savon. L'eau de pluie, au contraire, dissout le savon.

Les eaux chargées de calcaire ou de plâtre sont donc impropres au savonnage ; elles ne cuisent pas non plus les légumes.

Les eaux trop chargées de plâtre sont dites *séléniteuses* (la *sélénite* est du sulfate de calcium bihydraté naturel : pierre à plâtre cristallisée) ; celles qui sont trop chargées de calcaire sont *crues*. La quantité de calcaire que renferment les eaux peut être assez considérable pour que ces eaux l'abandonnent sur les objets qu'elles rencontrent. On a alors des sources incrustantes, comme celle de Saint-Alyre, à Clermont-Ferrand.

17. *Matières en suspension dans l'eau.* — L'eau est souvent trouble ; c'est qu'elle renferme de fines particules terreuses en suspension. C'est le cas des eaux de rivière au moment des pluies, ou des eaux de ruissellement. Les matières en suspension se déposent quand l'eau est au repos, ou simplement quand elle est moins agitée. Lors des crues, l'eau des rivières dépose sur leurs rives les particules enlevées aux terrains de la partie supérieure de leur cours. Ces dépôts peuvent fertiliser la vallée : c'est le cas du Nil. A la longue, ces dépôts peuvent former de véritables terrains, dits terrains d'*alluvion*, qu'on trouve dans la vallée des cours d'eau. On peut même provoquer au moyen de barrages des submersions artificielles pour obtenir un dépôt fertile sur les rives d'un cours d'eau. C'est la pratique du *colmatage*, utilisée par exemple sur le cours de la Durance.

Mais, outre les matières terreuses, l'eau trouble renferme parfois aussi des germes de maladie, en particulier ceux de la fièvre typhoïde ; elle peut véhiculer aussi les œufs de vers parasites. Des matières organiques diverses sont parfois en suspension ou en dissolution dans l'eau. L'expérience suivante va nous montrer comment on peut déceler la présence de ces matières.

EXPÉRIENCE. Prendre de l'eau additionnée de permanganate de potassium, de façon à présenter une légère coloration rosée. Ajouter à cette eau un peu de purin ou quelques gouttes de vin rouge ou blanc ; la décoloration est rapide. Ainsi la décoloration de l'eau colorée par le permanganate nous permettra de déceler la présence des matières organiques.

Eau potable.

18. Caractères de l'eau potable. — L'eau est dite potable quand elle peut servir à l'alimentation et aux usages domestiques ; elle doit être propre à la cuisson des légumes et au savonnage.

L'eau chaude ou l'eau très froide est-elle bonne à boire ? — L'eau ayant bouilli renferme-t-elle autant d'air dissous que l'eau ordinaire ? Pourquoi ? — Est-elle bonne à boire ? — L'eau de pluie renferme-t-elle des matières minérales dissoutes ? — Est-elle bonne à boire ? — Doit-on boire de l'eau trouble, de l'eau que l'on suppose avoir été souillée par des matières organiques ? — Les élèves trouveront facilement les réponses.

En résumé, l'eau potable doit être limpide, fraiche sans être froide, renfermer de l'air dissous et une petite quantité de matières minérales. Elle ne doit pas renfermer de matières organiques, ni de germes de maladies contagieuses.

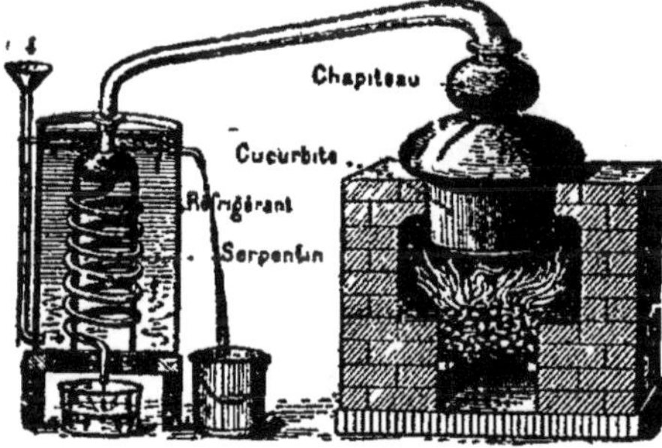

Fig. 9. — Alambic pour la distillation de l'eau. — L'eau est portée à l'ébullition dans une chaudière. La vapeur passe par un serpentin entouré d'eau froide et s'y condense.

Purification des eaux.

19. Distillation. — On débarrasse l'eau des substances minérales qu'elle renferme par la distillation. La figure 9 représente l'appareil employé dans ce but.

20. Filtration. Stérilisation. — Lorsque l'eau renferme des matières organiques qui y ont été entraînées, on dit qu'elle est *contaminée.* Elle est particulièrement dangereuse à boire lorsqu'elle peut renfermer des germes de la fièvre typhoïde. La plupart des épidémies de fièvre se propagent par l'eau.

L'eau suspecte d'avoir été contaminée sera *filtrée,* c'est-à-dire qu'on la fera passer à travers une substance qui retiendra les matières étrangères. Les filtres les plus pratiques sont en porcelaine dégourdie, analogue à la terre de pipe. Cette porcelaine est poreuse et l'eau peut passer à travers les pores, mais non les microbes.

Les filtres en porcelaine poreuse portent le nom de *filtres Chamberland* (*fig.* 10), du nom du disciple de Pasteur qui les a inventés. Ils sont formés d'un nombre plus ou moins grand de cylindres creux, ou *bougies*, qui plongent dans l'eau à filtrer (*fig.* 11).

On peut se proposer de détruire les germes qui existent dans la plupart des eaux de rivière. On dit qu'on *stérilise* l'eau. Actuellement, plusieurs grandes villes stérilisent à l'ozone l'eau qui sert à l'alimentation. On a même construit des stérilisateurs à ozone pour les usages domestiques.

Mais si on n'a ni filtre, ni stérilisateur, et que l'eau d'alimentation soit suspecte, il faut la porter à l'ébullition pendant une demi-heure environ. Ce procédé de stérilisation est efficace. Il présente toutefois un inconvénient. L'eau bouillie ne renferme plus de gaz dissous : elle est fade et indigeste. Pour s'en servir comme boisson, il faut la laisser s'aérer ou mieux la battre à l'air ou bien l'additionner de café ou d'autres boissons aromatiques. Dans les régions où les eaux risquent d'être contaminées à la suite des pluies, des inondations, on ne saurait trop répéter aux habitants : *Faites bouillir votre eau de boisson.* Cette précaution est indispensable quand une épidémie de fièvre typhoïde éclate dans une localité.

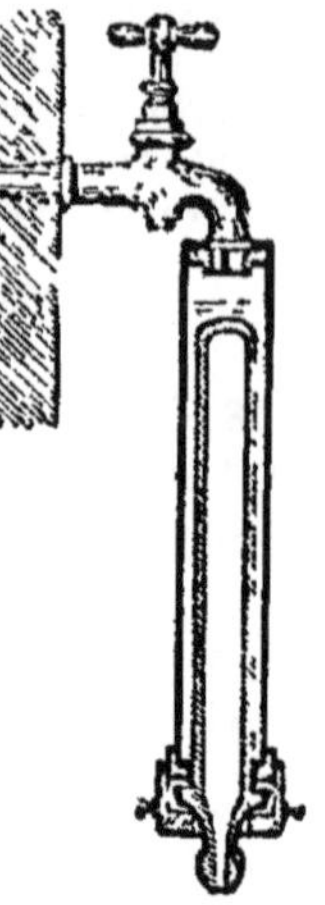

Fig. 10. — Filtre Chamberland à une bougie. — L'eau arrive sous pression à l'extérieur de la bougie.

Fig. 11. — Filtre sans pression. — Les bougies plongent dans l'eau à filtrer.

Eaux minérales.

21. *Diverses sortes d'eaux minérales.* — Certaines eaux renferment en dissolution des substances qui les font employer en médecine : ce sont des *eaux minérales.* Celles qui sont chaudes sont appelées *thermales.* Ainsi, à Chaudesaigues (Cantal), une source fournit de l'eau à 81°. Les eaux de Plombières (Vosges) sont à 74°.

Les *eaux gazeuses* renferment du gaz carbonique (eau de Seltz).

Les *eaux alcalines* renferment du bicarbonate de sodium ou sel de Vichy (eau de Vichy, Vals).

Les *eaux salines* renferment du chlorure de sodium ou sel marin. Quelques-unes, renfermant du sulfate de magnésium ou du sulfate de sodium, sont purgatives (eau de Sedlitz, de Hunyadi Janos).

Les *eaux sulfureuses* ont une odeur qui rappelle celle des œufs pourris.

Elles contiennent de l'hydrogène sulfuré ou du sulfure de sodium (Enghien, Eaux-Bonnes, Cauterets).

Les *eaux ferrugineuses* contiennent des sels de fer (Bussang, Forges-les-Eaux, Spa).

Composition de l'eau.

22. *Analyse en volume.* — L'expérience signalée au n° 3 nous a montré que l'eau est formée d'hydrogène et d'oxygène. Recommençons cette expérience ; nous remarquons que l'éprouvette d'hydrogène est pleine alors que celle d'oxygène n'est remplie qu'à moitié. Autrement dit : *De l'eau, on peut retirer de l'hydrogène et de l'oxygène dans la proportion de deux volumes d'hydrogène pour un volume d'oxygène.* Nous avons fait une analyse de l'eau en volume.

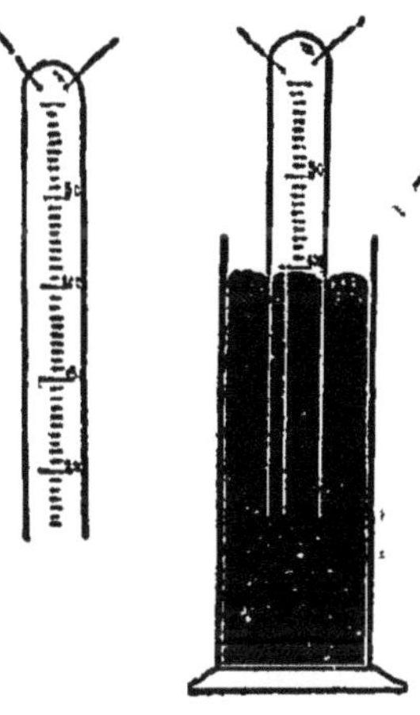

Fig. 12. — Eudiomètre. — A droite, moyen de mesurer le volume d'un gaz dans l'eudiomètre. Le niveau du liquide est le même à l'intérieur et à l'extérieur du tube.

23. *Synthèse en volume.* — L'analyse ne nous permet pas d'affirmer que l'eau ne renferme pas d'éléments autres que les deux gaz précédents; mais si nous parvenons à reformer de l'eau en combinant l'hydrogène et l'oxygène, obtenus d'ailleurs par n'importe quel procédé, nous serons sûrs que seuls ces deux éléments entrent dans la composition de l'eau. Nous aurons ainsi fait une *synthèse* de l'eau. Nous indiquerons seulement le principe de la synthèse en volume, au moyen d'un appareil appelé *eudiomètre (fig. 12).*

L'eudiomètre est un tube gradué en parties d'égal volume et fermé par un bout. Deux fils de platine soudés au verre pénètrent dans le tube et permettent de faire jaillir entre leurs extrémités voisines une *étincelle électrique.* (Ne pas dire, comme on le fait trop souvent, qu'on fait passer dans le tube un courant électrique.) On met dans le tube 100 centimètres cubes d'hydrogène et 100 centimètres cubes d'oxygène, puis on fait jaillir l'étincelle électrique. Les deux gaz se combinent, donnent de l'eau qui se condense, et on constate qu'il reste dans le tube 50 centimètres cubes de gaz. Ce gaz est de l'oxygène.

Ainsi, 100 centimètres cubes d'hydrogène ont absorbé, pour former de l'eau, 50 centimètres cubes d'oxygène, ce qui confirme les résultats de l'analyse.

24. *Composition en poids.* — Connaissant la composition de l'eau en volume, il est facile d'en déduire la composition en poids. En effet, sachant que le litre d'hydrogène pèse 0 g. 089, 2 litres pèsent 0g,198. Or, 1 litre d'oxygène pèse 1 g, 43. Le rapport des poids entre l'oxygène et l'hydrogène est donc $\frac{1,43}{0,189}$, soit 8. Ce résultat signifie que *1 gramme d'hydrogène s'unit à 8 grammes d'oxygène pour former de l'eau.*

25. Symbole chimique de l'eau. — L'eau est représentée par le symbole H^2O, ce qui signifie : dans une molécule d'eau, il y a deux atomes d'hydrogène et un atome d'oxygène.

Des considérations que nous ne pouvons exposer ont amené les savants à admettre que pour des gaz simples, dans les mêmes conditions de température et de pression, le volume de l'atome est le même. Le symbole de l'eau traduit cette hypothèse, puisqu'il indique que le volume d'hydrogène est double de celui de l'oxygène. Ce symbole traduit encore certaines propriétés chimiques de l'eau, que nous n'étudierons pas ici.

Or, puisque 1 atome d'oxygène pèse 8 fois autant que 2 atomes d'hydrogène, nous voyons que l'atome d'oxygène pèse 16 fois autant que l'atome d'hydrogène, et, d'après la convention que nous avons faite pour les poids atomiques et les poids moléculaires, nous voyons que si le poids de l'atome d'hydrogène est pris pour unité, le poids atomique de l'oxygène est 16 et le poids moléculaire de l'eau est 18.

Propriétés chimiques de l'eau.

Nous nous bornerons aux deux propriétés suivantes.

26. Action de l'électricité. — L'eau pure ne laisse pas passer le courant électrique, mais l'eau tenant en dissolution un acide minéral ou un sel métallique est conductrice. Le passage du courant produit des actions que nous étudierons en physique (V. Électrolyse) et qui se traduisent par la décomposition de l'eau en hydrogène et oxygène.

Fig. 13. — Décomposition de l'eau par le charbon ardent.

27. Action du charbon — Prendre des charbons ardents et, au moyen d'une pince en fer, les introduire brusquement sous un verre rempli d'eau et retourné dans l'eau d'une terrine (*fig.* 13). Des gaz se rendent à la partie supérieure de la cloche. Ces gaz sont inflammables. Ils renferment de l'hydrogène, de *l'oxyde de carbone* provenant de la combinaison du charbon avec l'oxygène de l'eau, et divers autres gaz.

Le *fer au rouge* agit de même sur l'eau en lui enlevant de l'oxygène ; l'hydrogène se dégage.

Les corps qui peuvent enlever de l'oxygène à un composé oxygéné sont dits *réducteurs ;* le charbon, le fer au rouge sont donc des réducteurs.

La *réduction* de l'eau par le fer au rouge a été utilisée dans un procédé de préparation de l'hydrogène ; nous retrouverons industriellement la réduction de l'eau par le charbon au rouge pour la préparation du *gaz de coke* dans les *gazogènes*.

RÉSUMÉ

1. L'eau existe à l'état solide, à l'état liquide ou à l'état gazeux (vapeur). Elle présente à 4° un maximun de densité. A cette température, le poids du décimètre cube a été choisi pour définir le *kilogramme*.

Le point de fusion de la glace a été choisi pour le point 0 ; la température de la vapeur d'eau bouillante sous la pression de 76 centimètres de mercure a été choisie pour le point 100 dans la graduation du thermomètre centigrade. L'eau augmente de volume en se solidifiant.

2. L'eau est un *dissolvant*. Elle dissout un grand nombre de corps solides ; elle se mélange en toutes proportions avec certains liquides, l'alcool par exemple ; elle dissout des gaz (gaz ammoniac, sulfureux, chlorhydrique, carbonique, chlore, etc.).

3. L'eau ordinaire renferme en dissolution :

a) Des gaz : oxygène, azote, gaz carbonique ;

b) Des substances minérales solides, généralement des sels de calcium : carbonate de calcium ou calcaire, sulfate de calcium ou plâtre.

Elle peut contenir des matières organiques, et en particulier les germes de maladies contagieuses : fièvre typhoïde.

Quelquefois elle tient en suspension des matières terreuses.

4. L'eau *potable* peut être employée comme boisson. Elle doit cuire les légumes et être propre au savonnage.

L'eau, pour être potable, doit être fraîche, mais non froide, aérée, et contenir des matières minérales en dissolution, 0 g. 5 par litre au maximum. Elle ne doit renfermer ni matières organiques ni germes de maladies contagieuses. Une eau trop chargée de calcaire ou de plâtre ne cuit pas les légumes, elle ne dissout pas le savon.

5. On purifie les eaux par *distillation*.

L'eau chargée de matières organiques est dite *contaminée*.

On purifie les eaux contaminées en les *filtrant*. Les filtres les plus pratiques sont les *bougies Chamberland*, en porcelaine poreuse. On peut aussi détruire les germes dangereux, soit par l'ozone, soit par simple ébullition prolongée une demi-heure. Il est prudent de faire bouillir l'eau de boisson quand elle risque d'être contaminée et surtout pendant les épidémies de fièvre typhoïde.

6. Les *eaux minérales* renferment des substances qui permettent de les utiliser en médecine. Elles sont *chaudes* (*eaux thermales*) ou *froides*.

Les eaux minérales comprennent : des *eaux gazeuses* (Seltz), *alcalines* (Vichy), *salines* (Sedlitz), *sulfureuses* (Cauterets), *ferrugineuses* (Bussang).

7. On fait l'*analyse* de l'eau en volume en la décomposant à l'aide du *voltamètre* par le courant électrique. On en fait la *synthèse* en combinant de l'hydrogène et de l'oxygène dans l'*eudiomètre*.

8. L'eau est formée d'hydrogène et d'oxygène. Elle renferme *2 volumes d'hydrogène pour 1 volume d'oxygène.*

En poids, *l'eau est formée de 1 gramme d'hydrogène pour 8 grammes d'oxygène.*

Le symbole chimique de l'eau est H^2O ; son poids moléculaire est 18.

9. L'eau est décomposée en hydrogène et en oxygène par le courant électrique; elle est *réduite* par le charbon ou le fer incandescent.

EXERCICES

Montrez que l'eau existe sous trois états physiques. — Comment passe-t-elle de l'un à l'autre ? — Quelle particularité l'eau présente-t-elle dans sa dilatation, dans sa solidification ? — Comment ont été choisis : le kilogramme, le point zéro et le point 100 du thermomètre centigrade ? — Citez des corps qui se dissolvent dans l'eau, d'autres qui ne se dissolvent pas dans ce liquide.

Quelles substances l'eau naturelle peut-elle contenir en dissolution ? — Comment peut-on montrer que l'eau renferme des gaz dissous ; quels sont ces gaz ? — Qu'appelle-t-on eau potable ? — Quelles sont les qualités d'une eau potable ? — Qu'appelle-t-on eaux crues, eaux séléniteuses ? — Action de ces eaux sur une solution de savon. — Qu'appelle-t-on eau contaminée ? — Comment peut-on montrer qu'une eau renferme des matières organiques ? — Comment peut-on purifier les eaux contaminées ? — Décrivez un filtre que vous connaissez. — Quelle précaution faut-il prendre quand on craint la contamination de l'eau et qu'on n'a pas de filtre ? — Qu'appelle-t-on eaux minérales, thermales ? — Citez des eaux minérales alcalines, salines, ferrugineuses, sulfureuses, et dites quelle est la substance principale qu'elles renferment.

Comment fait-on l'analyse de l'eau en volume? Décrivez l'expérience et faites-en connaître les résultats? — Comment fait-on la synthèse de l'eau en volume? — Quelle est la composition de l'eau en poids? — Donnez le symbole chimique de l'eau; indiquez ce que signifie ce symbole. — Poids moléculaire de l'eau?

3ᵉ LEÇON

L'HYDROGÈNE. — L'OXYGÈNE.

MATÉRIEL : Appareil à dégagement (*fig.* 14) ou simplement (*fig.* 15); 5 ou 6 éprouvettes ou flacons qu'on remplira d'hydrogène. Tube effilé pour monter l'appareil représenté figure 18. — Buvard ou papier à filtrer. — Préparer un flacon d'oxygène pour le mélange détonant. — Zinc, acide sulfurique ou chlorhydrique. — Appareils à dégagement (*fig.* 20 et 21). Recueillir quelques flacons d'oxygène. Prendre un fil de fer fin. L'enrouler en spirale, fixer une extrémité dans un bouchon, adapter à l'autre extrémité un morceau d'amadou ou même de papier. — Magnésium. — Morceau de charbon, de soufre, si on veut recommencer les expériences de combustion dans l'oxygène. (V. 1ʳᵉ leçon.)

Recommandation importante : Ne pas allumer à l'extrémité du tube à dégagement avant que tout l'air de l'appareil ait été entraîné. (On recueille de l'hydrogène dans un tube à essais et on s'assure que le gaz brûle sans explosion.)

Hydrogène.

Symbole = H. — *Poids atomique* = 1.

28. État naturel. — L'hydrogène est un des éléments constituants de l'eau. Il entre dans la composition de toutes les substances organiques. On le trouve dans les acides, dans les bases et dans un grand nombre de composés.

29. Préparation. — 1° **Dans les laboratoires.** On fait agir un acide sur un métal. On emploie d'habitude du zinc en grenaille et de l'acide sulfurique. On pourrait employer aussi le zinc et l'acide chlorhydrique. — On recueille l'hydrogène par *déplacement d'eau* dans l'appareil que représente la figure 14.

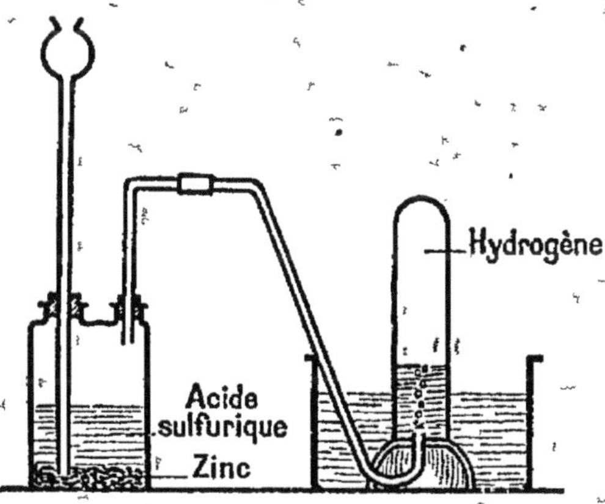

Fig. 14. — Appareil à préparer l'hydrogène. — Le gaz est recueilli par déplacement d'eau.

Quand on ne dispose pas de flacon à deux tubulures, on peut construire un appareil à dégagement *par déplacement d'air*, au moyen d'un bocal à cornichons et d'un verre de lampe. Cet appareil est représenté par la figure 15.

2° **Dans l'industrie.** On utilise l'action de l'acide sulfurique sur de vieilles ferrailles, ou bien, quand on veut avoir de l'hydrogène plus pur, on décompose l'eau par un courant électrique très intense. Ce courant est fourni par des dynamos.

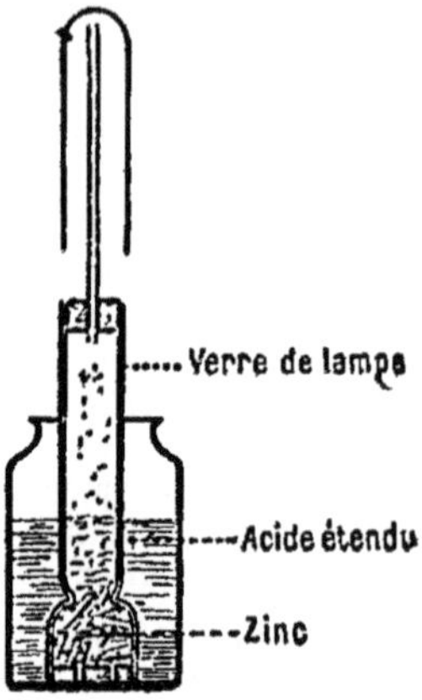

Propriétés.

30. *Propriétés physiques.* — L'hydrogène pur est un gaz incolore, inodore. (Celui qu'on prépare avec l'acide sulfurique et le zinc a le plus souvent une odeur désagréable, à cause des impuretés que renferme le métal : sulfurés.)

EXPÉRIENCES. I. Recueillir de l'hydrogène dans une éprouvette et approcher une allumette de l'orifice. L'hydrogène brûle avec une flamme bleu pâle, peu éclairante. Cette propriété nous permettra de caractériser l'hydrogène.

Fig. 15. — Appareil simple pour recueillir l'hydrogène par déplacement d'air.

II. Retourner une éprouvette pleine d'hydrogène, l'orifice en haut. Au bout de quelques minutes, approcher une allumette : aucun résultat. L'hydrogène s'est échappé ; il est donc plus léger que l'air. — On peut le transvaser d'une éprouvette inférieure dans une éprouvette supérieure comme le montre la figure 16.

Les bulles de savon gonflées à l'hydrogène s'élèvent dans l'air. Il en est de même des petits ballons en baudruche gonflés à l'hydrogène.

L'hydrogène est le plus léger de tous les gaz. A 0° et sous la pression de 760 millimètres, $11^l,15$ d'hydrogène pèsent 1 gramme ; 1 litre pèse donc $0^g,089$. Il faut $14^l,4$ d'hydrogène pour avoir le même poids que 1^l d'air (à 0° et sous 760^{mm}.) On dit que la *densité de l'hydrogène par rapport à l'air* est $\frac{1}{14,4} = 0,069$ et, réciproquement, la densité de l'air par rapport à l'hydrogène est 14,4.

Fig. 16. — L'hydrogène, très léger, se transvase de l'éprouvette inférieure dans l'éprouvette supérieure.

III. Remplir d'hydrogène une éprouvette ou un flacon ; boucher l'orifice avec une feuille de buvard, retourner le vase et approcher du papier une allumette enflammée. L'hydrogène brûle au-dessus du papier (*fig.* 17). Le gaz a donc traversé le buvard. Il traverse ainsi tous les corps poreux. On exprime ce fait en disant que l'hydrogène est *diffusible*. Cette propriété a empêché longtemps d'employer ce gaz pour le gonflement des aérostats. Depuis quelques années, on fabrique des enveloppes suffisamment imperméables pour permettre son emploi ; néanmoins les fuites sont encore appréciables, et atteignent de 10 à 100 litres par jour et par mètre carré de la surface de l'enveloppe.

L'hydrogène est peu soluble dans l'eau ; c'est le gaz le plus difficilement liquéfiable. L'évaporation de l'hydrogène liquide abaisse la température à — 252°.

Fig. 17. — Expérience sur la diffusibilité de l'hydrogène : le gaz traverse le papier et s'enflamme au contact d'une allumette.

31. Propriétés chimiques. — EXPÉRIENCES. I. Faire un mélange de 2/3 d'un flacon d'hydrogène et 1/3 d'oxygène. Entourer le flacon d'un linge et approcher d'une flamme. Il se produit une explosion violente. Quelquefois le flacon est brisé. On peut également faire un mélange détonant avec 1/3 d'hydrogène et 2/3 d'air, mais l'explosion est moins forte.

II. Remplacer le tube à dégagement par un tube effilé (*fig.* 18). Allumer l'hydrogène à l'extrémité du tube. On a une flamme peu éclairante (sa couleur jaune est due à des vapeurs de sodium, métal qui entre dans la constitution du verre). — Mettre un fil de fer fin dans cette flamme : il est porté à l'incandescense et fondu. Cette flamme est donc très chaude. — Couvrir la flamme d'un verre très sec : on voit une buée se déposer sur les parois du verre, et bientôt des gouttelettes d'eau ruisseler.

Ainsi, *l'hydrogène brûle dans l'air ou dans l'oxygène en donnant de l'eau. Sa flamme est peu éclairante, mais très chaude.*

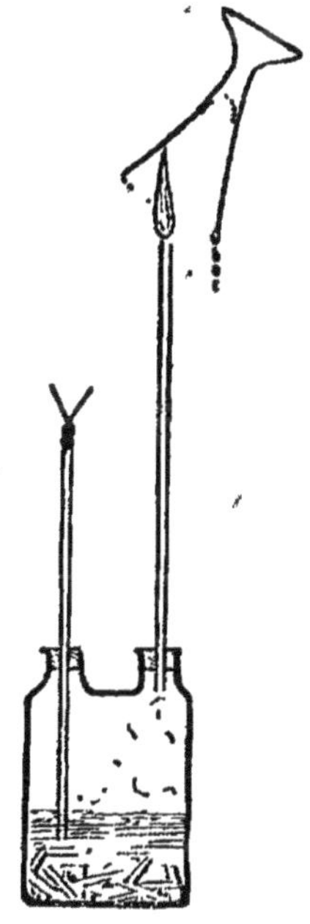

Fig. 18. — L'hydrogène brûle en donnant de l'eau.

Lavoisier réalisa la *synthèse de l'eau* en faisant brûler de l'hydrogène dans un ballon où arrivait également de l'oxygène.

IV. Plonger une bougie allumée dans une éprouvette remplie d'hydrogène. La bougie s'éteint. Ainsi l'*hydrogène n'entretient pas la combustion*. Il n'entretient pas non plus la respiration, mais ce n'est pas un poison ; si les animaux meurent dans une atmosphère d'hydrogène, c'est simplement par manque d'oxygène.

Usages.

32. Gonflement des aérostats. — Depuis qu'on est parvenu à obtenir des enveloppes à peu près imperméables à l'hydrogène, ce gaz est employé pour le gonflement des aérostats, surtout pour les dirigeables.

33. Chalumeau oxhydrique. Lumière Drummond. — On obtient au moyen du chalumeau oxhydrique une température qui peut atteindre 2000 degrés. Cet appareil est représenté par la figure 19. Le mélange d'hydrogène se fait à l'endroit même où la combustion se produit.

En dirigeant le jet du chalumeau sur un crayon de chaux, on porte cette substance à l'incandescence et on a une lumière éblouissante, dite *lumière Drummond* ou *lumière oxhydrique.*

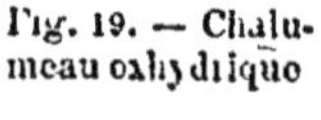

Fig. 19. — Chalumeau oxhydrique

Oxygène.

Symbole = O. — *Poids atomique* = 16.

34. Préparation dans les laboratoires. — L'oxygène existe dans la plupart des corps qui nous entourent; il se rencontre dans l'eau, dans l'air.

EXPÉRIENCE. Dans les laboratoires, on prépare l'oxygène en chauffant le chlorate de potassium dans l'appareil indiqué au n° 2. Quand on veut obtenir une grande quantité de ce gaz, on met le chlorate dans une *cornue* (*fig.* 20). Le dégagement est plus régulier quand on ajoute au chlorate un poids égal d'un corps appelé *bioxyde de manganèse,* dont le rôle ici n'est pas bien connu. On peut se dispenser de recueillir le gaz par déplacement d'eau, comme au n° 2 : il suffit de faire arriver le tube à dégagement au fond des flacons dans lesquels on veut recueillir le gaz (*fig.* 21). L'oxygène dégagé chasse l'air.

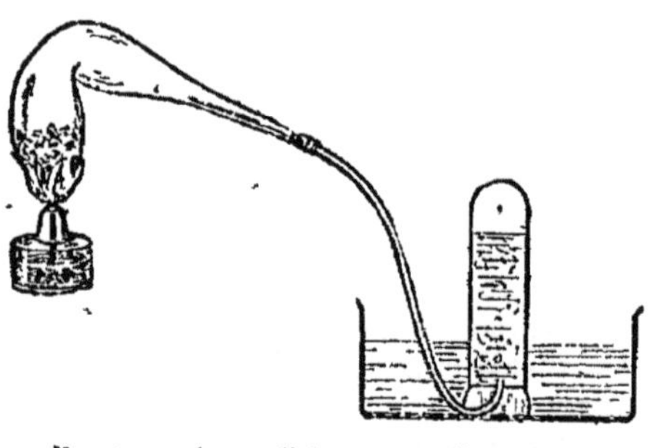

Fig 20. — Appareil à préparer l'oxygène.

Le gaz est alors recueilli simplement par *déplacement d'air.*

Caractériser l'oxygène en rallumant une allumette n'ayant plus qu'un point rouge.

35. Préparation industrielle. — 1° **Par électrolyse de l'eau.** Dans l'industrie, on obtient l'oxygène en décomposant l'eau au moyen d'un puissant courant électrique fourni par des *dynamos.* Cette opération s'appelle *électrolyse*. On recueille en même temps de l'hydrogène. L'oxygène est comprimé dans des tubes en fer forgé.

2° **Au moyen de l'air liquide.** M. Claude a montré que, lors de la liquéfaction de l'air, l'oxygène se liquéfie le premier. Il a construit

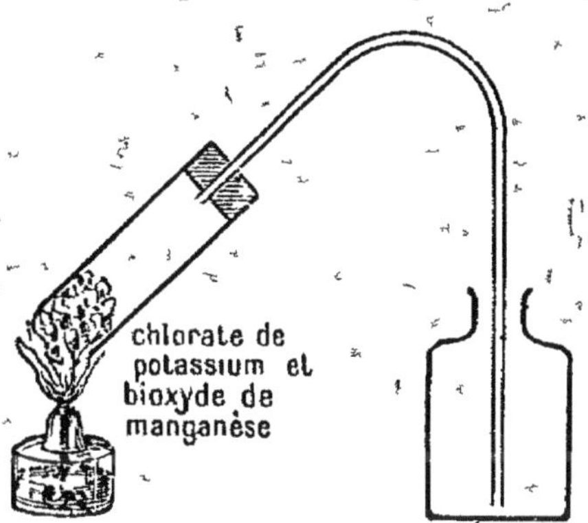

Fig. 21. — Appareil à déplacement d'air.

des appareils qui permettent par ce moyen de séparer de l'air l'oxygène et l'azote. La société *L'Air liquide*, à Boulogne-sur-Seine, possède deux machines, l'une permettant d'obtenir par jour 700 mètres cubes, et l'autre 1 000 mètres cubes d'oxygène presque pur (96 à 98 pour 100).

Propriétés.

36. *Propriétés physiques.* — L'oxygène est un gaz incolore, inodore, peu soluble dans l'eau. Un litre d'eau dissout, à 0°, 40 centimètres cubes d'oxygène. Ce gaz est difficilement liquéfiable. A 0° et sous 760 millimètres de mercure, 1 litre d'oxygène pèse 1 g. 43.

Ozone. Sous l'action d'étincelles électriques, l'oxygène subit une sorte de condensation et se transforme en *ozone*, dont les propriétés oxydantes sont plus énergiques que celles de l'oxygène. En particulier, l'ozone détruit les organismes que l'eau peut renfermer : d'où son utilisation pour la désinfection de l'eau dans les grandes villes.

37. *Propriétés chimiques.* — EXPÉRIENCES. 1. Faire brûler du charbon, du soufre, dans l'oxygène. *L'oxygène entretient les combustions.*

II. Contourner en spirale un fil de fer fin (*fig.* 22). Fixer à l'extrémité un morceau d'amadou. Allumer l'amadou et plonger le fil dans un flacon rempli d'oxygène. Le fer brûle avec de brillantes étincelles. Des globules noirâtres se détachent et vont s'incruster dans le verre. Il sont formés d'*oxyde de fer* résultant de la combinaison du fer et de l'oxygène.

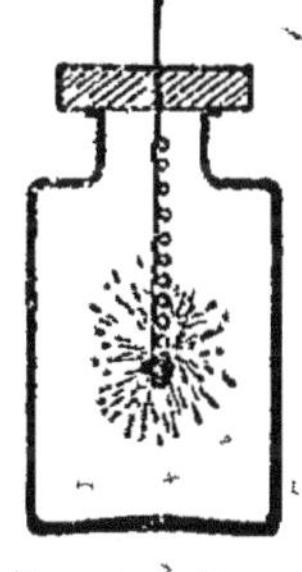

Fig. 22. — Combustion du fer dans l'oxygène.

III. Allumer l'extrémité d'un ruban de *magnésium* et plonger ce ruban dans un flacon rempli d'oxygène. Le métal brûle avec une flamme éblouissante. Le résidu de la combustion est une poudre blanche appelée *magnésie :* c'est un *oxyde de magnésium.*

38. *Propriétés physiologiques.* — L'oxygène est indispensable à la vie de tous les êtres vivants. En particulier, un animal privé d'oxygène meurt par *asphyxie*. Mais, dans l'oxygène pur, les phénomènes respiratoires deviennent très intenses, et lorsqu'on fait vivre un animal dans l'oxygène pur sous la pression de 4 à 5 atmosphères, la mort arrive rapidement. — Sous des pressions qui ne dépassent pas 1 atmosphère, on peut respirer sans danger de l'oxygène pur pendant un temps assez long. — Quand la pression de l'oxygène dans l'air devient trop faible, par exemple dans les ascensions en ballon, on éprouve une grande gêne pour respirer, et l'asphyxie peut même se produire. Les aéronautes emportent des ballonnets pleins d'oxygène pur et respirent ce gaz lorsqu'ils sont à des altitudes très grandes.

On peut quelquefois ramener à la vie des personnes ayant subi un commencement d'asphyxie, en pratiquant la respiration artificielle. On fait respirer alors de l'oxygène pur. Les hommes qui ont à séjourner dans une atmosphère irrespirable sont munis d'appareils leur permettant de respirer de l'oxygène pur.

Applications.

39. *Usages de l'oxygène.* — L'oxygène est employé industriellement pour obtenir des températures élevées. Sa consommation augmente rapidement depuis qu'on le fabrique à bon compte. Actuellement, elle atteint par jour un millier de mètres cubes. L'oxygène vaut aujourd'hui environ 4 francs le kilogramme.

Transformé en ozone, l'oxygène sert à la désinfection des eaux. — On fait respirer l'oxygène pur aux personnes ayant subi un commencement d'asphyxie. Les aéronautes l'utilisent pour respirer aux grandes altitudes. Les ouvriers qui doivent séjourner dans des gaz dangereux respirent de l'oxygène pur.

RÉSUMÉ

1. L'*hydrogène* se prépare dans les laboratoires en faisant agir le zinc sur l'acide sulfurique ou sur l'acide chlorhydrique étendu. On recueille le gaz dans des flacons ou des éprouvettes par déplacement d'eau ou par déplacement d'air.

Dans l'industrie, on fait agir le fer sur l'acide sulfurique, ou bien on décompose l'eau par un courant électrique très intense.

2. L'hydrogène est un gaz incolore, inodore quand il est pur, peu soluble dans l'eau. C'est de tous les gaz le plus difficile à liquéfier. C'est aussi *le plus léger de tous les gaz*. Il en faut plus de 11 litres pour peser 1 gramme. Il passe facilement à travers les corps poreux : on dit qu'il est *très diffusible*.

3. L'hydrogène brûle dans l'air ou dans l'oxygène avec une flamme bleue, *peu éclairante, mais très chaude. Le produit de sa combustion est de l'eau.*

4. On emploie l'hydrogène au gonflement des ballons, en raison de sa faible densité. — Dans le *chalumeau oxhydrique*, on enflamme de l'hydrogène et on active la flamme avec un courant d'oxygène; on obtient ainsi une température très élevée. Le jet de ce chalumeau, projeté sur un crayon de chaux, donne une lumière éblouissante : c'est la *lumière oxhydrique*.

5. On prépare l'*oxygène* dans les laboratoires en chauffant le chlorate de potassium. Dans l'industrie, on l'obtient par la décomposition de l'eau au moyen du courant électrique, ou encore dans la préparation de l'air liquide.

6. L'oxygène est un gaz incolore, inodore, peu soluble dans l'eau, difficilement liquéfiable. Un litre d'oxygène pèse 1 g. 43 à 0° et sous 760 $^m/_m$.

L'oxygène possède la propriété caractéristique de rallumer un copeau ou une allumette n'ayant plus qu'un point rouge. Il entretient énergiquement les combustions. Le charbon, le soufre, le phosphore, le fer, le magnésium brûlent dans l'oxygène avec un vif éclat. Il est nécessaire à la vie des animaux et des plantes.

7. L'oxygène sert dans l'industrie à obtenir de hautes températures. Transformé en *ozone*, il sert à désinfecter les eaux.

L'oxygène pur peut ramener à la vie des personnes ayant subi un commencement d'asphyxie. Les aéronautes en emportent dans les ascensions. Il permet aux sauveteurs de séjourner dans des atmosphères irrespirables.

EXERCICES

Comment prépare-t-on l'hydrogène dans les laboratoires, dans l'industrie ? — Décrivez l'appareil utilisé dans les laboratoires. — Quelles sont les propriétés physiques caractéristiques de l'hydrogène ? — Citez les expériences qui mettent ces propriétés en évidence. — L'hydrogène est-il combustible ? Propriétés de sa flamme. — Application au chalumeau oxhydrique, à la lumière oxhydrique. — Dessinez un chalumeau oxhydrique. — Pourquoi emploie-t-on l'hydrogène au gonflement des aérostats ?

Comment prépare-t-on l'oxygène dans les laboratoires, dans l'industrie ? — Décrivez l'appareil qui sert à préparer l'oxygène dans les laboratoires. — Faites connaître les propriétés physiques de l'oxygène, sa propriété chimique caractéristique. — Quel est le rôle de l'oxygène dans la nature, dans l'industrie ?

4° LEÇON

ANHYDRIDES. — OXYDES BASIQUES. — ACIDES. — BASES

MATÉRIEL : Potasse ou soude caustique, ammoniaque. — Grenaille de zinc.
— Vinaigre blanc ou vinaigre décoloré par du noir animal, ou acide acétique.
— Teinture bleue de tournesol. — Acide sulfurique. — Acide chlorhydrique.
— Craie. — Eau de chaux. — Sel marin. — Soufre. — Alcool. — Magnésium.
— Dans 3 bocaux bien secs de 250 centimètres cubes au moins, faire brûler du
soufre, du magnésium. Dans l'un deux, introduire un petit morceau de papier
imbibé d'alcool et enflammé. Quand le papier s'éteint, le flacon renferme du
gaz carbonique en quantité suffisante pour réaliser les expériences de la leçon.
— Tournesol bleu. — Les expériences sur la combustion du soufre, du charbon, du magnésium seront faites dans l'oxygène si l'on a une provision suffisante de ce gaz et si le temps ne fait pas défaut. La combustion dans l'air est
d'ailleurs suffisante.

Acides. — Anhydrides.

40. *Propriétés caractéristiques des acides.* — EXPÉRIENCES. I. Voici
du vinaigre blanc. Il a une saveur piquante. J'en verse quelques
gouttes dans un tube qui contient de la teinture bleue de tournesol.
La teinture passe au rouge.

II. Dans le tube à essais (*fig.* 23) j'ai mis de la craie. J'y verse du
vinaigre. Des bulles se forment sur la craie et s'échappent en faisant
bouillonner le liquide. On dit que la craie
fait *effervescence* avec le vinaigre. J'introduis dans le tube une allumette enflammée : elle s'éteint; je ferme le tube par
un bouchon auquel est adapté un tube à
dégagement. Ce tube à dégagement plonge
dans l'eau de chaux. On voit l'eau se troubler; il se forme un précipité blanc. Nous
reconnaissons là la présence du gaz carbonique.

CONCLUSION : Dans le vinaigre nous trouvons un corps à saveur piquante, rou-
gissant la teinture bleue de tournesol,
produisant avec la craie une effervescence
et un dégagement de gaz carbonique.
Ce corps est un *acide*. On appelle *acides*,
en chimie, les corps qui possèdent les propriétés précédentes.

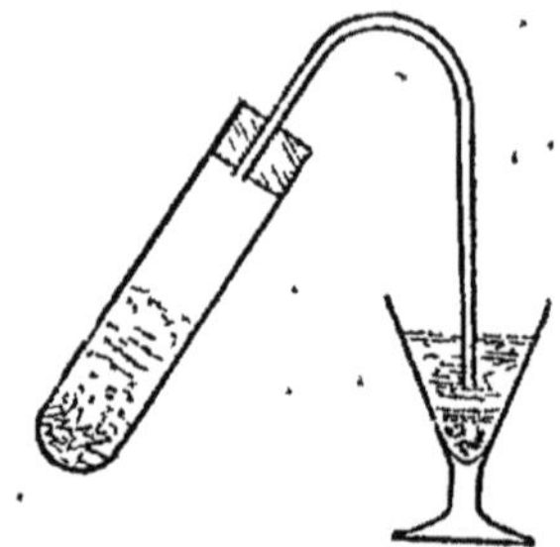

Fig. 23. — Le vinaigre fait effervescence avec la craie : il se
dégage un gaz qui trouble l'eau
de chaux : gaz carbonique.

Exemples : Mettre quelques gouttes d'acide chlorhydrique, d'acide
sulfurique dans un verre d'eau. Constater la saveur piquante analogue
à celle du vinaigre. Constater l'action de ces corps sur la teinture
bleue du tournesol, sur la craie.

41. Anhydrides. — EXPÉRIENCE. Voici deux bocaux. Dans l'un, j'ai fait brûler du soufre; il renferme un gaz à odeur suffocante.

Dans le deuxième, j'ai fait brûler du charbon dans l'oxygène, ou même, simplement, un morceau de papier imbibé d'alcool. Ce flacon renferme du gaz carbonique qui trouble l'eau de chaux.

Dans chacun de ces flacons, je verse un peu de liquide bleu qu'on appelle teinture de tournesol.

Le tournesol passe au rouge.

Au contact de l'eau, le gaz sulfureux, le gaz carbonique, se sont dissous en donnant un corps qui possède les propriétés d'un acide, puisqu'il rougit la teinture de tournesol.

On appelle *anhydrides* les corps qui résultent ainsi de la combinaison du soufre, du carbone avec l'oxygène. Les anhydrides s'unissent à l'eau pour former des acides.

L'anhydride carbonique a pour formule CO^2; sa combinaison avec l'eau est l'acide carbonique CO^3H^2; l'anhydride sulfureux a pour symbole SO^2; son acide, l'acide sulfureux, est SO^3H^2.

Ces deux derniers acides n'ont pas été isolés; à propos du soufre et du charbon, nous préciserons ce que signifient les expressions, acide carbonique, acide sulfureux.

Bases.

42. Propriétés caractéristiques des bases. — EXPÉRIENCE. Voici de l'eau de chaux. Mettez-en un peu sur la langue. Vous ne constatez pas la saveur piquante des acides. J'en verse dans le tournesol bleu : sa couleur ne change pas. J'en verse maintenant dans le tournesol rougi par un acide : il redevient bleu. Je verse de l'eau de chaux sur la craie : je n'observe rien.

CONCLUSION : L'eau de chaux n'a pas de saveur piquante; elle est sans action sur la craie, mais elle ramène au bleu la teinture de tournesol rougie par un acide. Elle est le type d'un certain nombre de corps qu'on appelle en chimie des *bases*.

Exemples : Vérifier que la potasse, la soude en solution, l'ammoniaque possèdent les propriétés précédentes. Ce sont des bases.

EXPÉRIENCE. Dans le flacon où a brûlé le magnésium, je verse du tournesol rouge : la couleur passe au bleu. Le produit de la combustion du magnésium se comporte donc comme une base en présence de l'eau. Ce produit est un oxyde basique, dont le symbole est MgO; on l'appelle *magnésie*.

Corps neutres.

43. Les corps neutres sont sans action sur le tournesol. — EXPÉRIENCE. Jetons du sel marin dans l'eau : il se dissout. Versons une partie de la solution dans le tournesol bleu : le liquide reste bleu.

Versons l'autre dans du tournesol rouge : le tournesol reste rouge. Le sel marin est sans action sur le tournesol : on dit que c'est un *corps neutre.*

Métalloïdes. — Métaux.

44. *Propriété caractéristique des métaux.* — Les corps comme le fer, le cuivre, l'or, l'argent, etc..., que nous désignons couramment sous le nom de *métaux*, nous apparaissent bien différents du soufre, du charbon, de l'oxygène, de l'hydrogène. Ils sont brillants quand ils sont polis, ils se laissent étirer en lames, en fils, ils sont bons conducteurs de la chaleur et de l'électricité. Les corps qui ne possèdent pas ces propriétés sont des *métalloïdes.* Mais certains corps sont difficiles à classer parmi l'une ou l'autre catégorie. Il a donc fallu chercher un caractère distinctif des métaux. Rappelons-nous que la chaux est une combinaison de l'oxygène et d'un métal, le calcium ; c'est un *oxyde de calcium.* De même, la potasse est un *oxyde de potassium*, la soude un *oxyde de sodium.* Ces trois corps dissous sont des *bases* énergiques. La magnésie, ou oxyde de magnésium, est aussi une base énergique.

Ainsi les corps nettement caractérisés comme métaux donnent avec l'oxygène des composés qui jouent le rôle de bases ; les métalloïdes nettement caractérisés donnent, au contraire, avec l'oxygène, des *anhydrides* qui, en se dissolvant dans l'eau, forment des acides. On a *choisi* la propriété de donner avec l'oxygène un composé jouant le rôle de base pour *caractériser* les *métaux.*

Nous rangerons parmi les métaux tout corps qui, en se combinant avec l'oxygène, nous donnera au moins un composé jouant le rôle de base.

Les autres corps sont des *métalloïdes.*

Sels métalliques.

45. *Première définition des sels.* — Expériences. I. Voici dans un verre de l'acide sulfurique étendu, coloré en rouge par le tournesol. J'y verse avec précaution une solution étendue de potasse jusqu'au moment où le liquide passe du rouge au bleu. Je verse le liquide dans une capsule en porcelaine, et je chauffe de manière à réduire l'eau en vapeur. Il reste dans la capsule un corps blanc, neutre au tournesol. Ce corps, que l'on appelle *sulfate de potassium*, résulte de l'union de la potasse et de l'acide. C'est un *sel métallique.* On dit que la potasse a *neutralisé* l'acide.

II. Neutraliser de même l'acide chlorhydrique étendu par la soude. Après l'évaporation du liquide, il reste un dépôt de sel ordinaire. Le sel marin s'appelle en chimie *chlorure de sodium.*

III. Dans un tube à essais, mettre une solution un peu concentrée de potasse ou de soude. Verser avec précaution de l'acide étendu de son volume d'eau environ. On constate que le tube devient brûlant (les projections d'acide étant à craindre, se servir d'une pipette). La combinaison de l'acide et de la base s'est donc faite avec grand dégagement de chaleur.

Ainsi, *un sel peut être considéré comme résultant de la combinaison d'un acide et d'une base.*

46. Deuxième définition d'un sel. — EXPÉRIENCES. I. Dans un tube à essais (*fig.* 24) j'ai mis dans de l'eau quelques fragments de rognure de zinc. J'ajoute quelques gouttes d'acide sulfurique.

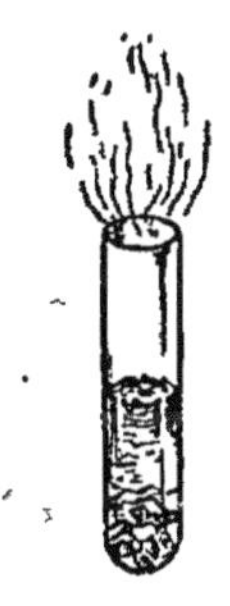

Fig. 24. — Le zinc avec l'acide sulfurique étendu donne lieu au dégagement d'un gaz qu'on peut enflammer : l'hydrogène.

Je vois se produire un bouillonnement qui annonce un dégagement de gaz. Je puis enflammer ce gaz à l'orifice du tube. En fermant le tube par un bouchon muni d'un tube à dégagement, je puis recueillir ce gaz comme je l'ai fait déjà (n° 2).

Ce gaz, qui brûle avec une belle flamme bleue, est de l'*hydrogène*.

J'ajoute de l'acide jusqu'à ce que le métal ait disparu complètement et je fais évaporer le liquide obtenu. Il reste un corps blanc qu'on appelle *sulfate de zinc ;* c'est encore un sel. Le métal a pris la place d'une certaine quantité d'hydrogène que renfermait l'acide.

On dit qu'il s'est *substitué* à l'hydrogène.

II. Recommencer l'expérience précédente en mettant de l'acide chlorhydrique à la place de l'acide sulfurique. Mêmes résultats : le résidu solide, provenant de la substitution du zinc à l'hydrogène de l'acide chlorhydrique, est du *chlorure de zinc*.

Ainsi, nous pouvons encore définir un sel : *Le résultat de la substitution d'un métal à l'hydrogène d'un acide.*

Acides. — Bases. — Nouvelles définitions.

47. *Nouvelle définition des acides.* — Nous venons de voir que le zinc se substitue à l'hydrogène de l'acide chlorhydrique, de l'acide sulfurique. Tous les acides renferment de l'hydrogène qui peut être remplacé par un métal. Ainsi, *un acide est un composé qui renferme de l'hydrogène remplaçable par un métal.*

Les acides comme l'acide chlorhydrique ne renferment pas d'oxygène. Ils sont formés d'hydrogène uni à un autre corps. Ainsi, l'acide chlorhydrique est formé de chlore et d'hydrogène. C'est un *hydracide*. Quand un métal se substitue à l'hydrogène, le sel est formé du métal uni au chlore : c'est un *chlorure* du métal.

L'acide sulfurique renferme de l'oxygène. C'est un *oxacide*. Il renferme aussi de l'hydrogène et du soufre, soit trois corps simples. Quand un métal se substitue à l'hydrogène, le sel renferme encore du soufre, de l'oxygène unis au métal. Ce sel est un *sulfate*.

48. *Nouvelle définition des bases.* — Il nous est possible de définir une base par son action sur le tournesol dans le cas où la base est soluble. Mais si la base n'est pas soluble, les réactifs colorés ne nous permettent pas de la caractériser. Que la base soit soluble ou non, nous pouvons en donner la définition générale suivante: *Une base est un corps qui, en se combinant à un acide, donne un sel.*

Ce sel est d'ailleurs identique à celui qui serait obtenu en faisant agir sur l'acide le métal correspondant à la base. Exemple: Le zinc se combine à l'oxygène pour former un oxyde; cet oxyde de zinc s'unit à l'acide sulfurique pour donner du sulfate de zinc. L'oxyde de zinc est une base. Le sulfate résultant de cette combinaison est le même que celui obtenu en faisant agir le zinc sur l'acide sulfurique.

Symboles des acides, des bases, des sels.
Équations chimiques.

49. *Symboles des acides, des bases, des sels.* — Considérons l'acide sulfurique, dont le symbole est SO^4H^2; cet acide a deux atomes d'hydrogène remplaçables par un acide.

Quand on fait agir sur cet acide le fer, le zinc, *tout* l'hydrogène se dégage et est remplacé par le métal. On obtient alors un *sulfate*. L'analyse de ce sulfate montre que les deux atomes d'hydrogène de l'acide ont été remplacés par un atome de métal.

On connaît aussi les sulfates de calcium, de magnésium, de baryum, de plomb, de mercure, dans lesquels un atome de métal remplace deux atomes d'hydrogène.

On connaît d'autre part des sels de l'acide sulfurique dans lesquels l'hydrogène est remplacé par du potassium ou du sodium. Il existe deux sulfates de potassium, deux sulfates de sodium. Pour l'un de ces sulfates, les deux atomes d'hydrogène sont remplacés par deux atomes de métal : c'est le sulfate *neutre*. Pour l'autre, un atome d'hydrogène seulement a été remplacé; ce sel renferme donc encore un atome d'hydrogène remplaçable : c'est un *bisulfate* ou sulfate acide.

Ainsi, le potassium, le sodium peuvent remplacer l'hydrogène d'un acide atome pour atome; on dit que ces métaux sont *monovalents*. — Le fer, le zinc, qui se substituent à deux atomes d'hydrogène, sont *divalents*.

D'après cela nous pouvons écrire les formules des sels des différents acides.

EXEMPLES: L'acide chlorhydrique HCl, l'acide azotique AzO^4H, n'ont dans leur molécule qu'un atome d'hydrogène remplaçable.

Les formules de leurs sels de potassium et de sodium seront :

ClK,   chlorure de potassium.
$ClNa$,   chlorure de sodium.
AzO^3K,   azotate de potassium.
AzO^3Na,   azotate de sodium.

Les formules des sels des métaux divalents s'obtiendront en doublant la molécule de l'acide, de façon à obtenir deux atomes d'hydrogène à remplacer par un atome de métal.

Les sels de calcium s'écrivent:

$$Cl^2Ca, \quad \text{chlorure de calcium.}$$
$$(AzO^3)^2Ca, \quad \text{azotate de calcium.}$$

50. Équations chimiques. — Quand on fait réagir deux corps l'un sur l'autre, on peut écrire, sous forme d'une égalité, un symbole qui indique, d'une part les corps réagissants, d'autre part les produits de la réaction.

On devra avoir aussi dans les deux membres de l'égalité la même quantité de matière; on vérifiera pratiquement que l'on trouve dans les deux membres le même nombre d'atomes de chacun des corps.

EXEMPLES: 1° Dans l'action du zinc sur l'acide sulfurique pour la préparation de l'hydrogène, nous pouvons écrire:

$$SO^4H^2 \;+\; Zn \;=\; SO^4Zn \;+\; H^2.$$

Acide	Zinc	Sulfate	Hydrogène
sulfurique	(1 atome).	de zinc	(2 atomes).
(1 molécule).		(1 molécule).	

2° Dans la préparation de l'oxygène par le chlorate de potassium, nous ayons:

$$ClO^3K \;=\; ClK \;+\; O^3.$$

Chlorate	Chlorure	Oxygène
de potassium	de potassium	(3 atomes).
(1 molécule).	(1 molécule).	

3° Quand on fait agir l'acide sulfurique sur la soude, par exemple, on a la réaction :

$$SO^4H^2 \;+\; 2NaOH \;=\; SO^4Na^2 \;+\; 2H^2O$$

Acide	Soude	Sulfate neutre	Eau
sulfurique	caustique	de sodium	(2 molécules).
(1 molécule).	(2 molécules).	(1 molécule).	

Ces égalités sont des *équations chimiques*.

51. Relations entre le poids moléculaire et le poids du litre d'un gaz. — Le poids moléculaire d'un corps composé, le poids atomique d'un corps simple sont des rapports, mais on a pris l'habitude d'exprimer en grammes la valeur de ces rapports.

Sans entrer dans des considérations théoriques, nous nous contenterons d'énoncer les résultats suivants:

1° Si on exprime en grammes le poids moléculaire d'un composé *gazeux*, ce composé occupe un volume d'environ 22 litres (la température étant supposée à 0° et la pression de 76 centimètres);

2° Si on exprime en grammes le poids atomique d'un corps simple *gazeux*, ce corps occupe (à 0° et sous 76 centimètres) un volume d'environ 11 litres.

Exemples : CO² est le symbole de la molécule du gaz carbonique, CO celui de l'oxyde de carbone. CO² représente 44 grammes d'anhydrique carbonique; CO, 28 grammes d'oxyde de carbone; mais ces symboles représentent aussi 22 litres de chacun des gaz précédents (à 0° et sous 76 centimètres).

O représente 16 grammes d'oxygène ; H, 1 gramme d'hydrogène, mais ces symboles s'appliquent aussi à un volume de 11 litres de gaz.

Conséquences. 1° Connaissant le poids moléculaire d'un composé gazeux, on pourra trouver le poids du litre en divisant le poids moléculaire par 22 ;

2° Connaissant de même le poids atomique d'un corps simple, on obtiendra le poids du litre en divisant le poids atomique par 11.

Les résultats approximatifs obtenus ainsi sont suffisants dans la pratique; ils diffèrent seulement de 1 ou 2 centièmes de la valeur donnée par les mesures de précision. Or les poids atomiques des corps simples sont faciles à retenir, et connaissant le symbole d'un composé, on a aussi son poids moléculaire; la règle précédente dispense donc de retenir le poids du litre des différents gaz simples ou composés.

RÉSUMÉ

1. Les *acides* sont caractérisés par les propriétés suivantes :

a) Ils ont une saveur piquante ;

b) Ils font effervescence avec la craie et il y a dégagement de gaz carbonique;

c) Ils rougissent la teinture bleue de tournesol;

d) Ils possèdent dans leur molécule un ou plusieurs atomes d'hydrogène qui peuvent être remplacés par un métal pour former des sels.

2. Les *bases* n'ont pas de saveur acide; elles sont sans action sur la craie, mais *elles ramènent au bleu la teinture de tournesol rougie par un acide ; elles se combinent aux acides pour donner des sels.*

3. Les acides les plus importants sont : *l'acide sulfurique, l'acide chlorhydrique, l'acide azotique.* Les bases les plus importantes sont: la *potasse,* la *soude,* l'*ammoniaque* ou *alcali volatil,* la *chaux.*

4. Les corps simples sont divisés en *métalloïdes* et *métaux.* On range parmi les métaux tout corps qui, se combinant avec l'oxygène, donne au moins un composé jouant le rôle de base. Les métalloïdes se combinent à l'oxygène pour donner des *anhydrides.* Les anhydrides se dissolvent dans l'eau et forment des acides.

5. Un *sel* est le résultat de la substitution totale ou partielle d'un métal à l'hydrogène d'un acide; il peut aussi provenir de

la combinaison d'un acide et d'une base. Quand tout l'hydrogène d'un acide est remplacé par un métal, le sel est généralement *neutre* au tournesol.

6. Certains métaux, potassium, sodium, se substituent atome pour atome à l'hydrogène d'un acide. On les appelle *monovalents*. La plupart des autres métaux, fer, zinc, plomb, calcium, cuivre, etc., se substituent à l'hydrogène de façon que 1 atome de métal remplace 2 atomes d'hydrogène ; ce sont des métaux *divalents*.

7. On peut traduire les réactions chimiques par des égalités conventionnelles ou *équations chimiques*. Dans un membre, on écrit les symboles des corps réagissants ; dans l'autre membre, les symboles des corps résultant de la réaction. Il faut vérifier que dans les deux membres de l'équation on a le même nombre d'atomes de chaque corps.

8. Quand on exprime en grammes le poids moléculaire d'un composé gazeux, cette masse de gaz occupe un volume de 22 litres. Le poids atomique d'un corps simple gazeux représente de même le poids d'un volume de 11 litres de ce gaz.

EXERCICES

I. Comment pouvez-vous reconnaître un acide, une base ? — Citez les acides, les bases que vous connaissez. — Quelles sont les propriétés distinctives entre les métalloïdes et les métaux ? — Citez les métalloïdes, les métaux que vous connaissez. — Qu'est-ce qu'un anhydride ? — Citez des anhydrides. — Que deviennent ces anhydrides quand on les dissout dans l'eau ?

II. Qu'est-ce qu'un sel métallique ? — Donnez des exemples de la formation de sels métalliques. — De l'action du zinc sur l'acide sulfurique, déduire une définition d'un acide, d'un sel. — Montrez, par des exemples, comment on est amené à concevoir des métaux monovalents, divalents. — Quels sont les métaux monovalents, divalents ? — Qu'appelez-vous équation chimique ? — Donnez un exemple d'équation chimique. — Quel est le volume occupé par le poids moléculaire en grammes d'un composé gazeux ? Exemples. — Même question pour le poids atomique d'un corps simple gazeux.

III. Dans les exemples donnés au n° 50, trouver pour les deux premières réactions :

1° Les poids des corps réagissants (Utiliser le tableau n° 15) ;

2° Les volumes de gaz obtenus.

Déterminer le poids moléculaire, le poids du litre, des gaz suivants :

$$\text{Anhydride carbonique} = CO^2 ;$$
$$\text{Oxyde de carbone} = CO ;$$
$$\text{Ammoniaque} = Az\, H^3 ;$$
$$\text{Anhydride sulfureux} = SO^2.$$

5e LEÇON

AIR ATMOSPHÉRIQUE. — COMPOSITION ET PROPRIÉTÉS.

MATÉRIEL : Bocal, assiette, bougie. — Eau de chaux ou, si possible, eau de baryte. — Bouteille froide ou, mieux, mélange réfrigérant (azolate d'ammonium : 100 grammes; eau : 100 grammes). — Cloche graduée. — Acide pyrogallique. — Potasse ou soude caustique. — Oxyde rouge de mercure. — Tube de verre de 2 centimètres environ de diamètre et de 60 centimètres de longueur, fermé à un bout.

Analyse qualitative.

52. *L'air renferme de l'oxygène et de l'azote.* — EXPÉRIENCE. Sur le fond d'une assiette ou d'une terrine (*fig.* 25), placer une bougie allumée. Verser un peu d'eau dans l'assiette et retourner sur la bougie un bocal. Au bout de peu de temps la bougie s'éteint. L'eau monte dans le bocal. Nous voyons que l'eau a monté de 1/5 environ. La bougie en brûlant a donc absorbé 1/5 du gaz du bocal. Ce gaz, qui dans l'air permet aux corps de brûler, est de l'*oxygène*.

Autrefois, on croyait que l'air était un corps simple. Il formait l'un des *éléments* des alchimistes. C'est *Lavoisier*, chimiste français, qui en précisa la constitution, en 1774.

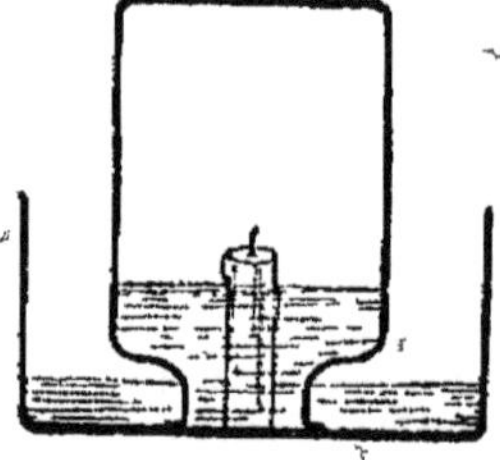

Fig. 25. — La bougie en brûlant a absorbé l'oxygène de l'air.

Le gaz qui reste quand on a enlevé l'oxygène de l'air est incapable de faire brûler les corps. Une bougie allumée qu'on y plonge s'éteint. Ce gaz n'entretient pas non plus la vie. Un animal (souris, oiseau) qu'on y plonge y meurt asphyxié. On l'appelle *azote*, c'est-à-dire gaz qui n'entretient pas la vie.

Ainsi, l'air contient de l'oxygène et de l'azote.

53. *L'air renferme du gaz carbonique et de la vapeur d'eau.* — EXPÉRIENCES. I. Laisser de l'eau de chaux ou, mieux, de l'eau de baryte exposée à l'air dans un verre pendant une huitaine de jours. Il se forme à la surface du liquide une croûte blanchâtre de carbonate de calcium provenant de l'union du gaz carbonique et de la chaux. (Voir *Chimie*, 1re leçon, no 2.) Si on a pris de l'eau de baryte, on a du carbonate du baryum.

L'air renferme donc du gaz carbonique.

II. Apporter dans la salle une bouteille froide. On voit se déposer une buée sur la bouteille. Cette buée est produite par la vapeur d'eau que contient l'air, vapeur qui se *condense* sur la bouteille froide. L'expérience est plus frappante encore en mettant dans un verre un mélange réfrigérant. On voit de la glace se déposer à la surface du verre.

54. *L'air renferme des poussières*. — Dans la chambre noire, faire arriver un rayon de soleil par une ouverture percée dans un volet. Ce rayon éclaire sur son passage d'innombrables poussières qui permettent d'en reconnaître la direction. Parmi ces poussières, il peut se trouver les germes, ou *spores,* d'êtres très petits qui sont les agents des maladies contagieuses. C'est ainsi que les germes de la tuberculose, de la scarlatine, de la diphtérie sont surtout propagés par l'air. Ces poussières renferment aussi les germes qui produisent la putréfaction des matières organisées, les moisissures diverses et les phénomènes de fermentation.

55. *Nouveaux gaz de l'air*. — Depuis quelques années on a découvert que l'air renferme en petite quantité des gaz, que nous étudierons en parlant de l'azote. Le plus important de ces gaz est l'*argon*.

Analyse quantitative.

56. *Définitions*. — Les expériences précédentes nous ont permis de déterminer la *nature* des corps que renferme l'air ; nous avons fait une *analyse qualitative,* mais nous pouvons nous proposer aussi de trouver les proportions suivant lesquelles ces différents corps existent dans l'air. Nous ferons alors une *analyse quantitative.* Comme les corps dont nous avons signalé la présence sont tous gazeux, nous pouvons chercher à déterminer le volume de chacun contenu dans 100 volumes d'air ; nous ferons l'*analyse en volume.* Nous pouvons aussi déterminer le poids de chacun contenu dans 100 grammes d'air ; nous ferons une *analyse en poids.*

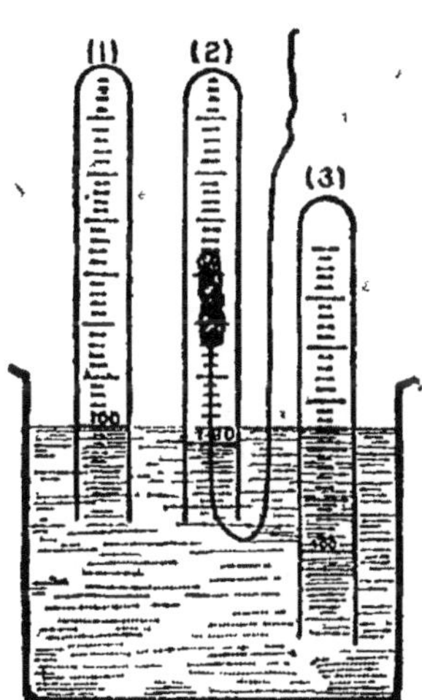

Fig. 26. — Analyse de l'air en volume par le phosphore à froid.

57. *Dosage de l'oxygène et de l'azote*. — **Analyse en volume.** Expériences. I. Prenons une éprouvette graduée en parties d'égal volume, en centimètres cubes par exemple (*fig.* 26). Retournons-la sur une terrine et, avec un tube recourbé, aspirons de l'air jusqu'à ce que le niveau de l'eau à l'intérieur et à l'extérieur affleure à la division 100 (1). Introduisons dans le tube un morceau de phosphore tenu par un fil de fer (2). Au bout de quelques jours le phosphore a enlevé tout l'oxygène, formant un anhydride qui s'est dissous dans l'eau. Enlevons le phosphore. Enfonçons le tube dans l'eau jusqu'à ce que le niveau du liquide soit le même à l'intérieur et à l'extérieur. Nous voyons qu'il reste 79 centimètres cubes de gaz (3). Ce gaz est de l'azote.

Ainsi, en volume, *l'air renferme 21 volumes d'oxygène pour 79 volumes d'azote.*

On prend d'habitude 1/5 d'oxygène et 4/5 d'azote, valeurs approchées simples des résultats précédents.

Comme il est difficile de se procurer du phosphore et que la manipulation de ce corps est dangereuse, on pourra remplacer l'expérience précédente par cette autre qui utilise deux corps : l'acide pyrogallique, bien connu des amateurs photographes, et la potasse ou la soude caustique, produits qu'on peut se procurer facilement.

II. Prenons un tube de 60 centimètres de long environ, fermé à un bout (*fig.* 27). Versons jusqu'à une hauteur de 10 centimètres une solution d'acide pyrogallique ; jetons dans le tube un petit morceau de potasse caustique ; bouchons le tube avec le doigt et agitons. Le liquide prend une teinte brune qui devient de plus en plus foncée et passe au noir ; on constate de plus que le tube adhère au doigt. Il s'est donc produit dans ce tube un vide partiel. Retournons le tube dans une haute éprouvette pleine d'eau et enlevons le doigt. L'eau monte dans le tube. Ramenons le niveau du liquide à être le même à l'intérieur qu'à l'extérieur du tube : le gaz qui reste dans le tube occupe le volume $a'b$. Avant l'expérience, il occupait le volume ab. On constate que $aa' = 1/5$ de ab. Ainsi, ce qui a été enlevé, c'est l'oxygène de l'air du tube. Il reste l'azote.

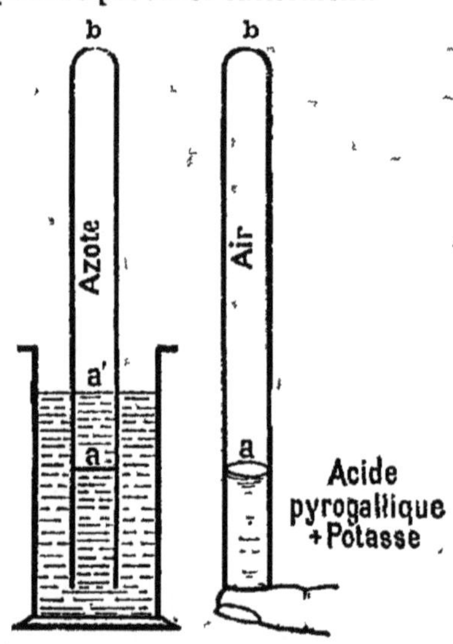

Fig. 27. — Analyse de l'air par l'acide pyrogallique et la potasse. — Avant l'expérience, le volume ab est occupé par l'air ; après l'expérience, le gaz n'occupe plus que le volume $a'b$.

Il existe d'autres procédés *d'analyse en volume* de l'air. Dans tous, on absorbe l'oxygène et il reste l'azote.

58. Composition en poids. — PROBLÈME. Sachant que 100 dm³ d'air renferment 79 dm³ d'azote et 21 dm³ d'oxygène, que 1 dm³ d'oxygène pèse 1 g. 43 et 1 dm³ d'azote 1 g. 25, quel est le poids d'oxygène et d'azote dans 100 g. d'air ? — (A faire par les élèves.)

En poids, on trouve que 100 g. d'air renferment 77 g. d'azote et 23 g. d'oxygène.

59. Dosage *du gaz carbonique et de la vapeur d'eau.* — PRINCIPE: Pour doser le gaz carbonique, on fait passer un volume connu d'air dans des tubes renfermant de la potasse ou de la soude, qui absorbe le gaz carbonique. L'augmentation de poids de ces tubes donne le poids de gaz carbonique renfermé dans l'air. On a trouvé que la quantité de gaz carbonique dans l'air est à peu près constante et voisine de $\frac{3}{10000}$ (3 litres pour 10000 litres d'air). [Voir *Gaz carbonique*.]

La quantité de vapeur d'eau que renferme l'air est très variable. Son dosage sera étudié en physique (14° leçon).

Propriétés physiques.

60. *Poids de l'air*. — On a déterminé le poids du litre d'air. (Voir *Physique*, 4° leçon.) A la température de 0° et sous la pression de 76 centimètres de mercure, 1 litre d'air pèse 1 g. 293. On prend approximativement 1 g. 3 dans les calculs. En physique, nous avons vu l'influence de la température et de la pression sur le poids du litre d'air.

61. *Solubilité de l'air*. — L'air se dissout dans l'eau. L'eau ordinaire renferme environ 20 à 25 centimètres cubes d'air dissous par litre (Voir 2° leçon). Mais si on analyse l'air dissous dans l'eau, on trouve que les proportions d'oxygène et d'azote ne sont plus les mêmes que pour l'air atmosphérique. Pour 100 centimètres cubes d'air dissous, on trouve :

> Oxygène, 33 centimètres cubes environ.
> Azote, 67 — — —

soit $\frac{1}{3}$ d'oxygène et $\frac{2}{3}$ d'azote.

Chacun des gaz se dissout comme s'il était seul. Ceci nous montre que dans l'air nous avons affaire à un *mélange* de deux gaz. Si ces gaz étaient combinés, en effet, on trouverait toujours des proportions identiques pour les volumes des composants.

62. *Liquéfaction de l'air*. — L'air a été longtemps considéré comme un gaz permanent ; il n'y a qu'une trentaine d'années qu'on a montré la possibilité de le-liquéfier. Les premiers essais de liquéfaction ont été réalisés par le physicien français Cailletet. L'appareil de Cailletet fut perfectionné par l'Allemand Linde, qui rendit pratique la préparation de l'air liquide. Enfin un nouveau perfectionnement dû à l'ingénieur français Claude a mis l'air liquide au rang des produits industriels.

Pour liquéfier de la vapeur d'eau, vous savez qu'il suffit de la refroidir. On pourrait arriver au même résultat en la comprimant. Enfin, on peut utiliser à la fois la compression et le refroidissement. Pour tous les gaz, il existe une température au-dessus de laquelle la liquéfaction est impossible. Ainsi, au-dessus de 31° on ne peut plus liquéfier le gaz carbonique. Cette température est appelée *température critique*. Pour l'air, cette température est de 140° au-dessous de zéro (—140°). A — 191°, l'air se liquéfie sous la pression atmosphérique ordinaire.

On arrive à obtenir cet abaissement énorme de température par un procédé très ingénieux. Quand on comprime un gaz, il s'échauffe. Inversement, quand un gaz comprimé revient à la pression ordinaire, quand il *se détend*, il se refroidit. C'est ce refroidissement d'un gaz par *détente* que l'on utilise dans les appareils de Linde et de Claude.

Quand on laisse évaporer l'air liquide, l'azote se vaporise plus rapidement que l'oxygène. On peut séparer par distillation l'oxygène et l'azote à peu près purs. C'est là un phénomène analogue à la distillation d'un mélange d'eau et d'alcool.

Propriétés chimiques.

63. *L'air entretient la combustion et la respiration.* — Le soufre, le charbon, le phosphore et bien d'autres corps brûlent dans l'air. Ce phénomène est appelé *combustion*. *L'air entretient donc les combustions.*

C'est l'oxygène qui permet aux corps de brûler. Les combustions dans l'air sont moins vives que dans l'oxygène pur: nous l'avons vu pour le charbon et le soufre. Cela tient à la présence de l'azote, qui dilue l'oxygène et modère son action.

L'air, surtout lorsqu'il est humide, agit sur les métaux. Il se forme à la surface de ceux-ci une couche d'*oxyde*.

Les êtres vivants ont besoin d'air pour vivre; ils *respirent*. Nous verrons que la respiration n'est qu'une sorte de combustion. *L'air entretient donc la respiration.* Mais ici encore, l'oxygène pur produit sur l'organisme une action trop vive; l'azote modère son action. Les deux gaz, oxygène, azote, conservent donc dans l'air leurs propriétés respectives.

L'air est un mélange.

64. *Dans l'air, l'oxygène et l'azote sont mélangés.* — 1° L'oxygène et l'azote conservent dans l'air leurs propriétés caractéristiques;

2° On peut faire un mélange d'oxygène et d'azote dans les proportions voisines de celles de l'air atmosphérique, et obtenir un gaz qui a les mêmes propriétés que l'air, qui entretient la combustion et la respiration tout comme l'air. La combinaison, au contraire, est caractérisée par des proportions fixes des composants;

3° Le mélange d'oxygène et d'azote se fait sans dégagement de chaleur;

4° Quand l'air se dissout dans l'eau, chaque gaz se dissout comme s'il était seul; quand on fait évaporer de l'air liquide, l'azote se vaporise plus rapidement que l'oxygène. Dans le cas où deux corps sont combinés, au contraire, les proportions des composants sont *fixes*, que le corps soit pris à l'état gazeux, à l'état liquide ou dissous.

Ainsi, l'oxygène et l'azote sont simplement mélangés dans l'air.

RÉSUMÉ

1. L'air renferme principalement de l'*oxygène* et de l'*azote*.

Il contient aussi de l'acide carbonique, de la vapeur d'eau, des poussières en suspension et une petite quantité de gaz découverts récemment, dont le principal est l'*argon*.

2. En volume, l'air renferme pour 100 volumes :

> 79 volumes d'azote,
> 21 — d'oxygène.

En poids, il renferme, pour 100 grammes :

> 77 grammes d'azote,
> 23 — d'oxygène.

L'analyse en volume se fait en absorbant l'oxygène ; il reste l'azote.

3. La proportion en volume de gaz carbonique dans l'air est à peu près constante et égale à $\dfrac{3}{10\,000}$.

On dose le gaz carbonique dans l'air en faisant passer un volume connu d'air dans des appareils renfermant de la potasse, qui absorbe le gaz carbonique.

La quantité de vapeur d'eau contenue dans l'air est très variable. Sa détermination est l'objet de l'*hygrométrie*.

4. L'air est pesant. A 0° et sous la pression de 76 centimètres de mercure, 1 litre d'air pèse 1 g. 3.

5. L'air se dissout dans l'eau ; 1 litre d'eau contient de 20 à 25 centimètres cubes de ce gaz. L'air dissous dans l'eau est plus riche en oxygène que l'air atmosphérique ; il contient 1/3 d'oxygène et 2/3 d'azote.

6. Depuis quelques années on a pu liquéfier l'air. On obtient le réfroidissement nécessaire à la liquéfaction au moyen de la *détente*. L'air liquide sert à obtenir de basses températures et à préparer industriellement l'oxygène. En évaporant l'air liquide, l'azote se vaporise plus rapidement que l'oxygène, et il reste bientôt de l'oxygène presque pur.

7. L'air est un *mélange* d'oxygène et d'azote, car chacun des gaz conserve dans l'air ses propriétés caractéristiques. L'air entretient comme l'oxygène les combustions et la respiration, mais l'action de l'oxygène se trouve modérée par la présence de l'azote.

EXERCICES

Quels sont les deux gaz principaux que renferme l'air? — Comment peut-on déterminer dans l'air la proportion en volume de ces deux gaz? — Quelle est la composition de l'air : en volume, en poids? — Quels sont les autres corps que l'on trouve encore dans l'air? — Comment reconnaît-on dans l'air la présence du gaz carbonique, de la vapeur d'eau, des poussières? — Quelle est la proportion habituelle du gaz carbonique dans l'air? — Quel danger peuvent présenter les poussières de l'air? — Montrez que l'air est pesant; poids du litre d'air. — Pouvez-vous montrer qu'il y a de l'air dissous dans l'eau? Composition de cet air. — Montrez que l'air est un mélange d'oxygène et d'azote, non une combinaison.

6e LEÇON

COMBUSTION. — CHAUFFAGE. — ÉCLAIRAGE

MATÉRIEL : Eau de chaux. — Bougie. — Alcool. — Pétrole. — Tampon de coton au bout d'un fil de fer. — Fer rouillé. — Petite seringue en verre, ou tube effilé dans lequel on a introduit une tige en fil de fer portant à son extrémité un disque de liège ou de cuir formant piston.

65. Caractères de la combustion. — Le charbon, le soufre, le phosphore brûlent dans l'air comme ils brûlent dans l'oxygène, mais avec moins d'éclat.

Ces phénomènes, que nous avons appelés *combustions*, présentent les caractères suivants :

1° Le corps qui brûle semble disparaître ;

2° Il y a production de chaleur ;

3° Il y a production de lumière.

Nous savons que le mot *combustion* est synonyme de « combinaison d'un corps avec l'oxygène ». Le corps qui brûle s'appelle *combustible*; l'oxygène qui le fait brûler est le *comburant*.

66. Nature des combustibles. — Nous utilisons un grand nombre de combustibles, mais tous renferment deux corps que nous connaissons déjà : le carbone et l'hydrogène.

On sait bien que le charbon de bois, la houille, le coke, l'anthracite, le bois, sont des combustibles riches en carbone; le charbon de bois, le coke, sont du carbone presque pur. Mais il ne semble guère que la substance de la bougie, l'alcool, le pétrole renferment du charbon. C'est pourtant ce que nous allons constater.

EXPÉRIENCES. I. Recouvrir une bougie allumée d'une éprouvette. Quand la bougie s'éteint, verser dans l'éprouvette de l'eau de chaux : l'eau de chaux se trouble. Il s'est donc formé du gaz carbonique.

II. Au bout d'un fil de fer, mettons un tampon de coton imbibé d'alcool. Allumons l'alcool et plongeons le tampon dans un flacon. Quand l'alcool s'éteint, nous constatons avec l'eau de chaux la présence de gaz carbonique.

Recommencer cette expérience avec du pétrole ou de l'essence.

La bougie, l'alcool, le pétrole renferment donc du carbone.

III. Couper par une soucoupe froide la flamme des corps précédents. On voit se déposer une buée sur la soucoupe. La combustion de ces corps produit donc de l'eau; par conséquent ils renferment de l'hydrogène, car l'hydrogène en brûlant donne de l'eau.

On emploie encore comme combustibles des gaz, vapeur d'alcool, de pétrole, gaz d'éclairage, gaz de coke (Voir *Carbone*), riches en carbone et en hydrogène.

Application au chauffage.

67. *Moyen d'obtenir des températures élevées.* — Nous utilisons les combustions pour nous donner de la chaleur et de la lumière, autrement dit pour le chauffage et l'éclairage. Nous avons parlé en physique du chauffage domestique. Pour celui-ci on n'a pas besoin d'une température élevée, mais dans l'industrie on se préoccupe d'obtenir de hautes températures, nécessaires à certaines opérations.

Les combustibles industriels sont dans quelques cas l'hydrogène et le gaz d'éclairage, mais la houille est le combustible le plus utilisé. Le pétrole, l'alcool sont aussi employés, ainsi qu'un gaz obtenu au moyen du coke et qu'on appelle *gaz du gazogène* (Voir *Carbone*).

Ces divers combustibles ne produisent pas des quantités égales de chaleur en brûlant. Ainsi,

1 gr. d'hydrogène		345 gr. d'eau;
1 — de bonne houille	en brûlant	80 —
1 — de gaz d'éclairage	peut porter	107 —
1 — de pétrole	de 0° à 100°	110 —
1 — d'alcool		70 —
1 — de gaz au coke		11 —

Lorsque cette quantité de chaleur est dégagée en un temps court et dans un espace restreint, on obtient des températures élevées.

Dans ce but, plusieurs moyens sont employés :

1° *On apporte le comburant en quantité suffisante.* Pour brûler 1 kilogramme de charbon, il faut près de 2 mètres cubes d'oxygène, soit 10 mètres cubes d'air, en admettant que tout l'oxygène soit utilisé. Lorsqu'il y a une grande masse de combustible, il faut donc amener sur ce combustible, soit de l'air, soit de l'oxygène. C'est ce que fait le forgeron au moyen de son soufflet. Dans les foyers industriels, l'air est amené par de puissantes *machines soufflantes;*

2° *On ménage un contact intime entre le combustible et le comburant.* On sait que la houille brûle mal lorsqu'elle est en gros morceaux, car le combustible est en contact avec le comburant par une trop petite surface. Lorsque la houille est en poussière, elle brûle mal encore, car alors la poussière forme une couche que le comburant traverse difficilement. La houille, pour bien brûler, doit être concassée en petits morceaux laissant entre eux des espaces par où il est facile au comburant de passer. Mais le contact entre le combustible et le comburant sera le plus parfait possible si tous les deux sont à l'état gazeux. Toutefois, *on ne fera le mélange qu'à l'endroit même où doit se produire la combustion,* car des explosions terribles seraient à redouter. A l'heure actuelle, dans l'industrie, on tend de plus en plus à substituer aux combustibles solides des combustibles gazeux, en particulier le gaz des gazogènes ou gaz au coke;

3° *On prend pour comburant de l'oxygène pur, ou du moins un air enrichi en oxygène.* Dans le *chalumeau oxhydrique,* on atteint une température voisine de 2000° en faisant brûler de l'hydrogène dont la combustion est activée par un courant d'oxygène (n° 31). Aujourd'hui, grâce à la liquéfaction de l'air, on peut obtenir à bon marché de l'oxygène pur ou au moins un gaz riche en oxygène. L'industrie commence à utiliser ce comburant dont la consommation augmente rapidement;

4° *On emploie des récupérateurs de chaleur.* Avant la combustion, si le combustible ou le comburant, ou même tous les deux, étaient portés déjà à une température élevée, on obtiendrait par leur combustion une température bien plus élevée encore que si on les utilisait dans les conditions ordinaires.

Quand le combustible est solide, on échauffe le comburant. Quand le combustible est gazeux, on échauffe combustible et comburant avant d'en provoquer le mélange. Mais ce qu'il y a d'ingénieux, c'est qu'on utilise les gaz chauds provenant de la combustion pour échauffer ceux qui vont brûler. Tel est le principe des *récupérateurs* de chaleur, que nous trouverons dans l'industrie du fer et de l'acier.

Application à l'éclairage.

68. *Nature de la flamme.* — Les combustions sont généralement accompagnées de lumière. Cette production de lumière est utilisée pour l'éclairage.

Expériences. I. Chauffer dans un bon feu une petite tige de fer. On la voit d'abord rougir, puis la lumière qu'elle répand devient de plus en plus vive. On dit que cette tige a été *portée à l'incandescence.* Un corps chauffé commence à être lumineux à la température de 500°. Quand nous avons brûlé le fer ou le charbon dans l'oxygène, il y a eu production de lumière, due à l'incandescence de particules solides.

II. L'alcool brûle avec une *flamme* peu éclairante; le pétrole, le gaz d'éclairage brûlent avec flamme ; la bougie aussi brûle avec flamme. A quoi est due cette flamme? *Elle est produite par l'incandescence d'une vapeur ou d'un gaz.* Éteignons la bougie allumée et approchons une allumette enflammée. La bougie se rallume alors que l'allumette est encore à une petite distance de la mèche. Donc, il y a autour de la mèche des gaz inflammables. Ces gaz proviennent de la décomposition par la chaleur de la substance de la bougie. De même, la flamme de l'alcool est produite par l'incandescence de la vapeur d'alcool, etc.

Mais pourquoi la flamme d'alcool est-elle peu brillante, celle de la bougie brillante? — Écrasons avec une assiette froide la flamme de la bougie; il se produit sur l'assiette un dépôt de charbon. Donc, la flamme de la bougie renferme des particules de charbon qui sont portées à l'incandescence; c'est ce qui produit son aspect brillant. Écrasons de même la flamme de l'alcool ; nous ne constatons aucun dépôt de noir de fumée.

III. Avec une petite seringue en verre, aspirons lentement en plaçant le bout de la seringue dans la partie sombre de la flamme [*fig.* 28 (1)].

La seringue se remplit d'une fumée blanchâtre. Poussons ensuite doucement le piston et présentons une allumette enflammée à l'orifice de l'appareil. Les gaz contenus dans le tube brûlent avec une flamme éclairante. Ces gaz sont précisément ceux qui proviennent de la décomposition de la substance de la bougie ; ce sont eux qui brûlent et c'est leur combustion qui produit la flamme éclairante de la bougie.

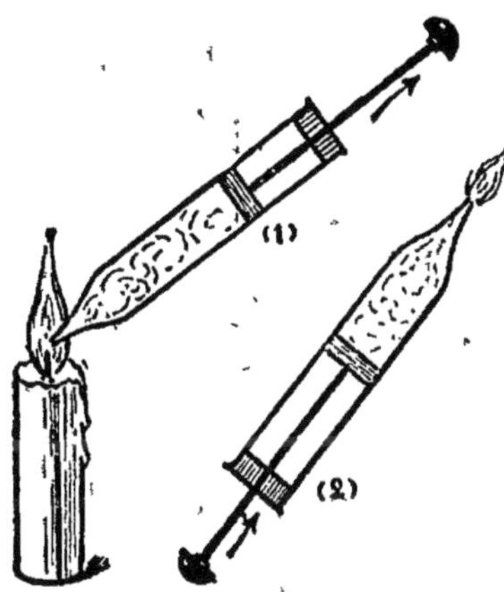

Fig. 28. — Les gaz dont la combustion produit la flamme de la bougie sont aspirés en (1) et brûlent en (2) quand on pousse le piston

IV. Soufflons dans la flamme de la bougie avec un tube effilé (*fig.* 29). La flamme cesse d'être brillante. C'est que nous avons apporté suffisamment d'oxygène pour brûler complètement le carbone dans les gaz de la flamme. Par contre, la flamme est très chaude.

V. Jeter de la limaille de fer dans la flamme de l'alcool, ou bien y placer un fil de fer fin. Le fer est porté à l'incandescence. La température de la flamme n'est donc pas la condition de son éclat : *l'éclat d'une flamme est dû à l'incandescence des particules solides qu'elle contient.*

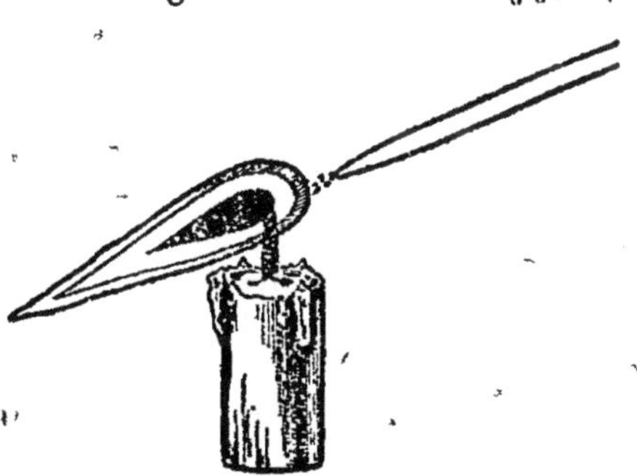

Fig. 29. — La flamme brillante de la bougie cesse d'être éclairante quand on y envoie un courant d'air par un tube effilé.

Éclairage par l'incandescence. La flamme du gaz d'éclairage est brillante; mais si nous faisons un mélange convenable de gaz et d'air avant de l'enflammer, la flamme est bleuâtre et a perdu son éclat.

Expliquer pourquoi. — C'est ce qu'on réalise dans l'appareil appelé *brûleur de Bunsen*, dont le détail est suffisamment expliqué par la figure 30. La flamme, par contre, est très chaude. En faisant arriver cette flamme sur un manchon imprégné de substances solides, on porte celles-ci à l'incandescence et on obtient une magnifique lumière. Tel est le principe de l'éclairage au moyen des manchons Auer.

Combustions lentes.

69. Oxydations. — 1er EXEMPLE. Le phosphore brûle dans l'oxygène ou dans l'air avec un vif éclat; mais si on laisse à la température ordinaire du phosphore dans un flacon plein d'air, il absorbe l'oxygène sans donner lieu à une élévation sensible de température. Il ne se produit pas non plus de lumière. Toutefois, à l'obscurité, la combinaison du phosphore et de l'oxygène se manifeste par une lueur faible, particulière. On a donné le nom de *phosphorescence* à ce phénomène lumineux.

2e EXEMPLE. Le fer brûle dans l'oxygène. Quand on le chauffe au blanc dans le feu de forge et qu'on

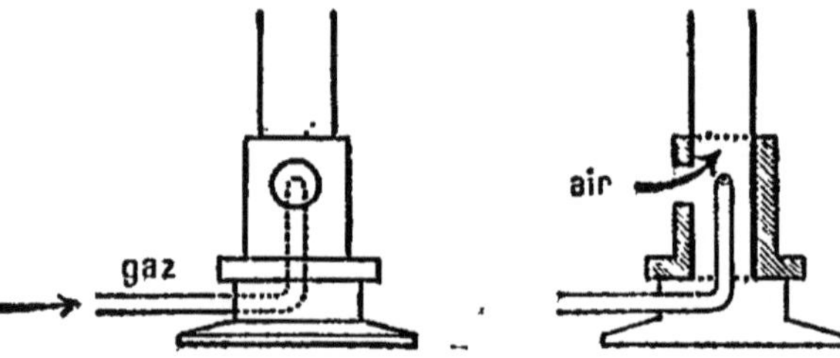

Fig. 30. — Brûleur Bunsen. — A droite, coupe montrant comment se fait le mélange d'air et de gaz.

le retire, on voit des étincelles brillantes se produire. Le fer brûle donc dans l'air comme dans l'oxygène. C'est là une combustion vive. Mais du fer laissé à l'air humide se couvre d'une couche de couleur rouge brique. Cette couche est formée par la combinaison de l'oxygène et du fer : c'est un oxyde de fer. Il y a eu encore combustion du fer, mais sans phénomène calorifique ou lumineux appréciable. Il s'est produit une *combustion lente*. Cette combustion ronge peu à peu le fer et le transforme en *rouille*. Tout le métal peut être détruit ainsi.

A part l'or, l'argent, le platine, l'aluminium, l'étain, tous les métaux, dans l'air humide, se comportent comme le fer. On dit qu'ils s'*oxydent*, et ces phénomènes de combustion lente sont encore appelés *oxydations*. Pour le fer, toute la masse du métal peut subir l'oxydation. L'oxydation du cuivre, du plomb, du zinc n'est que superficielle : la couche d'oxyde formé constitue un revêtement imperméable qui s'oppose à l'attaque du reste du métal.

Respiration.

70. *La respiration est une combustion lente.* — EXPÉRIENCE. Souffler dans de l'eau de chaux : on voit le liquide se troubler rapidement. L'air que nous rejetons renferme donc du gaz carbonique. Si nous soufflons sur une vitre froide, nous voyons se déposer sur le verre une buée. L'air qui sort de nos poumons renferme donc de la vapeur d'eau en assez grande quantité.

Ainsi, dans nos poumons, l'air s'est enrichi en gaz carbonique et en vapeur d'eau. Ces deux corps sont les produits constants de la combustion du carbone et de l'hydrogène. L'air que nous introduisons dans les poumons contient de l'oxygène. Cet oxygène passe dans le sang; il est transporté par tout l'organisme, y produisant des combustions qui sont la source de la chaleur animale. Les combustibles sont le carbone et l'hydrogène, éléments constitutifs de notre corps. Les produits de cette combustion, ramenés par le sang jusqu'aux poumons, s'échappent lors de l'expiration. Lavoisier, le premier, indiqua la nature du phénomène respiratoire : il montra que la respiration consiste en une combustion lente du carbone et de l'hydrogène à l'intérieur du corps.

RÉSUMÉ

1. On appelle *combustion* l'union d'un corps avec l'oxygène. Ce phénomène présente les caractères suivants :

a) Le corps qui brûle semble disparaître ;

b) Il y a production de chaleur ;

c) Il y a production de lumière.

Le corps qui brûle est un *combustible ;* l'oxygène, qui fait brûler, est un *comburant.*

2. Les combustibles que nous utilisons renferment du carbone et de l'hydrogène. Ils peuvent être solides : houille, coke, anthracite, charbon de bois, bougie. L'alcool, le pétrole sont des combustibles liquides. Le gaz d'éclairage, le gaz de coke sont gazeux.

Les produits de la combustion sont du gaz carbonique et de la vapeur d'eau.

3. Les combustions sont appliquées pour le chauffage et pour l'éclairage.

Dans l'industrie on cherche à obtenir des températures élevées. On y parvient :

a) En apportant le comburant en quantité suffisante (soufflets des forgerons, machines soufflantes de l'industrie);

b) En mélangeant intimement le combustible et le comburant, et en particulier en utilisant un combustible gazeux (gaz des gazogènes);

c) En prenant pour comburant de l'oxygène pur ou un gaz riche en oxygène;

d) En échauffant, au préalable, le combustible et le comburant (récupérateurs de chaleur).

4. Un solide devient incandescent lorsqu'il est porté à une température qui dépasse 500°.

Une *flamme* est produite par l'incandescence d'une vapeur ou d'un gaz. La flamme devient éclairante lorsqu'elle renferme des particules solides portées à l'incandescence.

5. Lorsque la flamme n'est pas éclairante, mais qu'elle est très chaude, on peut l'utiliser pour porter à l'incandescence une substance solide. C'est le principe de l'éclairage au gaz par les becs Auer.

6. Certains corps s'unissent lentement avec l'oxygène, sans qu'il y ait production de chaleur ou production de lumière. Ces combustions lentes s'appellent encore *oxydations*. Exemple : transformation du fer en rouille à l'air humide.

7. La respiration est une combustion lente du carbone et de l'hydrogène à l'intérieur du corps des êtres vivants. Elle se traduit par une absorption d'oxygène et par le dégagement de gaz carbonique et de vapeur d'eau. Chez les animaux, cette combustion est la source de la chaleur animale.

Fig. 31. — Différentes zones de la flamme d'une bougie.

EXERCICES

I. Qu'appelle-t-on combustion? — Quels sont les caractères de la combustion? Exemples. — Quels sont les combustibles que nous utilisons? Quels corps renferment-ils? Quels sont les produits de leur combustion? Exemples. — Comment l'industrie obtient-elle des températures élevées? — Montrer, par des exemples, en quoi consiste une flamme. — A quelle condition une flamme est-elle éclairante? — Comment peut-on transformer la flamme éclairante d'une bougie en flamme non éclairante et très chaude? — Différentes zones de la flamme d'une bougie. A quoi sont dues les différences d'aspect constatées (*fig.* 31)? — Quel est le principe de l'éclairage par les becs Auer? — Qu'appelle-t-on oxydation? Donnez des exemples. — Montrez que la respiration est une combustion lente. — Pourquoi éteignez-vous une bougie en soufflant dessus, tandis que le forgeron active son feu en y envoyant un courant d'air?

II. Rechercher les divers procédés employés pour empêcher le fer de se rouiller.

III. Rechercher les moyens qu'on peut employer pour ralentir ou supprimer les combustions. Applications pratiques.

7° LEÇON

L'AZOTE. — L'AMMONIAQUE.

MATÉRIEL : On retire l'azote de l'air atmosphérique par une expérience analogue à celle du n° 52. Les expériences simples qu'on peut faire avec ce gaz sont très limitées. — Solution ammoniacale du commerce. — Sels ammoniacaux : sulfate, azotate, chlorure d'ammonium. — Eaux ammoniacales d'épuration du gaz. — Crud ammoniac (résidu de l'épuration chimique du gaz). — Chaux vive. — Appareil représenté par la figure 32. — Tubes à essais et flacons *bien secs.* — Appareil représenté par les figures 33 et 35. — Acide chlorhydrique. — Baguette de verre. — Solutions de sulfate ferreux, de sulfate de cuivre, d'azotate d'argent. — Tournure de cuivre. — Entonnoir.

Azote.

(Symbole = Az. — Poids atomique = 14).

71. *État naturel.* — L'azote est très répandu dans la nature; en volume, il forme les 4/5 de l'air atmosphérique. Il existe dans un grand nombre de composés, en particulier dans les azotates ou nitrates, dans l'ammoniaque. Il entre dans la composition de la plupart des tissus des être vivants.

On le retire ordinairement de l'air. Il suffit d'enlever l'oxygène de l'air pour obtenir l'azote (n° 52).

72. *Propriétés.* — L'azote est un gaz incolore, inodore; sa densité, par rapport à l'air, est 0,97. L'eau en dissout à peu près 2 pour 100 de son volume, soit 20 centimètres cubes par litre.

Pour le liquéfier, il faut le refroidir au-dessous de — 146°. Il a été solidifié. L'azote est plus difficile à liquéfier que l'oxygène, et par conséquent, pendant la liquéfaction de l'air, l'oxygène se liquéfie le premier. Inversement, pendant la vaporisation de l'air liquide, l'azote s'évapore plus rapidement que l'oxygène. Ces deux propriétés ont été utilisées par M. Claude, pour obtenir l'oxygène liquide, ou bien pour obtenir un gaz plus riche en oxygène que l'air ordinaire.

EXPÉRIENCE. Plonger dans l'azote une bougie allumée : elle s'éteint. *L'azote n'entretient donc pas la combustion.*

Un animal (oiseau, souris) qu'on met sous une cloche remplie d'azote meurt rapidement. *L'azote n'entretient donc pas la respiration.* Ce gaz n'est pas un poison pour l'organisme, mais il provoque la mort par manque d'oxygène. Son rôle dans l'air est de tempérer l'action de l'oxygène.

L'azote ne se combine directement qu'à un très petit nombre de corps. Il est absorbé par un métal, le *magnésium*, à chaud.

73. *Chaux azotée.* — Depuis quelques années on sait fixer l'azote de l'air sur le *carbure de calcium,* corps bien connu qui sert à obtenir l'acétylène.

L'azote utilisé dans cette opération se prépare en distillant de l'air liquide par le procédé de l'ingénieur français Claude. Le corps obtenu est désigné communément sous le nom de *chaux azotée* ou de *cyanamide calcique*. Sous l'action de l'eau, il se transforme peu à peu en ammoniaque et carbonate de calcium.

Dans le sol, il peut remplacer comme engrais le sulfate d'ammoniaque; on l'emploie à la dose de 225 kilogrammes environ à l'hectare, ce qui correspond à 46 kilogrammes d'azote.

74. Nitrate de calcium. — Sous l'influence de l'étincelle électrique, l'oxygène et l'azote se combinent pour donner un gaz, le peroxyde d'azote, qui réagit sur l'eau en formant de l'acide azotique, et sur les bases en formant des nitrates. En général, on fait absorber ce gaz par la chaux et on a du nitrate de calcium qui peut être employé en agriculture comme engrais azoté. Le principal centre de fabrication de ces engrais est la Norvège, où des installations électriques, d'une puissance de 300 000 chevaux, seront prochainement en plein fonctionnement.

75. La plupart des matières organiques renferment de l'azote. — EXPÉRIENCE. Dans un tube à essais, chauffer du blanc d'œuf ou même de la farine avec de la potasse ou de la soude (*fig. 32*). A l'extrémité du tube, présenter un papier coloré avec du tournesol rouge. Le tournesol bleuit. C'est qu'il s'est dégagé de l'ammoniaque, résultant de la combinaison de l'hydrogène et de l'azote contenus dans la matière examinée. La plupart des matières organiques renferment de

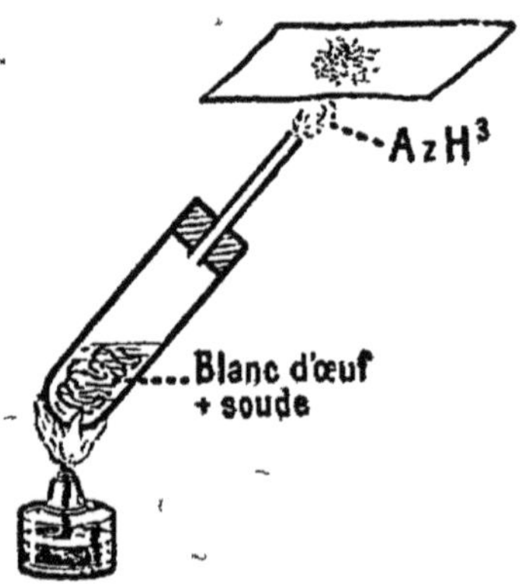

Fig. 32. — Le blanc d'œuf chauffé avec un alcali laisse dégager du gaz ammoniac qui bleuit le papier de tournesol rouge.

l'azote. On reconnaît d'ailleurs assez sûrement les matières azotées à l'odeur de corne brûlée qu'elles dégagent pendant leur calcination. Qu'on se rappelle l'odeur de viande, de lait, même de pain brûlés.

76. Putréfaction des matières organiques azotées. — Nous savons que les matières organiques s'altèrent rapidement lorsqu'on les laisse à l'air. Cette altération se produit sous l'influence d'agents infiniment petits appartenant à la classe des champignons (moisissures) ou à celle des algues (bactéries). En particulier, les matières azotées qui subissent la putréfaction donnent lieu à la formation de gaz ammoniac. Ce gaz se trouve généralement combiné à divers acides produits pendant la putréfaction. Si la matière renferme du soufre, il se forme de l'hydrogène sulfuré, qui donne avec le gaz ammoniac du sulfure d'ammonium $(AzH^4)^2S$. Le plus souvent le gaz ammoniac se dégage à l'état de carbonate d'ammonium. Ainsi, une substance azotée, l'urée, contenue dans l'urine, se transforme en carbonate d'ammonium. Une transformation analogue se produit dans les

étables : d'où l'odeur caractéristique des fosses d'aisances, des étables
mal tenues.

77. *Distillation sèche des matières organiques*. — La distillation
sèche des matières organiques azotées donne lieu à un dégagement
de produits ammoniacaux. C'est ce qui se produit pendant la préparation du gaz d'éclairage. Aussi la majeure partie de l'ammoniaque
du commerce et des sels ammoniacaux se retire des eaux d'épuration
du gaz d'éclairage. Il se forme encore des dérivés ammoniacaux dans
la préparation du coke; on en extrait aussi des gaz de gazogène.

78. *Rôle de l'azote dans la nature*. — 1° Dans l'air, l'azote modère
l'action de l'oxygène en diluant celui-ci;

2° Les animaux ne peuvent eux-mêmes fixer l'azote minéral qui
leur est nécessaire pour la formation de leurs tissus; ils utilisent
comme aliments des matières organiques azotées qui leur sont four-
nies, soit par d'autres animaux, soit par les végétaux;

3° Les végétaux effectuent la transformation de l'azote minéral
en matière organique azotée. Les nitrates en solution très étendue
sont absorbés dans le sol par les racines des plantes. Aux feuilles,
sous l'action des radiations solaires absorbées par la chlorophylle
des végétaux, s'effectuent des combinaisons entre l'azote minéral,
le carbone et les éléments de l'eau. Le résultat de ces réactions, dont
le détail est inconnu, est la production de matière organique azotée.

Les légumineuses possèdent la propriété de fixer directement l'a-
zote de l'air et de le transformer en azote organique. Sur les racines
de ces plantes, on constate des excroissances ou *nodosités*. Ces nodosités renferment des bactéries, agents de la fixation de l'azote de
l'air.

Diverses algues peuvent également transformer l'azote atmosphérique en azote organique;

4° La matière organique azotée, après avoir subi la putréfaction,
donne des composés ammoniacaux, même de l'azote gazeux. Ces
composés ammoniacaux se transforment en nitrates (8° leçon), qui
sont des aliments azotés pour les végétaux.

Tel est le cycle de l'azote dans la nature.

Nouveaux gaz de l'air.

79. *Argon. Hélium*. — Deux chimistes anglais, Ramsay et Railegh, absorbant l'azote retiré de l'air par le magnésium au rouge, obtinrent un résidu
qui ne se combine à aucun corps. Ils l'appelèrent *argon* à cause de son peu
d'affinité. L'air en renferme environ 1/100 de son volume. 1 litre d'argon
pèse 1 g. 37.

On a trouvé encore dans l'air d'autres gaz, dont le mieux caractérisé est
l'*hélium*. L'air en renferme 2/10 000 environ de son volume. Ce gaz est le plus
difficile à liquéfier. L'évaporation du gaz liquéfié a permis d'abaisser la température à — 270°.

Gaz ammoniac.

(Symbole = Az H³. — Poids moléculaire = 17).

80. Couleur, odeur, densité. — Voici de l'ammoniaque du commerce, appelée encore *alcali volatil* ; c'est un liquide incolore, à odeur piquante caractéristique. Cette odeur est due au dégagement d'un gaz dissous dans le liquide. En chauffant la dissolution, le gaz se dégage ; on peut le recueillir simplement par déplacement d'air, au moyen de l'appareil représenté par la figure 33, dans des flacons bien secs.

Ce gaz, appelé gaz *ammoniac*, a une

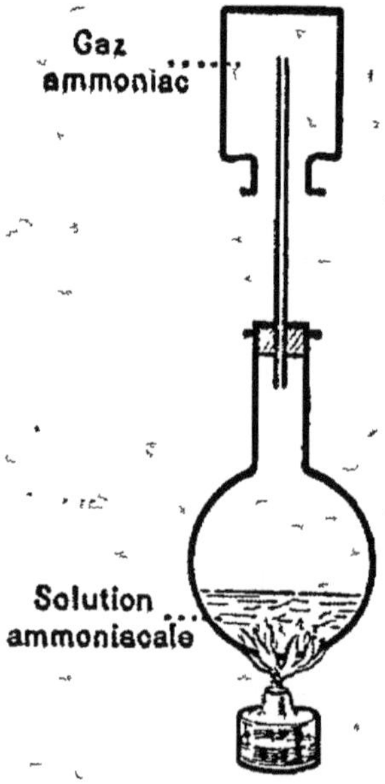

Fig. 33. — Appareil simple pour recueillir le gaz ammoniac.

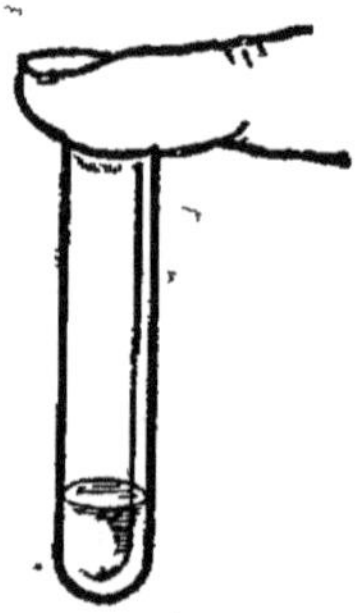

Fig. 34. — L'eau a dissous le gaz ammoniac et le tube adhère fortement au doigt.

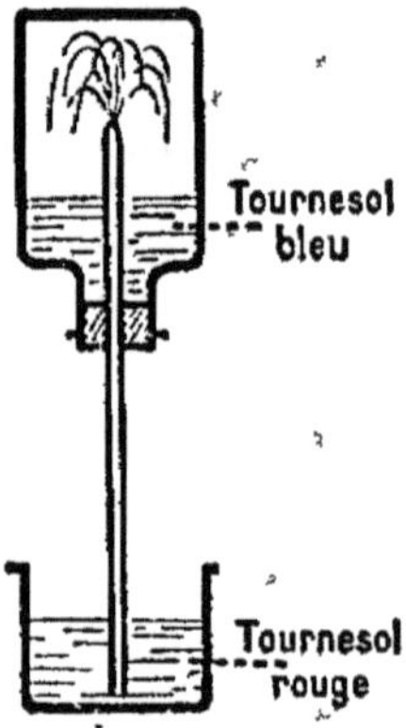

Fig. 35. — Expérience montrant la grande solubilité du gaz ammoniac.

odeur vive et piquante, qui provoque le larmoiement. Il est incolore.

Sa molécule est représentée par le symbole AzH³.

De ce symbole, tirer le poids moléculaire, la composition en volume et en poids ainsi que le poids du litre.

81. Solubilité. — Expériences. I. Remplir de gaz ammoniac un tube à essais bien sec (*fig.* 34) ; fermer avec le doigt l'extrémité du tube et plonger cette extrémité dans un verre d'eau. Soulever légèrement le doigt pour laisser rentrer un peu d'eau et refermer le tube. Celui-ci adhère fortement au doigt. En plaçant sous l'eau l'ouverture du tube et en enlevant le doigt, le tube se remplit presque complètement. Expliquer cette expérience.

II. Décrire l'appareil représenté par la figure 35 et expliquer l'expérience qu'il permet de réaliser.

Conclusion. Le gaz ammoniac est *le plus soluble de tous les gaz*. Un litre d'eau dissout à 0° environ 1 000 litres de ce gaz. La solubilité diminue à mesure que la température s'élève; à 130°, tout le gaz est éliminé.

La diminution de la solubilité avec l'élévation de température est d'ailleurs un fait général pour les gaz.

82. Liquéfaction. Glace artificielle. — A la température ordinaire, on peut facilement liquéfier le gaz ammoniac par simple compression; à 25°, il suffit d'une pression de 12 kilogrammes par centimètre carré pour obtenir ce résultat. Le gaz liquéfié (ne pas confondre avec la solution commerciale) abandonné à l'air entre en ébullition et se vaporise à nouveau. Il produit un abaissement de température jusqu'à — 23°, qui est la température d'ébullition du liquide sous la pression ordinaire.

Cette propriété fait employer le gaz ammoniac dans la production artificielle du froid et de la glace. Plus de la moitié des machines frigorifiques (600 environ) employées en France fonctionnent au moyen de gaz ammoniac.

Ammoniaque du commerce.

83. La dissolution du gaz ammoniac constitue l'ammoniaque du commerce; on l'obtient facilement en faisant barboter le gaz dans une série de bonbonnes contenant de l'eau. Sa densité est inférieure à celle de l'eau. La dissolution à 28° Baumé a une densité de 0,886 et contient 35 pour 100 en poids de gaz.

84. L'ammoniaque est une base puissante. — Dans l'expérience de la figure 35, on a vu que le tournesol rougi est ramené au bleu par la dissolution de gaz ammoniac. Cette dissolution est une base puissante, analogue à la potasse ou à la soude.

Expériences. I. Ajouter à de l'ammoniaque du commerce du tournesol bleu; faire tomber goutte à goutte de l'acide chlorhydrique jusqu'à ce que le tournesol vire au rouge. Il s'est produit une vive réaction avec grand dégagement de chaleur, et si on évapore la dissolution on trouve un corps appelé *sel ammoniac*, résultant de la combinaison de l'acide et de la base. On pourrait recommencer cette expérience avec n'importe quel acide.

II. Le gaz ammoniac et le gaz chlorhydrique peuvent se combiner directement. Tremper une baguette de verre dans l'ammoniaque, une autre dans l'acide chlorhydrique et approcher l'une de l'autre ces deux baguettes. On voit se former des fumées blanches de sel ammoniac, provenant de la combinaison des deux gaz dans l'air.

Pour des raisons que nous n'indiquerons pas ici, on a été amené à considérer un corps de formule AzH^4, appelé *ammonium*, qui remplacerait un atome d'hydrogène d'un acide tout comme un métal monovalent. Les combinai-ons de l'ammoniaque et d'un acide sont donc des *sels d'ammonium*. Un groupe tel que AzH⁴, qui se déplace dans les réactions à la façon d'un corps simple, est appelé *radical*.

85: *Action sur le sulfate de cuivre.* — Expériences. I. Dans une solution de sulfate de cuivre, verser goutte à goutte de l'ammoniaque. Il se forme un précipité blanc bleuâtre. Si l'on ajoute de l'ammoniaque en excès, le précipité disparaît. Le précipité était de l'hydrate d'oxyde cuivrique $Cu(OH)^2$; il s'est dissous dans l'excès d'ammoniaque en donnant un liquide de belle couleur bleue : c'est l'*eau céleste*. L'eau céleste est une dissolution d'hydrate cuivrique dans l'ammoniaque, solution mélangée de sulfate d'ammonium.

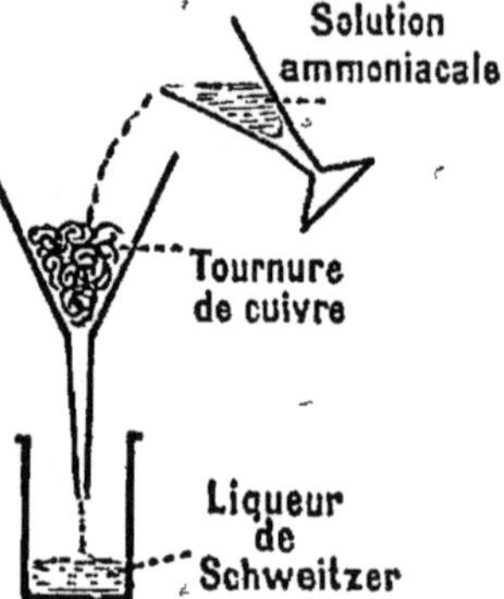

Fig. 36. — La solution ammoniacale passant sur de la tournure de cuivre donne la liqueur de Schweitzer.

II. On peut obtenir la dissolution d'hydrate cuivrique dans l'ammoniaque par un autre moyen. Sur un entonnoir (*fig.* 36), on place de la tournure de cuivre et on verse de l'ammoniaque. Le liquide recueilli est bleu. En le faisant passer à nouveau sur le cuivre et en répétant l'opération un certain nombre de fois, on obtient un liquide bleu foncé, le *réactif de Schweitzer*, qui dissout la cellulose (coton, etc.). Sous l'action de l'ammoniaque, le cuivre s'est oxydé aux dépens de l'oxygène de l'air; l'oxyde formé s'est hydraté et s'est dissous dans l'ammoniaque.

86. *Action sur l'organisme.* — L'ammoniaque est un *caustique*, elle irrite surtout les muqueuses : il faut éviter son contact prolongé avec la conjonctive des yeux, car elle pourrait provoquer des ophtalmies dangereuses.

On l'emploie pour combattre la *météorisation*. C'est un accident produit par une fermentation des fourrages verts ou humides dans la panse des ruminants, fermentation qui amène un dégagement considérable de gaz carbonique. L'ammoniaque agit en absorbant le gaz carbonique.

87. *Oxydation de l'ammoniaque. Nitrification.* — L'ammoniaque peut s'oxyder et donner naissance à de l'acide azotique, lequel se transforme en nitrates en présence des bases (Voir 8ᵉ leçon).

88. *Industrie de l'ammoniaque et de ses sels.* — En dehors de la chaux azotée, l'industrie traite les eaux vannes des égouts et surtout les eaux d'épuration du gaz d'éclairage pour en retirer l'ammoniaque.

Expérience. Broyer du sel ammoniac (chlorure d'ammonium) et le mélanger avec de la chaux vive pulvérisée. On constate un dégagement de gaz ammoniac, dégagement plus rapide si on chauffe. La réaction est la suivante :

$$2\,AzH^4Cl + CaO = CaCl^2 + H^2O + 2\,AzH^3.$$

<table>
<tr><td>Chlorure
d'ammonium.</td><td>Chaux
vive.</td><td>Chlorure
de calcium.</td><td>Eau.</td><td>Gaz
ammoniac.</td></tr>
</table>

Cette expérience peut être répétée avec n'importe quel sel d'ammoniaque : on l'utilise quelquefois dans les laboratoires pour préparer le gaz ammoniac. Elle nous indique le principe de l'extraction industrielle de l'ammoniaque.

On chauffe en présence d'un lait de chaux les eaux ammoniacales que l'on veut traiter. La chaux déplace le gaz ammoniac qui se dégage. Si l'on veut avoir le gaz à l'état liquide, on le dessèche sur de la chaux vive et on le liquéfie par compression.

Pour obtenir la dissolution, on fait arriver le courant gazeux dans une série de bonbonnes renfermant de l'eau. Quand on se propose de préparer un sel ammoniacal, on fait barboter le gaz ammoniac dans l'acide correspondant.

89. *Principaux sels ammoniacaux.*—Sulfate d'ammonium, $SO^4(AzH^4)^2$. C'est pratiquement le plus important des sels ammoniacaux : sa production est évaluée à 600 000 tonnes, dont les 4/5 sont utilisés comme engrais azoté.

Dans les terres calcaires, le sulfate d'ammonium subit une décomposition et donne naissance à du carbonate d'ammonium. (Écrire la réaction.) Ce carbonate d'ammonium est fortement retenu par les terres argileuses et subit la nitrification.

On ne doit pas employer le sulfate d'ammonium dans les terres privées de calcaire; car, n'étant pas retenu par les propriétés absorbantes du sol, il serait entraîné par les pluies.

Chlorure d'ammonium, $(AzH^4)\,Cl$. Ce corps, appelé encore « sel ammoniac », est employé pour le décapage des métaux et pour faire fonctionner les piles de sonneries électriques (piles Leclanché).

Azotate d'ammoniac, $AzO^3(AzH^4)$. Il sert à produire des mélanges réfrigérants, en se dissolvant dans l'eau.

Crud ammoniac. Quoique ce corps ne soit pas un sel d'ammoniac, il convient de signaler ce résidu de l'épuration du gaz d'éclairage. Les sels ammoniacaux y sont accompagnés de substances toxiques qui font utiliser ce produit pour détruire les mauvaises herbes. Mais lorsqu'il est répandu sur le sol plusieurs mois à l'avance, les matières toxiques (sulfocyanures) qu'il renferme sont détruites par oxydation et le « crud ammoniac » agit comme engrais azoté.

RÉSUMÉ

1. L'azote existe dans l'air, dans l'ammoniaque, les azotates et dans la plupart des matières organiques. On l'isole de l'air en absorbant l'oxygène.

2. C'est un gaz incolore, inodore, un peu moins dense que l'air; 1 litre à 0° et sous 760 millimètres pèse 1 g. 25. Il n'entretient ni la combustion ni la respiration. Sous l'influence d'étincelles électriques, il se combine à l'oxygène et donne un oxyde qu'on peut facilement transformer en nitrates.

L'azote se fixe sur le carbure de calcium pour donner la *chaux azotée*, qui, sous l'action de l'eau, se transforme en ammoniaque et carbonate de calcium.

3. La plupart des substances organiques renferment de l'azote. Par la putréfaction, cet azote s'unit à l'hydrogène et donne de l'ammoniaque. L'ammoniaque s'unit à l'hydrogène sulfuré, au gaz carbonique pour former du sulfure, du carbonate d'ammonium.

La distillation sèche des matières organiques donne lieu à la production de composés ammoniacaux.

4. L'azote minéral est absorbé sous forme de nitrates par les racines des plantes. Cet azote est transformé par le végétal en azote organique.

Les bactéries qu'on trouve dans les racines des légumineuses ainsi que certaines algues transforment l'azote de l'air en azote organique.

5. Le gaz ammoniac est composé d'azote et d'hydrogène ; sa formule est AzH^3. C'est le plus soluble de tous les gaz. A $0°$, 1 litre d'eau peut en dissoudre 1 000 litres. La solubilité diminue quand la température s'élève.

Le gaz ammoniac est facilement liquéfiable. Le liquide obtenu bout à $-23°$. On utilise ce liquide pour la production du froid et la fabrication artificielle de la glace.

6. L'ammoniaque du commerce est une dissolution de gaz ammoniac. C'est une base puissante, analogue à la potasse et à la soude et qui donne avec les acides des sels nettement définis. La formule de ces sels s'obtient en remplaçant un atome d'hydrogène de l'acide par le corps hypothétique AzH^4, appelé *ammonium*.

La solution ammoniacale déplace les bases métalliques, et en particulier l'hydrate cuivrique, qu'elle dissout. En passant sur des rognures de cuivre, elle provoque l'oxydation du métal : l'oxyde formé est dissous et cette dissolution est une belle liqueur bleue (liqueur de Schweitzer). Avec le sulfate de cuivre (vitriol bleu), l'ammoniaque donne l'*eau céleste*.

L'ammoniaque est un *caustique*. On l'utilise pour combattre la *météorisation* des ruminants. Elle agit en absorbant le gaz carbonique provenant de la fermentation des fourrages verts dans la panse de ces animaux.

L'ammoniaque en s'oxydant donne de l'acide azotique et des nitrates si l'oxydation se produit en présence des bases.

7. Quand on traite un sel d'ammoniaque par la chaux, il se

dégage du gaz ammoniac. Ce gaz peut être liquéfié, ou dissous dans l'eau, ou recueilli dans un acide.

L'industrie obtient la presque totalité de l'ammoniaque et des sels ammoniacaux par le traitement des eaux d'épuration du gaz d'éclairage.

Le plus important des sels ammoniacaux est le *sulfate d'ammonium*, $SO^4 (AzH^4)^2$, employé par l'agriculture comme engrais azoté. L'agriculture emploie aussi le *crud ammoniac*, résidu de l'épuration du gaz. On utilise encore le chlorure d'ammonium, $(AzH^4) Cl$, et l'azotate d'ammonium, $AzO^3 (AzH^4)$.

EXERCICES

I. Citez quelques corps renfermant de l'azote. — Comment peut-on retirer l'azote de l'air atmosphérique? — Quelles sont les principales propriétés de l'azote? — Comment sont fabriqués industriellement la chaux azotée et le nitrate de chaux employés comme engrais azotés? — Comment peut-on reconnaître facilement si une matière organique renferme de l'azote? — Quels composés azotés se forment dans la putréfaction, dans la distillation sèche des matières organiques azotées? — Quel est le rôle de l'azote dans l'air? — Montrez le cycle de l'azote dans la nature. — Outre l'azote et l'oxygène, connaissez-vous quelques autres gaz que contient l'air atmosphérique?

II. A quoi reconnaissez-vous immédiatement le gaz ammoniac? — Le gaz ammoniac est-il soluble, liquéfiable? — L'ammoniaque liquide du commerce est-elle du gaz ammoniac liquéfié? — Application principale du gaz ammoniac liquéfié? — Montrez que l'ammoniaque est une base énergique. — Que se passe-il quand on verse de l'ammoniaque dans une solution de sulfate de cuivre? — Qu'est-ce que la liqueur de Schweitzer? — Différence avec l'eau céleste? — Quelle action l'ammoniaque a-t-elle sur l'organisme? — D'où provient l'ammoniaque? — Principe de sa préparation. — Quels sont les principaux sels ammoniacaux? — Donnez leur formule et signalez leurs usages les plus connus.

III. D'après la formule du sulfate d'ammoniaque, trouver le poids d'azote contenu dans 100 kilogrammes de ce sel. — D'après cela, si un engrais commercial renferme 95 pour 100 de sulfate d'ammoniaque, quel est dans cet engrais, vendu 30 francs les 100 kilos, le prix du kilogramme d'azote.

8ᵉ LEÇON

AZOTATES NATURELS. — ACIDE AZOTIQUE

MATÉRIEL. Azotate de sodium. — Chlorure de potassium. Salpêtre. — Soufre en canons et salpêtre pulvérisés. Pour les mélanges combustibles, les substances employées doivent être bien sèches. — Acide azotique du commerce. — Acide sulfurique. — Tournure de cuivre, lame de cuivre bien décapée, cire ou paraffine ou vernis. — Clous en fer. — Divers composés organiques de l'acide azotique : nitrobenzine, fulmicoton, collodion, acide picrique. — Glucose ou amidon. — Appareil représenté par la figure 37. — La plupart des expériences avec l'acide azotique dégagent des vapeurs dangereuses à respirer. Ne pas laisser ces vapeurs se produire dans la salle de classe. — Brûler du soufre dans un bocal pour remplir celui-ci d'anhydride sulfureux.

Azotate de sodium.

($Az\,O^3\,Na$). *Nitrate de soude.*

90. *État naturel.* — L'azotate de sodium, ou nitrate de soude, ou salpêtre du Chili, a une grande importance au point de vue industriel et agricole. La consommation atteint 1500000 tonnes dont les 2/3 utilisés par l'agriculture. Industriellement, il sert à préparer presque tous les dérivés nitriques. Au point de vue agricole, c'est un engrais azoté immédiatement assimilable par les plantes.

Il existe en masses puissantes au Chili. On estime que les gisements seront épuisés dans 40 ans environ. Le nitrate est mélangé d'impuretés : chlorure, sulfate, iodure, iodate de sodium. On le purifie par dissolution dans l'eau chaude, puis par cristallisation. L'eau mère est utilisée par l'extraction de l'iode.

91. *Propriétés et usages.* — Sel blanc, très soluble dans l'eau. Il absorbe l'humidité de l'air et s'y dissout ensuite (déliquescence). Projeté sur des charbons ardents, il en active la combustion : on dit qu'il *fuse.* Il perd son oxygène et devient ainsi un oxydant énergique.

L'acide sulfurique réagit en donnant de l'acide azotique.

La solution d'azotate de sodium réagit à l'ébullition sur celle de chlorure de potassium et donne de l'azotate de potassium, ou *salpêtre,* et du chlorure de sodium.

Le nitrate de soude, contrairement à la plupart des autres substances minérales, n'est pas retenu par la terre arable; on ne doit le répandre qu'au printemps, au moment où les plantes peuvent l'utiliser. Il est même bon de le répandre en plusieurs fois. En l'employant trop tôt, on risque d'en perdre une grande partie, entraînée par les eaux de pluie.

Azotate de potassium.

($Az\,O^3\,K$). *Salpêtre.*

92. *État naturel et préparation.* — Dans les pays chauds (Inde, Égypte), après la saison des pluies, on voit à la surface du sol se former une poussière blanche : c'est de l'azotate de potassium ou salpêtre. Ce corps se forme aussi, dans nos pays, dans les caves, les étables, les endroits humides, là où se trouvent de la potasse et des matières organiques azotées en décomposition. Cette source de salpêtre, qui n'était pas très importante il y a quelques années, paraît être appelée prochainement à un grand avenir.

Nitrification. Nous savons que la putréfaction des matières organiques-azotées donne naissance à des sels ammoniacaux. Sous l'influence d'organismes microscopiques, l'ammoniaque est oxydée et transformée en acide nitrique. Cette transformation s'effectue en deux phases sous l'action de deux organismes différents, l'un transformant l'ammoniaque en acide nitreux, l'autre donnant de l'acide nitrique. L'acide nitrique donne des azotates en se combinant au calcaire, aux sels de potassium et de sodium que contient le sol. Cette transformation est la *nitrification*.

Pour que la nitrification s'effectue, diverses conditions sont indispensables :

a) Il faut évidemment des matières organiques azotées dans le sol, ainsi que l'agent nitrificateur ;

b) L'oxygène et l'humidité sont aussi nécessaires ; une température de 35° environ est la plus favorable ;

c) La nitrification ne se fait pas en terrain acide ; il faut que la terre soit *légèrement* alcaline. La présence des alcalis est nécessaire pour saturer l'acide au fur et à mesure de sa formation.

Dans les grandes villes, on répand les eaux d'égout sur des terrains livrés à la culture. Ces eaux sont riches en sels ammoniacaux, qui subissent la nitrification en filtrant à travers le sol. A Gennevilliers et à Achères, dans les environs de Paris, 5 000 hectares sont consacrés à l'épandage et reçoivent chaque jour 600 000 mètres cubes d'eau à épurer. Ces terrains, qui autrefois ne valaient pas plus de 400 francs l'hectare, se vendent actuellement de 10 000 à 12 000 francs.

On peut aussi faire filtrer les eaux d'égout sur des matières-poreuses (lits bactériens) qui produisent une nitrification rapide. Depuis quelques années, on a obtenu une nitrification intensive, en arrosant de sulfate d'ammoniaque une couche de terreau de jardinier. La production de salpêtre s'élève à 4 000 tonnes par hectare et par an. Enfin, les recherches les plus récentes permettent d'espérer que les tourbières actuelles pourront un jour être transformées en vastes nitrières (Muntz et Lainé).

Préparation industrielle. La plus grande quantité du salpêtre actuellement utilisé provient de la réaction du chlorure de potassium sur l'azotate de sodium :

$$ClK \quad + \quad AzO^3Na \quad = \quad AzO^3K \quad + \quad ClNa.$$

Chlorure	Azotate	Azotate	Chlorure
de potassium.	de sodium.	de potassium.	de sodium.

On obtient un mélange de salpêtre et de sel marin. On sépare ensuite ces deux sels par cristallisation.

On a pu réaliser industriellement la combinaison directe de l'oxygène et de l'azote de l'air dans un four électrique spécial. On obtient ainsi du peroxyde d'azote qu'on transforme en *nitrate de calcium* en présence de la chaux. Ce nitrate est actuellement vendu à des prix qui font concurrence au nitrate de soude du Chili. La production est aujourd'hui de 500 kilogrammes de nitrate de calcium environ par cheval et par an. Diverses usines représentant une puissance de 300 000 chevaux sont en voie d'installation en Norvège pour la préparation de ce corps.

On pourrait obtenir le salpêtre tout aussi bien que le nitrate de calcium en appliquant la réaction précédente; il suffirait de faire absorber le peroxyde d'azote par la potasse.

93. *Propriétés et usages.* — Le salpêtre est un sel blanc qui cristallise en aiguilles. Il est très soluble dans l'eau chaude; 100 grammes d'eau, qui dissolvent seulement 13 grammes de salpêtre à 0°, en dissolvent 246 grammes à 100° et 335 grammes à 116°, point d'ébullition de la solution saturée. Au rouge, il se décompose en azotite et oxygène :

$$AzO^3K \; = \; AzO^2K \; + \; O\rightarrow$$

Azotate   Azotate   Oxygène.
de potassium.   de potassium.

L'acide sulfurique réagit sur l'azotate de potassium en donnant de l'acide azotique et du sulfate de potassium.

La propriété la plus importante du salpêtre est celle de céder facilement son oxygène aux corps combustibles : il *fuse* sur des charbons ardents.

Expérience. Pulvériser séparément du salpêtre, du soufre en canon, du charbon de bois; faire un mélange bien intime dans les proportions suivantes :

20 grammes de salpêtre, 4 gr. de charbon et 3 gr. de soufre.

Mettre quelques pincées de ce mélange sur un petit carré de papier et allumer. Le mélange brûle avec explosion.

Ce mélange correspond à peu près à la composition de la poudre noire; sa combustion dégage un volume considérable de gaz qui, se produisant dans un espace restreint, développe une pression de plusieurs centaines de kilogrammes par centimètre carré dans les armes de chasse. Cette pression atteint jusqu'à 2000 kilogrammes dans les épreuves auxquelles sont soumis les canons de fusils dans les manufactures d'armes.

94. *Poudre noire.* — Pour fabriquer la poudre noire, on fait un mélange de salpêtre, de soufre et de charbon pulvérisés séparément. On humecte d'eau ce mélange et on le triture, soit sous des meules, soit sous des pilons mécaniques. On obtient ainsi des *galettes* qu'on sèche et qu'on divise en grains de grosseur convenable dans un tamis appelé *guillaume.* Les grains, séparés en plusieurs grosseurs, sont polis par frottement mutuel dans une *tonne* animée d'un mouvement de rotation.

Aujourd'hui, on fabrique des poudres sans fumée, à base de fulmicoton, de nitroglycérine et d'acide picrique.

Les *feux de bengale* sont obtenus en mélangeant au salpêtre et au soufre divers sels métalliques suivant les couleurs que l'on veut obtenir. On peut remplacer le salpêtre par le chlorate de potassium.

Acide azotique.

(*Acide nitrique* = AzO^3H).

95. *Préparation dans les laboratoires.* — Chauffer dans une cornue (*fig.* 37) un mélange d'azotate de potassium et d'acide sulfurique. Recueillir les gaz qui se dégagent dans un petit ballon plongeant dans l'eau froide. Dans ce ballon, les vapeurs se condensent et donnent un liquide jaunâtre qui est l'*acide azotique fumant*.

Dans l'industrie, on fait réagir l'acide sulfurique et le nitrate de sodium, moins coûteux que le salpêtre. La réaction peut être représentée par l'équation suivante :

$$2AzO^3Na + SO^4H^2 = 2AzO^3H + SO^4Na^2.$$

Azotate de sodium.	Acide sulfurique.	Acide azotique.	Sulfate de sodium.

96. *Propriétés.* — L'acide azotique pur est incolore; il répand à l'air des fumées blanches, d'où son nom d'*acide fumant*. La lumière le décompose partiellement et donne des vapeurs rouges qui restent dissoutes au sein de l'acide et le colorent en jaune ou en rouge brun. L'acide du commerce est de l'acide fumant étendu d'environ moitié de son poids d'eau.

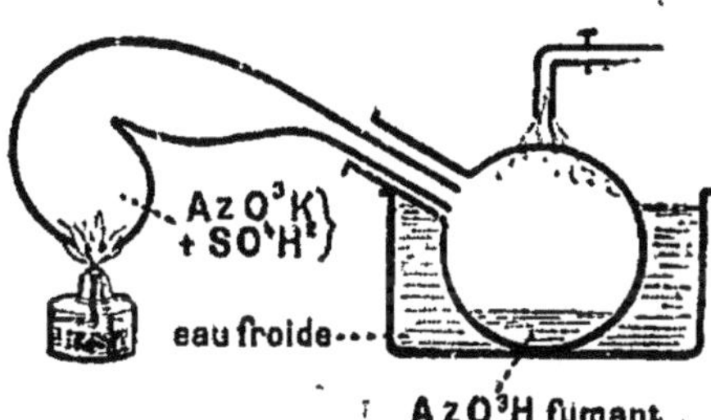

Fig. 37. — Préparation de l'acide azotique dans les laboratoires.

L'acide azotique est un oxydant. Expérience. Voici un bocal où l'on a brûlé du soufre; le vase renferme de l'anhydride sulfureux. Je plonge dans le bocal une baguette de verre trempée au préalable dans l'acide azotique; des vapeurs rougeâtres se produisent. Je verse dans le bocal une solution d'un sel appelé chlorure de baryum; il se forme un précipité blanc. Nous verrons bientôt que cette dernière réaction caractérise la présence d'acide sulfurique. Ainsi, l'acide azotique a provoqué la transformation du gaz sulfureux en acide sulfurique; il y a eu *oxydation* du gaz sulfureux. L'acide azotique a cédé de l'oxygène, a été *réduit;* c'est un oxydant. Nous retrouverons la réaction précédente appliquée dans la préparation industrielle de l'acide sulfurique.

Dans la pile électrique de *Bunsen,* l'hydrogène formé par l'action du zinc et de l'acide sulfurique réduit de même l'acide azotique. (V. *Physique,* Piles électriques.)

Fonction acide. Expérience. Faire agir l'acide azotique du commerce :

1° Sur le *tournesol* bleu;

2° Sur le *calcaire* (craie) ou sur un carbonate;

3° Sur une *base alcaline* (potasse, soude, ammoniaque) et constater ce qui se passe;

4° Sur les *métaux* : cuivre, fer, zinc, argent.

L'acide azotique agit sur les métaux avec un dégagement abondant de vapeurs rouges dites *vapeurs rutilantes*, mélange complexe de composés oxygénés de l'azote.

L'or et le platine ne réagissent pas sur l'acide azotique.

Toutes ces expériences montrent que l'acide azotique est un acide très énergique. Ses sels sont des *azotates ;* on les appelle encore *nitrates*.

Aux azotates alcalins, il faut ajouter l'*azotate d'argent*, appelé aussi *pierre infernale*, et employé en médecine comme caustique. Les autres azotates ne présentent pas un grand intérêt pratique.

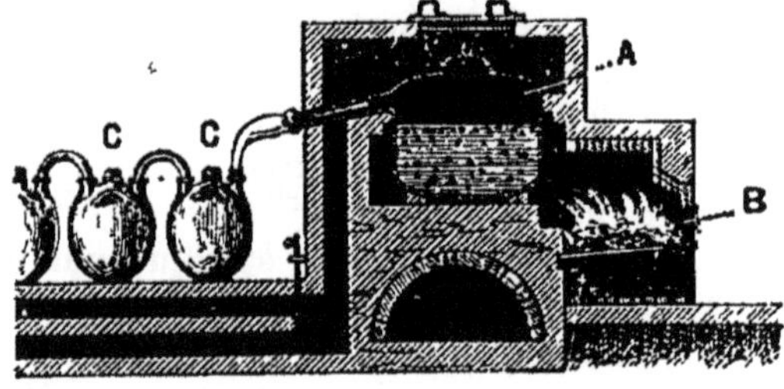

Fig. 38. — Préparation industrielle de l'acide azotique. Le mélange de nitrate de soude et d'acide sulfurique est chauffé par le foyer B, dans la chaudière A. Les vapeurs d'acide se condensent dans les bonbonnes en grès CC.

97. *Action sur les matières organiques.* — 1° L'acide azotique détruit les tissus organisés; ses brûlures sont dangereuses. On l'utilise pour détruire les verrues (s'en servir avec beaucoup de prudence, car un excès d'acide pourrait causer des lésions étendues et douloureuses);

2° Expérience. Tremper dans de l'acide azotique étendu de 10 fois son volume d'eau un petit morceau de soie. La soie blanche est teinte en jaune. Ainsi, l'acide azotique teint en jaune les tissus d'origine animale (laine, soie);

3° L'acide azotique agit sur la glycérine, sur la cellulose (coton), sur le phénol, sur la benzine et ses dérivés. Les produits de ces réactions sont des explosifs extrêmement énergiques ou les matières premières utilisées dans l'industrie des couleurs artificielles.

98. *Usages.* — 1° Dans les laboratoires, on l'emploie comme oxydant; dans l'industrie, l'acide azotique sert à préparer l'acide sulfurique (il n'est ici qu'un intermédiaire);

2° Son action sur les métaux le fait utiliser pour le *décapage*, pour la préparation de l'azotate d'argent. — Un mélange d'acide chlorhydrique et d'acide azotique constitue l'*eau régale* (parce qu'elle dissout l'or, considéré autrefois comme le roi des métaux); les deux acides réagissent avec dégagement de chlore qui dissout l'or et le platine.

Gravure sur cuivre. — C'est une intéressante application de l'action de l'acide azotique sur le cuivre.

Expérience. Décaper soigneusement une plaque de cuivre et la recouvrir d'une couche de vernis ou de cire fondue. Avec une pointe fine, tracer un dessin sur le vernis en ayant soin de mettre le cuivre à nu. Faire autour du dessin un bourrelet à la cire et verser de l'acide azotique dans la petite cuvette ainsi obtenue. Quand l'acide a suffisamment *mordu*, laver à grande eau et enlever le vernis en le dissolvant dans l'essence de térébenthine. La condition essentielle du succès consiste dans l'emploi d'un vernis susceptible de subir l'action de la pointe, sans s'érailler; celui que l'on emploie le plus fréquemment est le *vernis mou*.

3° L'acide azotique entre dans la composition des explosifs : coton-poudre, nitroglycérine, dynamite, acide nitrique, picrates, poudres sans fumée; il est utilisé dans la fabrication des matières colorantes artificielles, du collodion, de la soie artificielle, du celluloïd.

RÉSUMÉ

1. *L'azotate de sodium* ou *nitrate de soude* existe en masses puissantes au Chili.

Ce corps est utilisé en agriculture comme engrais azoté. Il n'est pas retenu par la terre arable; il sert à préparer industriellement le salpêtre ainsi que l'acide azotique.

Le *salpêtre* ou *azotate de potassium* est obtenu industriellement par double décomposition entre le chlorure de potassium et le nitrate de sodium. C'est un oxydant énergique employé dans la préparation de la poudre noire et en pyrotechnie.

2. Les matières organiques azotées se transforment en dérivés ammoniacaux par la putréfaction. L'ammoniaque est oxydée dans le sol sous l'action de microbes, dits *nitrificateurs*, qui donnent lieu à une production d'acide azotique. Cet acide se combine aux bases du sol pour donner des nitrates. Ce phéno-mène s'appelle *nitrification*.

3. L'azote et l'oxygène se combinent directement sous l'action de l'étincelle électrique. Cette combinaison, effectuée dans un four électrique spécial, donne du peroxyde d'azote qui, en pré-sence de la chaux, se transforme en nitrate de calcium. Ce nitrate est utilisé comme engrais azoté.

4. *L'acide azotique* s'obtient en traitant le nitrate de sodium par l'acide sulfurique. On condense les vapeurs dans des bon-bonnes en grès. L'acide concentré est généralement coloré en jaune par les vapeurs provenant de sa décomposition. C'est l'*acide fumant*. L'acide ordinaire du commerce renferme 30 pour 100 d'eau environ.

5. L'acide azotique est un *oxydant énergique*. C'est cette pro-priété qui en fait un dépolarisant dans les piles de Bunsen. L'industrie utilise l'oxydation de l'anhydride sulfureux par

l'acide azotique et ses dérivés dans la préparation de l'acide sulfurique.

6. L'acide azotique donne des sels appelés *azotates ;* tous les métaux l'attaquent, sauf l'or et le platine. La réaction dégage des vapeurs rouges, mélange complexe des divers oxydes de l'azote. L'argent se dissout dans l'acide azotique en formant l'azotate d'argent ou *pierre infernale.*

7. L'acide azotique se fixe sur divers composés organiques en donnant des dérivés d'une grande importance industrielle. Ces dérivés sont des explosifs : nitroglycérine, coton-poudre, acide picrique, ou bien ce sont des matières premières de l'industrie des couleurs artificielles (nitrobenzine, etc.).

8. L'acide azotique sert à la préparation de l'acide sulfurique, au décapage des métaux, à la gravure sur cuivre. On l'utilise dans les piles de Bunsen, pour obtenir le nitrate d'argent. Il constitue une des matières premières de l'industrie des explosifs et de celle des couleurs artificielles.

EXERCICES

I. Où trouve-t-on l'azotate de sodium? Quelle est l'action de ce sel sur des charbons ardents? — Que se produit-il quand on traite à l'ébullition une solution de nitrate de soude par une solution de chlorure de potassium? — Comment peut-on séparer le salpêtre et le chlorure de sodium en solution? — Montrez sous quelles influences les sels ammoniacaux se transforment en nitrates. — Action de l'acide sulfurique sur le salpêtre. — De quoi est formée la poudre de chasse noire ordinaire? Comment fabrique-t-on la poudre ordinaire?

II. D'après le symbole chimique du nitrate de soude, dire quel poids d'azote renferment 100 kilogrammes de ce sel pur. — Quel prix devra-t-on payer les 100 kilogrammes de nitrate de soude à 90 pour 100 de pureté pour que le kilogramme d'azote revienne à 1 fr. 60?

III. Comment se prépare l'acide azotique, dans les laboratoires, dans l'industrie? — Quelle différence y a-t-il entre l'acide fumant et l'acide du commerce? — Quelle est l'action de l'acide azotique fumant sur le gaz sulfureux? Montrez que l'acide azotique est un acide très énergique. — Comment procède-t-on pour graver sur cuivre? — Écrivez la formule des azotates d'argent, de cuivre, de plomb, de mercure.

IV. Reconnaître la présence d'un nitrate dans un engrais chimique : Mettre dans un tube à essais une pincée de l'engrais; ajouter de l'acide sulfurique et une lame de cuivre. Chauffer légèrement. Si l'engrais renferme des nitrates, il se dégage des vapeurs rutilantes. Expliquer les diverses réactions qui se produisent.

9e LEÇON

CHLORURES NATURELS. — PRINCIPAUX COMPOSÉS
DU POTASSIUM ET DU SODIUM

Matériel : Chlorure de sodium. — Chlorure de potassium. — Sulfate de
sodium. — Soude caustique. — Carbonate de soude ordinaire. — Bicarbonate
de soude. — Sodium ou potassium.

99. *Origine du chlore, des sels de sodium et de potassium*. — Composition de l'eau de mer. Si on fait évaporer 1 mètre cube d'eau de
mer, on trouve 34 à 35 kilogrammes de matières solides qui étaient
dissoutes dans cette eau.

L'eau des diverses mers n'a pas d'ailleurs une composition uniforme. Considérons, par exemple, l'eau de la Méditerranée. Sur ces
35 kilogrammes de matières solides contenues dans 1 mètre cube,
nous trouvons en moyenne :

Chlorure de sodium	26 kilogr. environ.
— de potassium	$0^{kg},81$.
— de magnésium	3 kilogr.
Sulfate de calcium	$0^{kg},93$.
— de magnésium	3 kilogr.
Bromures	$0^{kg},170$.

Au cours des périodes géologiques que la terre a traversées, des
lagunes se sont trouvées séparées de la mer; des mers elles-mêmes
ont pu être isolées de la masse des océans. Ces lagunes, ces mers
intérieures, en se desséchant, ont produit des dépôts de gypse, de sel
gemme, de sels de potassium que nous exploitons aujourd'hui.

En définitive, on peut dire que le plâtre, le chlore et ses dérivés,
la plus grande partie des sels de potassium, de sodium et de magnésium utilisés par l'industrie, ont pour origine les substances en dissolution dans l'eau de la mer.

Chlorure de sodium (Cl Na).

100. *État naturel et extraction*. — On évalue à 1 million de tonnes
la consommation annuelle du chlorure de sodium en France. Plus
de 400 000 tonnes sont utilisées à la fabrication de la soude. Le sel
marin ou chlorure de sodium a plusieurs origines :

1° **Évaporation des eaux de la mer.** Cette évaporation se fait dans
des bassins appelés *marais salants* (*fig.* 39). On en trouve, en France,
sur le littoral de l'Atlantique et sur celui de la Méditerranée.

On fait arriver l'eau de la mer dans un premier bassin ou *vasière*,
où elle se clarifie. Elle passe ensuite dans une série de bassins où

elle se concentre et laisse déposer les substances les moins solubles, notamment du sulfate de calcium. Elle est alors amenée dans les *tables salantes*, bassins peu profonds où la couche d'eau n'a que 5 à 6 centimètres d'épaisseur. Par concentration, le sel se dépose. Lorsque la couche de sel atteint 5 centimètres, on fait couler l'eau, on met le sel en tas sur le bord des tables salantes. Ce sel brut est exposé à l'air; il renferme du chlorure de magnésium, corps très soluble qui absorbe la vapeur d'eau de l'atmosphère et s'écoule. Le sel qui reste ne renferme guère que 2 pour 100 d'impuretés.

Les eaux qui ont laissé déposer le sel marin s'appellent les *eaux mères*. On peut les rejeter à la mer. Dans les marais salants méditer-

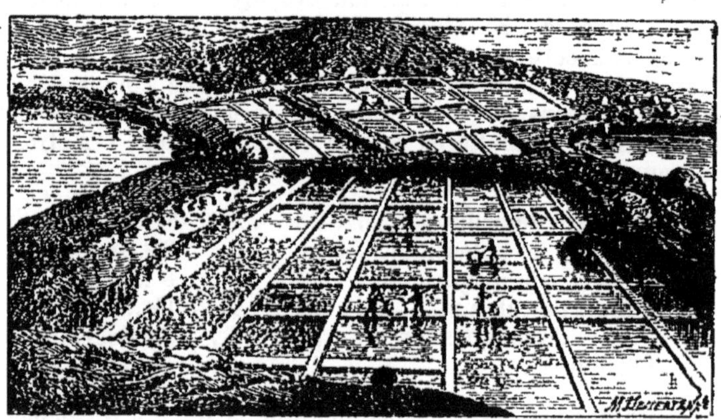

Fig. 39. — Marais salant. — L'eau de la mer est amenée dans des bassins larges et peu profonds où elle se concentre; le sel se dépose. On le recueille et on le met en tas sur les digues qui séparent les bassins.

ranéens, on les traite pour en retirer le chlorure de potassium, le sulfate de sodium, le chlorure de magnésium et le brome (extrait des bromures).

1 000 litres d'eau de mer donnent environ 110 litres de saumure à 25° B, concentration à partir de laquelle commence le dépôt de sel. A 32° B, quand on cesse de recueillir le sel, le volume des eaux mères est réduit à 25 litres.

2° Mines de sel gemme. Quelquefois le sel marin se trouve dans le sol à l'état de roche assez pure pour être exploitée directement. C'est ce qui a lieu à Wieliczka, en Pologne; à Stassfurt, en Saxe; à Cardona, en Espagne. Le sel ainsi obtenu est le *sel gemme*. Nous avons indiqué son origine. Il se trouve à des profondeurs plus ou moins considérables; la base du gisement de Stassfurt est à plus de 1 000 mètres de profondeur; à Cardona, l'exploitation a lieu, en grande partie, à ciel ouvert.

Quand la roche est impure, on fore un trou jusqu'à la couche de sel, on fait descendre un tube dans le trou et on verse de l'eau.

Celle-ci dissout le sel : on remonte l'eau salée et on la concentre. C'est ainsi qu'on procède pour extraire le sel dans l'est de la France. On trouve, en effet, dans les environs de Nancy des gisements assez importants de sel gemme impur. Dans la Lorraine annexée, à Vic, à Dieuze, les gisements sont plus importants encore;

3° **Sources salées.** Peu de sources salées sont assez concentrées pour qu'on puisse les traiter économiquement. On préfère aujourd'hui rechercher le gisement de sel traversé par les eaux et traiter ce gisement comme plus haut.

101. *Propriétés.* — Corps blanc, cristallisant en cubes qui se groupent en *trémies* (*fig.* 40 et 41). Il n'entre pas d'eau dans la composition des cristaux, mais entre les cubes il y a souvent de l'eau interposée;

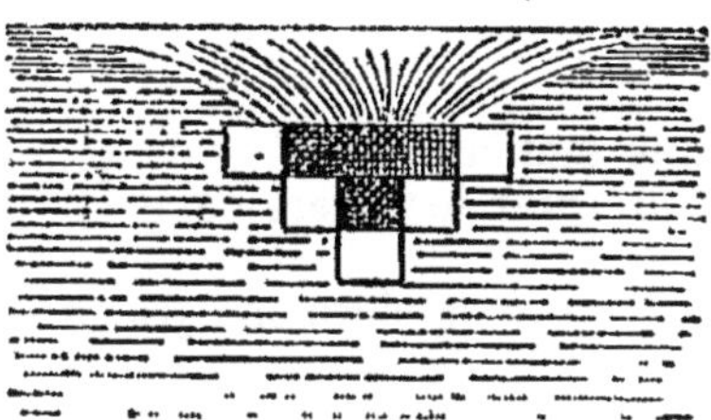

Fig. 40. — Trémie de sel en voie de formation.

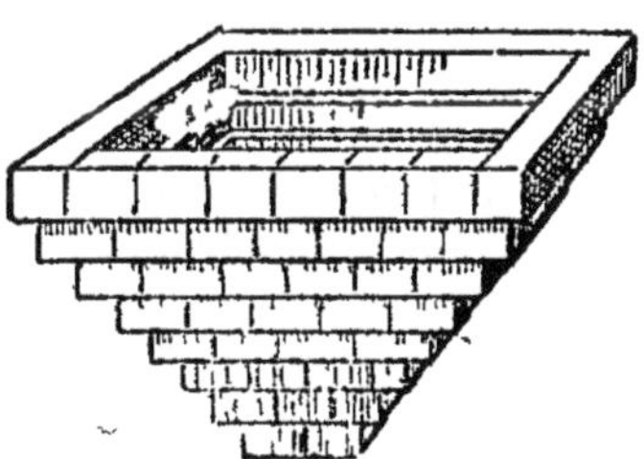

Fig. 41. — Une trémie formée définitivement.

c'est pourquoi le sel *décrépite* quand on le jette sur un brasier; l'eau d'interposition se vaporise alors brusquement et fait éclater les cristaux.

Le sel fond à 800° sans se décomposer. Il est soluble dans l'eau, mais sa solubilité varie peu avec la température; 100 grammes d'eau dissolvent 36 grammes de sel à la température ordinaire et 40 grammes à l'ébullition.

L'acide sulfurique réagit sur le sel marin en donnant deux composés importants : le sulfate de sodium et l'acide chlorhydrique.

Le courant électrique décompose le chlorure de sodium, soit fondu, soit dissous; nous aurons à étudier les résultats de cette *électrolyse.*

102. *Usages.* — Indépendamment de son emploi dans l'alimentation de l'homme et des animaux, le sel marin est la matière première la plus importante des industries du chlore, de la soude et de leurs dérivés.

Chlorure de potassium (Cl K).

103. *État naturel et extraction.* — 1° La concentration des eaux mères des marais salants laisse déposer un chlorure double de potassium et de magnésium. On traite le précipité par une petite quantité d'eau. Le chlorure de magnésium, très soluble, se dissout et il reste le chlorure de potassium ;

2° Dans les mines de Stassfurt, au-dessus du gisement de sel gemme, on trouve un banc de *carnallite*, chlorure double de potassium et de magnésium, mélangé d'impuretés. Ce banc a de 25 à 42 mètres d'épaisseur. On peut en retirer, comme précédemment, le chlorure de potassium ;

3° On extrait encore une petite quantité de chlorure de potassium par le lessivage des cendres de varech.

104. *Propriétés et usages.* — Les propriétés physiques du chlorure de potassium sont à peu près les mêmes que celles du chlorure de sodium, ainsi que ses propriétés chimiques. (Les rappeler.)

Il y a en outre à signaler l'action du chlorure de potassium sur le nitrate de soude, utilisée dans la préparation artificielle du salpêtre.

Le chlorure de potassium est une matière première de grande importance industrielle : il sert à préparer les divers composés du potassium.

Mais le chlorure de potassium est encore employé en agriculture, soit brut sous forme de *carnallite*, soit purifié, de façon à correspondre à une teneur en potasse variant de 44 à 57 pour 100. Le chlorure de potassium est un engrais potassique recherché. La carnallite brute correspond à 10 pour 100 environ de potasse (potasse anhydre $= K^2O$).

Sulfate de sodium (SO^4Na^2).

105. *Préparation et propriétés.* — Par l'action de l'acide sulfurique sur le chlorure de sodium, on obtient simultanément du sulfate de sodium et de l'acide chlorhydrique :

$$2ClNa \quad + \quad SO^4H^2 \quad = \quad SO^4Na^2 \quad + \quad 2ClH \rightarrow$$

| Chlorure de sodium. | Acide sulfurique. | Sulfate neutre de sodium. | Acide chlorhydrique. |

Le sulfate de sodium existe dans l'eau de la mer et de certaines sources salées. Il cristallise en prismes volumineux, ce qui lui a valu le nom de « sel admirable ». On l'appelle encore « sel de Glauber ». En médecine, il est utilisé comme purgatif. Son grand usage industriel est la préparation de la soude du commerce. On l'emploie aussi dans la fabrication des verres ordinaires.

Soude du commerce (CO^3Na^2).

106. La soude du commerce est du carbonate de sodium, qu'on retire du chlorure de sodium.

Autrefois, la soude s'obtenait par le lessivage des cendres de végétaux marins. Aujourd'hui, la soude est retirée du chlorure de sodium. Dans le procédé dû au Français Nicolas Leblanc, et dit « **procédé Leblanc** », on transforme d'abord le chlorure de sodium en sulfate par l'action de l'acide sulfurique. Le sulfate, chauffé avec de la craie (carbonate de calcium) et du charbon dans des fours spéciaux, donne du carbonate de sodium, soluble, mélangé à des substances insolubles.

On lessive le produit de la réaction, le carbonate se dissout; on le fait ensuite cristalliser de sa dissolution en concentrant celle-ci à l'ébullition.

Dans le **procédé Solvay**, ou « à l'ammoniaque », on fait agir le gaz carbonique sur une solution ammoniacale saturée de sel marin. Il précipite, non du carbonate, mais du bicarbonate de sodium, ou «sel de Vichy », *peu soluble.* L'ammoniaque est régénérée et rentre dans la fabrication. Les matières premières à fournir sont donc seulement du chlorure de sodium et de l'anhydride carbonique. Ce dernier gaz provient de fours à chaux qui donnent également la chaux nécessaire à la régénération de l'ammoniaque.

A l'ébullition, le bicarbonate de sodium perd de l'anhydride carbonique et se transforme en carbonate.

Actuellement, les 9/10 de la soude du commerce sont obtenus par le procédé Solvay.

Potasse du commerce ($CO_3 K_2$).

107. *Préparation industrielle.* — 1° **Lessivage des cendres.** EXPÉRIENCE. Faire bouillir dans un ballon pendant quelques minutes 80 grammes de cendres de bois dans 200 grammes d'eau environ. Décanter le liquide clair. En le concentrant, on obtient un corps solide cristallisé qui est le *carbonate de potassium*, ou potasse du commerce ($CO_3 K_2$).

La présence de ce corps explique l'usage des cendres de bois pour le lessivage du linge. Les cendres sont aussi employées comme engrais.

Dans l'industrie, le lessivage méthodique des cendres de bois permet d'obtenir une certaine quantité de potasse.

2° **Potasse du suint.** On retire encore la potasse des eaux de lavage des laines de mouton.

3° **Potasse des vinasses de betteraves.** Dans la fabrication de l'alcool par les mélasses, on obtient des résidus appelés *vinasses.* Ces vinasses calcinées donnent un *salin* poreux, noirâtre, d'où l'on peut retirer, par des lavages répétés, divers sels de potassium et en particulier le carbonate.

4° Enfin, on prépare la plus grande partie de la potasse employée dans l'industrie par un procédé calqué sur le procédé Leblanc pour la fabrication de la soude. On ne peut pas utiliser le procédé à l'ammoniaque.

108. *Propriétés des carbonates alcalins.* — Le carbonate de sodium est un sel incolore qui cristallise avec 10 molécules d'eau. A l'air, sa surface se recouvre de poudre blanche, et on peut constater que son poids diminue : c'est qu'il perd de l'eau ; on dit qu'il est *efflorescent.* Le carbonate de potassium, au contraire, absorbe l'humidité ; il est *déliquescent.*

Le carbonate de sodium ou de potassium *en solution* se transforme en bicarbonate *peu soluble* sous l'action d'un courant de gaz carbonique.

La solution *étendue*, traitée à l'ébullition par la chaux, donne de la soude ou de la *potasse caustique.*

109. *Usages de la potasse et de la soude.* — La soude du commerce est plus utilisée que la potasse, parce qu'elle coûte moins cher.

Elle sert à préparer la soude caustique, le sodium, et tous les composés de ce métal. On l'utilise dans la fabrication du verre, pour le blanchissage du linge.

La potasse du commerce sert à préparer la potasse caustique, le potassium et divers composés de ce métal, le cristal, le verre de Bohême.

Par l'intermédiaire de la soude et de la potasse caustiques, ces corps servent encore à la fabrication des savons (savons durs à base de soude, savons mous à base de potasse).

Soude caustique (Na OH). — Potasse caustique (K OH).

110. La soude caustique et la potasse caustique se préparent de la même manière et ont au point de vue pratique des propriétés identiques. Nous nous bornerons à étudier sommairement la soude caustique.

1° En traitant à l'ébullition une solution *étendue* de soude du commerce (carbonate de sodium) par la chaux éteinte (lait de chaux), on obtient la soude caustique ou *hydrate de sodium.*

La réaction est la suivante :

$$CO^3Na^2 \;+\; Ca(OH)^2 \;=\; CO^3Ca \;+\; 2NaOH.$$

CO^3Na^2	$Ca(OH)^2$	CO^3Ca	$2NaOH$
Carbonate de sodium.	Chaux éteinte.	Carbonate de calcium.	Soude caustique.

2° Actuellement, on obtient directement la soude caustique par électrolyse du chlorure de sodium dissous. Les appareils utilisés sont nombreux.

EXPÉRIENCE. On réalise facilement l'électrolyse du chlorure de sodium au moyen de l'appareil que représente la figure 42. Le tube en U renferme de l'eau salée à saturation ; le courant est amené par des électrodes en charbon des cornues. On ajoute du tournesol *rougi* à la branche correspondant à l'électrode négative, du tournesol *bleu* à l'autre branche. On fait passer le courant de 4 piles au bichromate (ou d'une dynamo). Le tournesol bleu est *décoloré*, ce qui montre la production du chlore; le tournesol rouge est ramené au bleu (production de soude).

On peut encore adopter le dispositif de la figure 48.

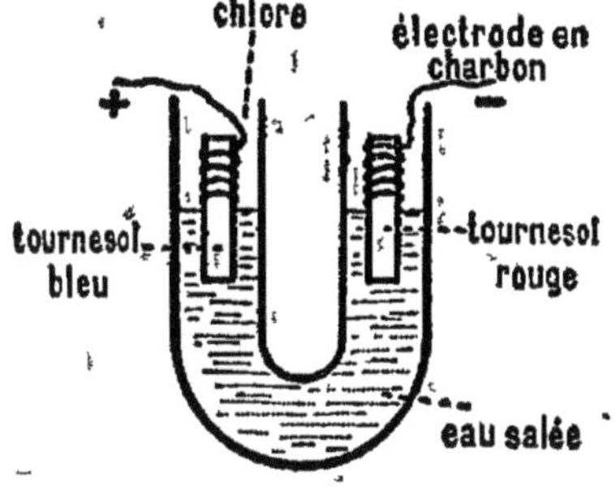

Fig. 42. — Voltamètre simple pour montrer l'électrolyse du chlorure de sodium.

La soude caustique est un solide blanc qui fond au rouge. Elle est soluble dans l'eau. Cette solution ou *lessive* de soude ramène au bleu le tournesol rougi par les acides; elle se combine aux acides avec grand dégagement de chaleur; c'est une *base* énergique. Elle réagit sur la plupart des sels solubles en précipitant l'hydrate correspondant.

EXPÉRIENCE. Verser une solution de soude caustique dans une solution de sulfate de cuivre; on a un précipité d'oxyde de cuivre hydraté Cu (OH)², d'après la réaction :

$$SO^4Cu \quad + \quad 2NaOH \quad = \quad SO^4Na^2 \quad + \quad Cu(OH)^2.$$

Sulfate de cuivre.   Soude caustique.   Sulfate de sodium.   Oxyde de cuivre hydraté.

C'est cette réaction qui donne naissance à la *bouillie bourguignonne*, pour le traitement des maladies cryptogamiques de la vigne, mais, au lieu de soude caustique, on utilise la soude du commerce.

La principale application de la soude caustique est la préparation des *savons durs;* la potasse caustique est utilisée pour préparer les *savons mous.*

Sodium (Na = 23). — Potassium (K = 39).

111. Le *sodium* et le *potassium* se préparent de la même manière et ont des propriétés identiques. Nous dirons quelques mots du sodium.

Ce corps s'obtient le plus habituellement en décomposant par le courant électrique, soit le chlorure de sodium *fondu*, soit la soude caustique *fondue*.

C'est un *métal* mou comme du beurre; il se coupe facilement avec le couteau. Sa densité est 0,97; il fond à 90°. Sa coupure fraîche est d'un blanc brillant, mais se ternit vite par oxydation du métal à l'air. Ce corps a une grande avidité pour l'oxygène; il brûle dans l'oxygène ou dans l'air sec en formant l'oxyde anhydre Na²O, qui, dissous dans l'eau, donne la soude caustique, ou hydrate d'oxyde de sodium. En raison de sa grande affinité pour l'oxygène, le sodium est un *réducteur* puissant; il a permis d'isoler un grand nombre de corps nouveaux (bore, silicium, aluminium, etc.), par réaction sur un de leurs composés. Il décompose l'eau à la température ordinaire avec dégagement d'hydrogène et formation de soude caustique; aussi conserve-t-on ce métal dans un liquide ne renfermant pas d'oxygène (pétrole).

RÉSUMÉ

1. Les *chlorures* naturels ont pour origine les eaux de la mer ; lés plus importants sont : le *chlorure de sodium*, le *chlorure de potassium* et le *chlorure de magnésium*.

Le chlorure de sodium s'extrait :

a) De l'eau de la mer, par concentration dans les marais salants ;

b) Des gisements de *sel gemme,* provenant du dessèchement d'anciennes mers à diverses époques géologiques. Selon son état de pureté, on le débite comme une roche, ou bien on le retire par dissolution et cristallisation.

2. Le chlorure de sodium cristallise en cubes *anhydres* associés en trémies ; il est soluble dans l'eau. Avec l'acide sulfurique, il donne du *sulfate de sodium* et de l'*acide chlorhydrique ;* par électrolyse, il permet de préparer le chlore et la soude.

Le sel marin sert à l'alimentation de l'homme et des animaux ; c'est la matière première indispensable aux industries du chlore et de la soude.

3. Le *chlorure de potassium* a la même origine que le chlorure de sodium ; il a aussi des propriétés analogues. La *carnallite,* extraite des mines de Stassfurt, est un chlorure double de potassium et de magnésium.

Le chlorure de potassium est l'origine de la plupart des composés du potassium ; l'agriculture l'emploie comme engrais : il fournit la potasse aux végétaux.

4. La *soude du commerce* est du carbonate de sodium. On l'obtient artificiellement par deux procédés :

a) En faisant agir à haute température le carbonate de calcium sur le sulfate de sodium en présence du charbon (procédé Leblanc) ;

b) En faisant passer un courant de gaz carbonique dans le mélange d'une solution ammoniacale et d'une solution saturée de sel marin. Il se précipite du bicarbonate de sodium, peu soluble, qui se transforme en carbonate neutre à la température d'ébullition. L'ammoniaque est régénérée (procédé Solvay, ou à l'ammoniaque).

5. La potasse du commerce est du *carbonate de potassium ;* on en retire des cendres de végétaux terrestres, des eaux de lavage de la toison des moutons, des vinasses de betteraves, mais la plus grande partie provient du chlorure de potassium ; on l'obtient par des procédés artificiels analogues au procédé Leblanc pour la soude.

Les carbonates alcalins sont des sels incolores, cristallisés, solubles dans l'eau, surtout à chaud. Ils absorbent le gaz carbonique et donnent des *bicarbonates* peu solubles.

Leur solution étendue, traitée à l'ébullition par la chaux, donne la potasse ou la soude caustique.

Le carbonate de potassium est *déliquescent*, celui de sodium est *efflorescent.*

6. La soude du commerce sert à préparer la soude caustique, le sodium et les composés du sodium. Elle entre dans la fabrication des verres; elle sert pour le blanchissage du linge.

La potasse du commerce est utilisée dans la fabrication du cristal, du verre de Bohême.

La soude et la potasse, par les alcalis qui en dérivent, servent à la fabrication des savons.

7. La *soude caustique* NaOH s'obtient :

a) En faisant agir à l'ébullition la chaux éteinte sur une solution de carbonate de sodium;

b) En électrolysant une solution de chlorure de sodium.

La soude caustique est une base énergique; ses principaux usages sont la fabrication des savons durs et de l'eau de Javel.

La *potasse caustique* KOH se prépare comme la soude caustique; elle sert à la fabrication des savons mous.

8. Le *sodium* et le *potassium* se préparent par électrolyse de la soude ou de la potasse caustique fondue.

EXERCICES

D'où provient le chlorure de sodium? — Qu'appelle-t-on sel gemme? — Quels sont les gisements de sel gemme les plus importants? — Quelle différence y a-t-il entre la solubilité du sel et la solubilité du sucre dans l'eau? — Action de l'acide sulfurique sur le sel marin, du courant électrique sur la solution de chlorure de sodium? — Quels sont les usages domestiques et industriels du sel marin? — Où trouve-t-on le chlorure de potassium? — Usages de ce corps.

Montrez comment l'industrie transforme le chlorure de sodium en soude de commerce : a) par le procédé Leblanc; b) par le procédé Solvay. — Origine de la potasse du commerce. — Quelles sont les principales propriétés de la soude ou de la potasse? — Quel est le résultat de l'action d'un acide sur un carbonate alcalin? — Comment peut-on obtenir la soude ou la potasse caustique au moyen de la soude ou de la potasse du commerce? — Usages de la soude et de la potasse caustiques.

10e LEÇON

ACIDE CHLORHYDRIQUE. — CHLORE. — CHLORURES DÉCOLORANTS

MATÉRIEL : Acide chlorhydrique du commerce. — Tournesol bleu. — Craie ou marbre ou carbonate quelconque. — Ammoniaque ou soude caustique. — Appareils représentés par les figures 43 à 47. — Bioxyde de manganèse. — Tournure de cuivre. — Zinc. — Spirale de fil de fer. — Chlorure de chaux et eau de Javel du commerce. — Vin rouge. — Encre noire. — 5 ou 6 flacons de 150 grammes à large goulot. Les flacons destinés à recueillir HCl doivent être bien secs. — On pourra aussi remplir un flacon d'hydrogène sulfuré (V. 11e leçon).

Acide chlorhydrique.

(Symbole = ClH. — Poids moléculaire = 36,5)

Préparation. — L'acide chlorhydrique, appelé encore *acide muriatique, esprit de sel*, s'obtient par l'action de l'acide sulfurique sur le chlorure de sodium (n° 103).

Pour en préparer rapidement, il suffit de chauffer la solution commerciale dans un appareil analogue à celui de la figure 43.

112. Propriétés physiques. — L'acide chlorhydrique est un gaz incolore, à

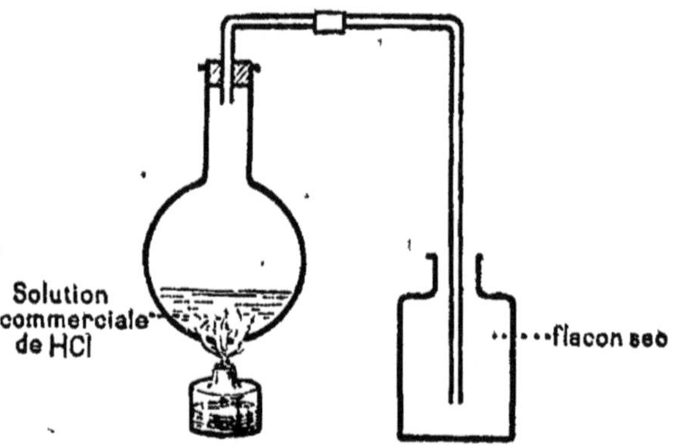

Fig. 43. — Moyen simple d'obtenir le gaz chlorhydrique.

odeur vive et piquante. D'après son poids moléculaire, trouver le poids du litre.

113. Solubilité. — EXPÉRIENCE. 1° Remplir de gaz chlorhydrique un tube à essais bien sec, le fermer avec le doigt, plonger l'orifice sous l'eau, soulever le doigt pour laisser rentrer un peu d'eau, refermer et agiter. Ouvrir à nouveau l'orifice sous l'eau : le liquide remplit presque complètement le tube. — Expliquer ce qui s'est passé;

2° La grande solubilité du gaz chlorhydrique peut encore être mise en évidence par l'expérience représentée par la figure 44. Décrire l'appareil et expliquer ce qui se passe.

1 litre d'eau peut dissoudre environ 500 litres de gaz chlorhydrique.

Dans la pratique, ce qu'on appelle acide chlorhydrique est une dissolution concentrée du gaz chlorhydrique dans l'eau. La solution est incolore quand elle est pure; mais l'acide du commerce est généralement coloré en jaune par des impuretés.

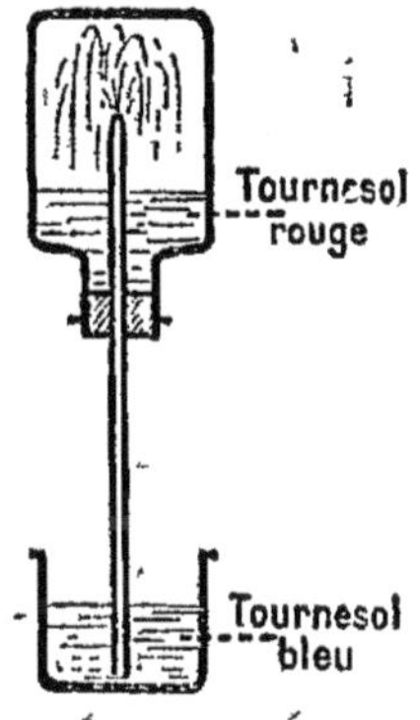

Fig. 44. — Solubilité du gaz chlorhydrique.

114. Fonction acide. Sels de l'acide chlorhydrique. — Expériences. Faire agir l'acide chlorhydrique du commerce :

1° Sur le *tournesol* bleu;

2° Sur la *craie* ou sur un carbonate;

3° Sur une base alcaline : potasse, soude ou ammoniaque.

Constater ce qui se produit.

4° Sur le *zinc*. Nous avons utilisé cette réaction dans la préparation de l'hydrogène. Nous savons que le zinc se substitue à l'hydrogène, et que le résultat de la réaction est une combinaison de chlore et de zinc, ou un *chlorure de zinc*. L'or et le platine ne sont pas attaqués par l'acide chlorhydrique.

Ces réactions mettent nettement en évidence la propriété acide de la solution de gaz chlorhydrique. Les sels de l'acide chlorhydrique sont des *chlorures*. On les appelait autrefois chlorhydrates, et on dit encore : le chlorhydrate d'ammoniaque.

Usages. — L'acide chlorhydrique est employé dans les laboratoires pour la préparation du gaz carbonique et de l'hydrogène. Dans l'industrie, il sert au *décapage* des métaux; mais son principal débouché est la préparation du *chlore*.

Chlore.

(*Symbole = Cl. — Poids atomique = 35,5*)

115. Préparation. — Dans les laboratoires, on obtient le chlore par réaction du bioxyde de manganèse (MnO^2) sur l'acide chlorhydrique. L'expérience est représentée par la figure 45.

C'est encore là le principe de l'une des préparations industrielles du chlore. Aujourd'hui, on obtient une notable quantité de chlore en décomposant par le courant électrique certains chlorures métalliques fondus ou dissous. Le chlorure de sodium est le corps le plus employé pour cet usage.

116. Propriétés. — C'est un gaz jaune verdâtre, dangereux à respirer, car il détruit le tissu pulmonaire. Son poids atomique nous

montre que le litre pèse plus de 3 grammes (11 litres pèsent 35 g. 5).
C'est donc un gaz lourd. On le liquéfie facilement par compression
Solubilité. EXPÉRIENCE. Verser 1/3 d'eau environ dans un flacon
rempli de chlore; boucher l'orifice du flacon avec la paume de
la main et agiter. Le flacon
adhère fortement à la main;
placer sous l'eau l'orifice du
flacon et enlever la main;
l'eau remplit presque tout le
flacon.

Cette expérience montre
que *le chlore est assez soluble
dans l'eau.* À la température
ordinaire, 1 litre d'eau dissout environ 3 litres de
chlore.

On obtient l'*eau de chlore* en
faisant barboter un courant
de chlore dans l'eau (*fig.* 46).

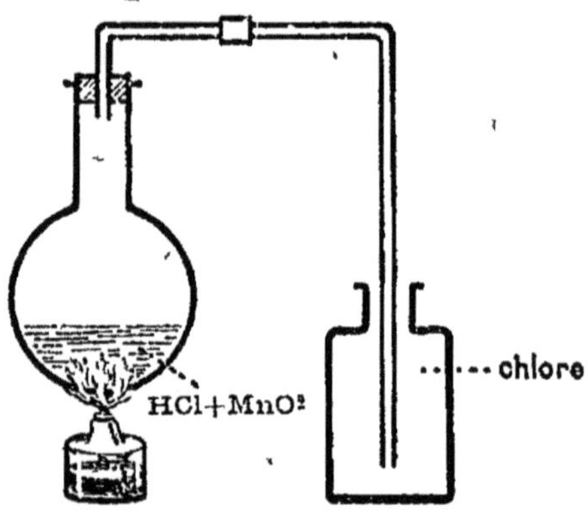

Fig. 45. — Préparation du chlore dans les
laboratoires.

117. *Action sur l'hydrogène.*
— Dans un flacon on met des volumes égaux de chlore et d'hydrogène.
Au contact d'une flamme, le mélange fait explosion et le flacon
est brisé. Le même résultat s'obtient à la lumière du soleil ou à la
lumière du magnésium. A la lumière diffuse, la combinaison se produit lentement; au bout de quelques jours, la coloration jaune du
chlore est disparue. Cette grande affinité du chlore pour l'hydrogène
explique l'action de
ce gaz sur les compo-
sés hydrogénés.

Ainsi l'eau est dé-
composée par le
chlore, ce qui expli-
que pourquoi on ne
peut conserver l'eau
de chlore bien long-
temps.

L'hydrogène sul-
furé, l'ammoniaque
sont également dé-
composés par le

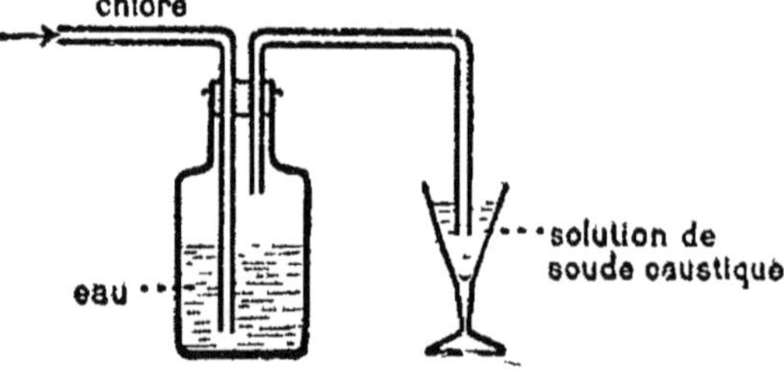

Fig. 46. — Appareil à préparer l'eau de chlore. — La
solution de soude caustique est destinée à absorber le
gaz non dissous.

chlore; c'est ce qui explique que ce gaz soit utilisé comme *désinfectant* dans les fosses d'aisances, où la putréfaction des matières
organiques dégage un gaz à odeur d'œufs pourris, résultant de la
combinaison d'hydrogène sulfuré et d'ammoniaque.

Le chlore détruit aussi les matières organiques avec lesquelles il
se trouve en contact; il leur enlève de l'hydrogène.

Décoloration. Verser de l'eau de chlore dans un flacon renfermant du tournesol bleu, dans un flacon renfermant du vin, dans un autre renfermant de l'encre. Ces corps sont *décolorés.*

118. *Action sur les métaux.* — EXPÉRIENCE. Dans un flacon contenant du chlore, plonger un copeau de tournure de cuivre chauffé. Le métal est porté à l'incandescence et est transformé en chlorure cuivrique.

Même résultat avec une spirale de fer chauffée (*fig.* 47). On obtient le *perchlorure de fer.*

Tous les métaux sont attaqués par le chlore avec formation de chlorures. L'or et le platine se dissolvent dans l'eau de chlore.

L'eau régale est un mélange d'acide azotique et d'acide chlorhydrique. La réaction des deux acides donne un dégagement de chlore. C'est l'eau régale qui est généralement employée pour agir sur l'or et le platine.

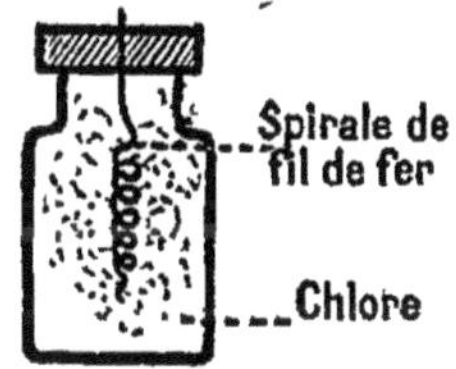

Fig. 47. — Une spirale de fer chauffée brûle dans le chlore avec des fumées de couleur rouge brun.

Chlorures décolorants.

119. *Eau de Javel.* — Dans la préparation du chlore gazeux, si on fait passer un courant de chlore dans une dissolution *étendue* et *froide* de soude caustique, on a un mélange assez complexe, vulgairement nommé eau de Javel (1). En raison de son utilisation pratique, l'eau de Javel est appelée encore *chlorure décolorant.* Ce produit s'obtient dans l'appareil représenté par la figure 46, par exemple.

Quand on décompose par le courant électrique le chlorure de sodium dans un appareil analogue à celui de la figure 48, on peut ne pas recueillir le chlore, et agiter la solution; il se forme alors de l'eau de Javel.

120. *Chlorure de chaux.* — Le chlore gazeux agissant sur de la *chaux éteinte* donne un produit appelé chlorure de chaux et qu'il ne faut pas confondre avec le chlorure de calcium (Ca Cl²). Le chlorure de chaux est encore un chlorure décolorant; c'est une poudre blanche, soluble dans l'eau, et qu'il faut conserver en flacons bien bouchés, parce qu'elle absorbe l'humidité de l'air. Le chlorure de chaux est vendu dans le commerce sous le nom de *chlore.*

121. *Propriété essentielle des chlorures décolorants.* — Qu'il s'agisse d'eau de Javel ou de chlorure de chaux, la propriété essentielle des

---

(1) L'eau de Javel devrait être obtenue par l'action du chlore sur une solution de potasse caustique; le chlorure décolorant à base de soude serait l'eau de Labarraque; mais, en pratique, l'eau de Javel est à base de soude.

chlorures décolorants est mise en évidence par les expériences suivantes :

EXPÉRIENCES. I. Dans un flacon, jeter quelques pincées de chlorure de chaux; verser de l'acide chlorhydrique : il se dégage du chlore, reconnaissable à sa couleur et à son odeur.

II. Additionner d'eau de Javel une solution de tournesol bleu : on ne remarque d'abord aucune action ; ajouter quelques gouttes d'acide chlorhydrique : la décoloration est instantanée. L'acide n'a pas produit la décoloration du tournesol, mais il a provoqué un dégagement de chlore; c'est ce corps qui a détruit la couleur.

Ainsi, *sous l'action des acides, les chlorures décolorants laissent dégager du chlore gazeux.* Les acides, même faibles, comme l'acide carbonique, produisent ce dégagement. 1 kilogramme de chlorure de chaux peut dégager plus de 100 litres de chlore.

Les expériences précédentes montrent suffisamment la raison de l'emploi du chlorure de chaux et de l'eau de Javel à la place du chlore gazeux. Les produits précédents sont désignés sous le nom de *chlorures décolorants.*

122. Blanchiment des fibres végétales. — Les tissus de coton, les toiles nouvellement fabriquées possèdent une teinte jaune sale ou grisâtre peu agréable à l'œil (tissus écrus). De plus, les substances qui produisent cette teinte rendent impossibles les opérations de teinture. Il importe donc d'éliminer ces substances.

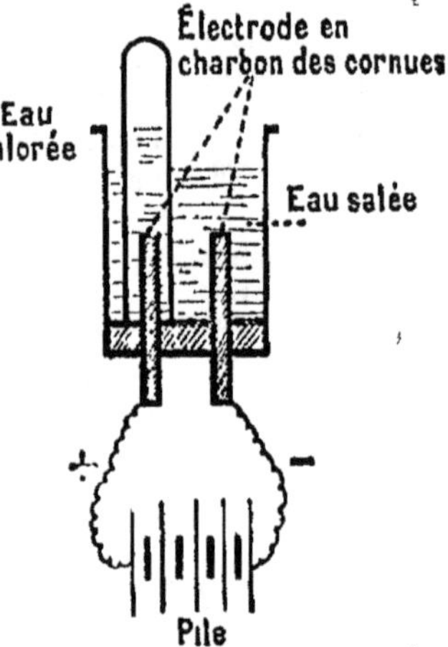

Fig. 48. — Voltamètre à chlore.

On appelle *blanchiment* l'opération qui consiste à enlever la matière colorante des tissus écrus, ainsi que les substances déposées sur ces tissus au cours de la fabrication.

Ces dernières substances sont enlevées par un ou deux lessivages en présence d'alcalis (potasse ou soude).

La matière colorante de la fibre était autrefois détruite par une longue exposition de l'air. L'oxygène de l'air se fixait sur la matière colorante, qui devenait alors soluble dans les alcalis; des lessivages successifs l'enlevaient. C'est d'ailleurs ainsi encore que procèdent pour le blanchiment les rares ménagères qui filent elles-mêmes le lin ou le chanvre dont elles font faire des toiles. Ce procédé long, coûteux, avait de plus l'inconvénient d'immobiliser des terrains d'excellent rapport.

Le blanchiment se fait plus rapidement aujourd'hui sous l'action des chlorures décolorants en solution *très étendue.*

Le chlorure de chaux, l'eau de Javel sont parfois employés pour le *blanchissage* rapide des tissus de coton, de chanvre, de lin. Mais l'action répétée du chlore sur le tissu altère la fibre et diminue ainsi la résistance à l'usure.

Le blanchiment de la pâte à papier s'obtient aussi au moyen des chlorures précédents.

Les tissus d'origine animale, laine, soie, ne supportent pas l'action du chlore; c'est pourquoi on les blanchit au gaz sulfureux.

123. Désinfection. — Dans les fosses d'aisances, il se produit un gaz à odeur infecte, le sulfure d'ammonium, résultant de la combinaison de l'hydrogène sulfuré et de l'ammoniaque, deux corps qui se forment pendant la putréfaction des matières organiques. Le chlore détruit ce gaz. Aussi le chlorure de chaux est-il employé comme *désinfectant.*

Mais le chlorure de chaux est encore un *antiseptique;* il détruit les germes des maladies contagieuses. Il peut être employé au lavage des parquets des pièces dans lesquelles a séjourné une personne atteinte d'une maladie contagieuse. On emploie la solution à la dose de 20 grammes par litre. On pourrait tout aussi bien employer l'eau de Javel.

RÉSUMÉ

1. L'action de l'acide sulfurique sur le sel marin donne lieu à la production simultanée de sulfate de sodium et d'acide chlorhydrique.

Le *sulfate de sodium* est utilisé dans la verrerie et pour la préparation de la soude artificielle par le procédé Leblanc.

L'*acide chlorhydrique* est un gaz incolore, à odeur vive et piquante. Ce gaz est très soluble dans l'eau; aussi l'acide du commerce est-il une dissolution concentrée de gaz chlorhydrique.

2. L'acide chlorhydrique est un acide très énergique; ses sels sont des *chlorures;* il agit sur les carbonates, sur les oxydes et sur la plupart des métaux; l'or et le platine seuls ne sont pas attaqués.

L'acide chlorhydrique sert à préparer le chlore, ainsi qu'un certain nombre de chlorures métalliques. On l'emploie au décapage des métaux, et, dans les laboratoires, à la préparation du gaz carbonique, de l'hydrogène.

3. On prépare le chlore en faisant agir le bioxyde de manganèse sur l'acide chlorhydrique.

L'*électrolyse* du chlorure de sodium et de quelques autres chlorures est actuellement une source industrielle de chlore très importante.

Le chlore est un gaz de couleur jaune verdâtre, très dense, à odeur suffocante. Il est dangereux à respirer.

Le chlore est facilement liquéfiable ; il est soluble dans l'eau, mais sa dissolution s'altère à la lumière.

4. Le chlore se combine à l'hydrogène avec explosion sous l'action de la lumière solaire ; il se forme de l'acide chlorhydrique.

Le chlore réagit sur les composés qui renferment de l'hydrogène : il décompose l'ammoniaque, l'hydrogène sulfuré, l'eau ; il détruit les matières organisées.

Le chlore agit sur *tous* les métaux et donne des *chlorures;* c'est le seul corps qui attaque l'or et le platine.

Le chlore est un *décolorant.*

5. Le chlore, agissant sur une solution *étendue* et *froide* de potasse, de soude caustique ou sur la chaux éteinte, donne des *chlorures décolorants :* eau de Javel, chlorure de chaux.

Le chlore est employé à l'état liquide, mais plus souvent encore on l'utilise sous forme de chlorures décolorants. Il sert dans le blanchiment, pour la désinfection et pour la préparation de quelques chlorures (chlorure de fer, d'étain, d'or, de platine, etc.).

6. Le chlorure de chaux et l'eau de Javel sont encore appelés *chlorures décolorants.* Sous l'action des acides même faibles, comme le gaz carbonique, ils laissent dégager du chlore gazeux.

Les chlorures décolorants sont utilisés pour le *blanchiment* des fibres végétales. Le blanchiment consiste à enlever la matière colorante grisâtre ou jaune des tissus écrus, ainsi que les substances déposées sur le tissu au cours de la fabrication.

Les chlorures décolorants servent aussi pour la désinfection.

EXERCICES

Comment obtient-on l'acide chlorhydrique? — Qu'est-ce que l'acide chlorhydrique du commerce? — Quels sont les produits de la réaction de l'acide chlorhydrique sur la craie, sur le carbonate de sodium, sur le zinc? — Comment obtient-on le chlore? Quelle est la couleur du chlore? — Peut-on respirer le chlore? — Le chlore est-il liquéfiable, est-il soluble dans l'eau? — Pour quelles raisons n'emploie-t-on pas en pratique le chlore en solution? — Quelle est l'action du chlore sur l'hydrogène, sur l'eau, l'hydrogène sulfuré, les matières organisées? — Citez des métaux sur lesquels agit le chlore. — Quels sont les produits de la réaction? — Action du chlore sur les matières colorantes? — Usages industriels du chlore. — Qu'appelle-t-on chlorures décolorants? — Comment obtient-on l'eau de Javel du commerce? — Comment obtient-on le chlorure de chaux? — Quelle est l'action des acides étendus sur les chlorures décolorants? — Quelle différence faites-vous entre le blanchiment et le blanchissage? — En quoi consiste le blanchiment? — Comment les chlorures décolorants produisent-ils le blanchiment?

11° LEÇON

SOUFRE. — HYDROGÈNE SULFURÉ

MATÉRIEL : Soufre en canons. — Soufre en fleur. — Pyrite de fer. — Casserole d'eau bouillante. — Sulfure de carbone. — Tournure de cuivre. — Fleur de soufre. — Appareil (*fig.* 54) pour préparer l'hydrogène sulfuré. En préparer 6 flacons de 250 grammes et remplir 2 ou 3 tubes à essais par déplacement d'air ou par déplacement d'eau, puis enlever l'appareil pour éviter le dégagement du gaz dans la salle. — Remplir un flacon de 1/3 d'H²S et de 2/3 d'oxygène. Si on n'a pas d'oxygène, mettre 1/10 environ d'H²S et remplir d'air. — Eau de chlore ou eau de Javel. — Solution de sulfate ferreux et d'acétate de plomb. — Ammoniaque.

Soufre.

(*Symbole* = S. — *Poids atomique* = 32).

124. État *naturel*. — Terres soufrées. Sulfures. Sulfates naturels.

1° Le soufre existe à l'état de vapeur dans les *fumerolles* qui se dégagent des volcans en activité. On le trouve imprégnant le sol sur une profondeur plus ou moins grande dans les régions volcaniques, dans les environs de Naples, par exemple. On trouve encore des *terres soufrées* en Sicile. Depuis quelques années, on a découvert dans la Louisiane des gisements de soufre d'une grande importance.

L'Italie produit annuellement 500 000 tonnes de soufre environ, extrait de 4 millions de tonnes de minerai. L'importation française atteint 140 000 tonnes. La valeur de la tonne de soufre brut est de 100 francs environ.

2° Le soufre se rencontre abondamment à l'état de *sulfures métalliques*. Le sulfure de plomb ou galène, le sulfure de zinc ou blende, le sulfure de cuivre, le sulfure de mercure ou cinabre, le sulfure d'argent sont les minerais les plus importants des métaux correspondants.

Le sulfure de fer naturel Fe S² porte le nom de *pyrite;* ce corps a une grande importance industrielle pour l'extraction du soufre et pour la fabrication de l'acide sulfurique et du sulfate de fer.

La production mondiale des pyrites atteint 1 700 000 tonnes, dont près de 300 000 tonnes pour la France. Les pyrites françaises proviennent principalement de la mine de Saint-Bel (Rhône).

3° Le soufre existe aussi à l'état de *sulfates*. Le plus abondant des sulfates naturels est le sulfate de calcium. Enfin, certains tissus animaux ou végétaux renferment de petites quantités de soufre. Citons les matières albuminoïdes, les plantes de la famille des crucifères. Par leur putréfaction, ces substances organisées laissent dégager de l'hydrogène sulfuré. La houille renferme souvent des pyrites; c'est ce qui nous expliquera la présence de l'hydrogène sulfuré dans le gaz d'éclairage.

125. *Extraction.* — *a*) **Calcaroni.** En Sicile, où le combustible est rare, on construit une grande meule de minerai de soufre, analogue à une meule de bois pour la fabrication du charbon (*fig.* 49). On allume; une partie du soufre brûle et la chaleur produite par sa combustion amène la fusion de l'autre partie. Le soufre fondu

Fig. 49. — Une meule de soufre (calcarone). A gauche, la base de la meule; à droite, meule en voie d'achèvement.

coule sur le plan incliné qui constitue la base de la meule: il est recueilli dans des réservoirs à la partie la plus basse. Une meule s'appelle *calcarone*. Ce procédé peu coûteux amène une perte d'un tiers environ du soufre et un dégagement de gaz sulfureux qui incommode.

b) **Distillation.** Les minerais pauvres sont soumis à la distillation. La figure 50 représente un appareil distillatoire.

c) **Grillage des pyrites.** On peut obtenir du soufre en grillant les pyrites de fer; mais en général on ne cherche pas à retirer le soufre, on grille les pyrites pour produire du gaz sulfureux.

d) **Raffinage.** Le soufre obtenu par les procédés précédents est impur; on le raffine par distillation dans un appareil représenté figure 51. Le soufre, fondu dans la chaudière R, passe dans une chaudière inférieure chauffée directement par le foyer. Là il se vaporise. Les vapeurs arrivent dans une grande chambre en maçonnerie. Au contact des parois froides, ces vapeurs

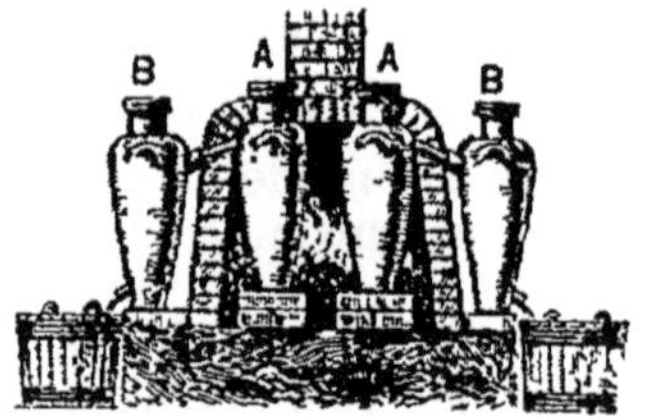

Fig. 50. — Distillation de terres soufrées. — Le minerai de soufre est placé en A, le soufre vaporisé se condense en B et s'écoule dans les moules.

se condensent en poussière très fine sans passer par l'état liquide. Cette poudre constitue la *fleur de soufre*.

On appelle *sublimation* le passage direct d'un corps de l'état gazeux à l'état solide; la fleur de soufre est donc du *soufre sublimé*.

Les parois de la chambre s'échauffent peu à peu et atteignent une température supérieure à celle de fusion du soufre (114°). A ce moment, les vapeurs se condensent à l'état liquide. Le soufre liquide coule sur la paroi inclinée de la chambre; on le recueille dans des moules légèrement coniques, où il se solidifie; on a alors le *soufre en canons*.

126. *Propriétés physiques*. — État ordinaire. Solide de couleur jaune citron, dont le poids spécifique est voisin de 2.

EXPÉRIENCES. I. Frotter un morceau de soufre avec de la flanelle : il attire les corps légers; *le soufre est mauvais conducteur de l'électricité.*

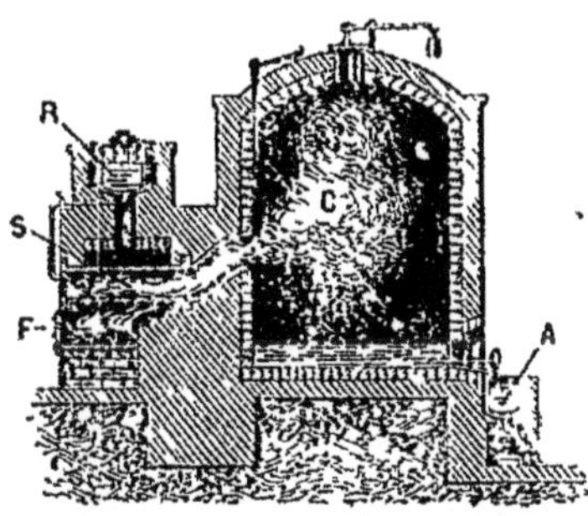

Fig. 51. — Raffinage du soufre. — Le soufre brut fond en R, se rend dans la chaudière inférieure chauffée par le foyer F. Le soufre vaporisé se condense dans la chambre C. En A, moules pour la production des *canons* de soufre.

II. Jeter un morceau de soufre dans l'eau bouillante : la surface du soufre s'écaille avec des craquements qu'on peut entendre dans toute la salle. Ce résultat tient à ce que ce corps est *mauvais conducteur de la chaleur;* la surface du soufre se dilate plus vite que les parties profondes, et cette inégalité de dilatation est la cause des craquements constatés. La chaleur de la main suffit même pour provoquer ces craquements.

III. Enflammer un morceau de soufre : il peut être tenu à la main à quelques centimètres de la flamme sans qu'on perçoive aucune sensation de chaleur.

Action de la chaleur. — EXPÉRIENCE. Dans un tube à essais, on chauffe quelques morceaux de soufre. Quand le thermomètre marque 114°, le soufre commence à fondre; le liquide est très fluide, de couleur jaune.

Si on continue à chauffer, le liquide prend une teinte rouge brun, devient visqueux, et il arrive un moment où on peut retourner le tube sans qu'il y ait écoulement. La fluidité revient à nouveau, puis le soufre entre en ébullition (447°). Il émet alors des vapeurs d'un rouge brun. Si on jette dans l'eau froide le soufre un peu avant qu'il entre en ébullition, il se solidifie en fils rougeâtres, élastiques comme du caoutchouc : c'est du soufre mou; mais au bout de quelques jours le soufre a repris son aspect ordinaire.

Solubilité. — Le soufre est insoluble dans l'eau : son meilleur dissolvant est le sulfure de carbone.

EXPÉRIENCE. Dans un petit ballon, verser du sulfure de carbone et ajouter quelques morceaux de soufre. Plonger le ballon dans l'eau tiède (50° environ). Le soufre se dissout.

Cristallisation. Le soufre se dissout dans le sulfure de carbone. En faisant évaporer une dissolution de soufre dans ce liquide, on obtient des cristaux ayant la forme d'un octaèdre plus ou moins régulier (*fig.* 53, 2).

Fig. 32. — La Solfatare de Pouzzoles (Italie).

EXPÉRIENCE. Faire fondre du soufre dans un creuset; laisser refroidir. Quand il s'est formé une croûte de soufre solide, percer cette croûte, faire écouler le liquide non encore solidifié. Le refroidissement amène la cristallisation du soufre en longues aiguilles de forme prismatique (*fig. 53, 1*).

La cristallisation du soufre par fusion est dite par *voie sèche;* la cristallisation par dissolution est par *voie humide.* Un corps tel que le soufre qui affecte deux formes cristallines est *dimorphe.*

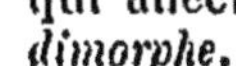
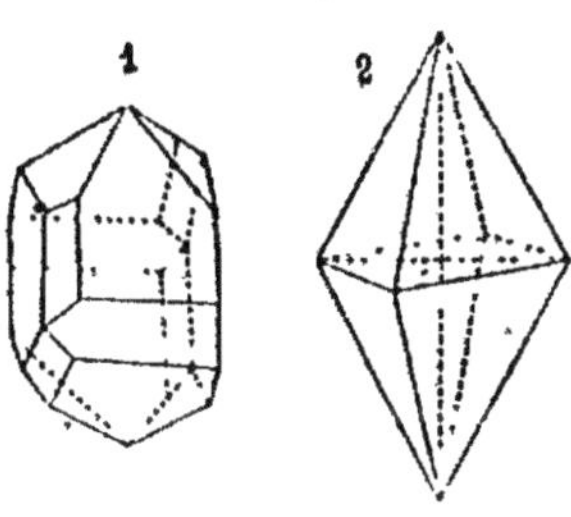

Fig. 53. — Cristaux de soufre.
— 1, soufre prismatique;
2, soufre octaédrique.

127. Propriétés chimiques. — Combustion. — EXPÉRIENCES. I. Brûler du soufre à l'air; il se produit un gaz à odeur suffocante : c'est de l'anhydride sulfureux SO^2. Le soufre s'enflamme facilement : d'où son emploi dans la fabrication des allumettes, de la poudre noire.

Action sur le charbon. — De la vapeur de soufre passant sur du charbon au rouge donne du sulfure de carbone CS^2, qui a certaines analogies avec le gaz carbonique CO^2 au point de vue de sa constitution chimique.

Action sur les métaux. — EXPÉRIENCES. I. Chauffer à l'ébullition du soufre dans un tube à essais. Introduire ensuite dans le tube un copeau de tournure de cuivre chauffé : le cuivre est porté à l'incandescence. Le soufre s'est combiné au cuivre pour former un corps appelé *sulfure de cuivre.*

II. Recommencer avec le fer et la fleur de soufre l'expérience signalée 1re leçon, n° 10.

Le soufre se combine ainsi directement avec tous les métaux chauffés, sauf avec l'or et le platine. Le produit de la combinaison est un *sulfure métallique.*

128. Usages. — 1° Le soufre est utilisé pour la production du gaz sulfureux, de l'acide sulfurique, pour la fabrication des allumettes, de la poudre noire, du sulfure de carbone;

2° Une petite quantité de soufre incorporé au caoutchouc augmente l'élasticité de ce corps : on dit que le caoutchouc est *vulcanisé.* Si la proportion du soufre incorporé est considérable, on a le caoutchouc durci ou *ébonite,* employé comme isolant en électricité;

3° La fleur de soufre est utilisée en agriculture pour combattre l'oïdium;

4° En médecine, le soufre est employé en pommades pour combattre la gale et certaines maladies de la peau;

5° Le soufre fondu sert à prendre l'empreinte de médailles et à sceller le fer dans la pierre.

Acide sulfhydrique.

(Hydrogène sulfuré. — Symbole = H²S. — Poids moléculaire = 34).

129. *État naturel et préparation.* — 1° Quand une matière organique renfermant du soufre entre en putréfaction, il se produit un gaz résultant de la combinaison de l'hydrogène et du soufre. C'est ce gaz qui donne aux œufs pourris leur odeur nauséabonde. Ce gaz se forme aussi dans la putréfaction des plantes de la famille des crucifères; on le rencontre dans les gaz intestinaux, dans les fosses d'aisances, les égouts. On l'appelle *hydrogène sulfuré, sulfure d'hydrogène* ou encore *acide sulfhydrique;*

2° La distillation sèche de la houille donne lieu à la production d'une certaine quantité d'hydrogène sulfuré. Ce gaz est une des impuretés du gaz de l'éclairage, impuretés qu'on élimine par des procédés chimiques;

3° L'hydrogène sulfuré se rencontre dans les émanations volcaniques, et en se décomposant à l'air il donne naissance à un dépôt de soufre. Enfin, on le trouve dans les eaux minérales dites *sulfureuses,* soit qu'il existe dissous, soit qu'il provienne de la décomposition de sulfures alcalins ou de sulfure de calcium sous l'action du gaz carbonique de l'air;

4° On prépare l'hydrogène sulfuré en faisant agir un acide sur un sulfure métallique.

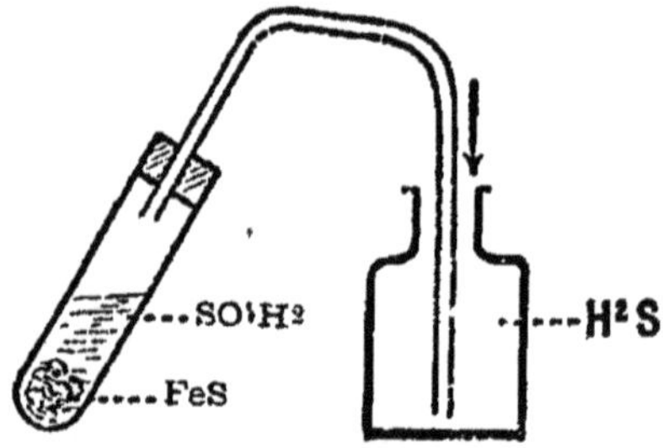

Fig. 54. — Préparation de l'hydrogène sulfuré.

Dans les laboratoires, on fait agir l'acide sulfurique ou l'acide chlorhydrique *étendu* sur le sulfure ferreux artificiel, FeS. L'appareil est représenté par la figure 54. On recueille le gaz par déplacement d'air ou par déplacement d'eau. Voici la formule de la réaction entre le sulfure de fer et l'acide sulfurique *étendu* :

$$FeS + SO^4H^2 = SO^4Fe + H^2S.$$

Sulfure ferreux.	Acide sulfurique.	Sulfate ferreux.	Hydrogène sulfuré.

130. *Propriétés physiques.* — C'est un gaz incolore, à odeur fétide (odeur d'œufs pourris). De son poids moléculaire 34, déduire le poids du litre dans les conditions normales.

Solubilité. EXPÉRIENCE. Remplir un tube à essais d'hydrogène sulfuré; verser de l'eau jusqu'au 1/3 environ. Boucher avec le doigt et agiter. Le tube adhère fortement au doigt. Ouvrir le tube, l'orifice étant sous l'eau : le tube se remplit presque complètement. L'hydro-

gène sulfuré est donc soluble dans l'eau. 1 litre d'eau en dissout
4 litres environ; la solution a l'odeur du gaz.

131. *Propriétés chimiques.* — Combustion. Faire un mélange de
1 volume d'hydrogène sulfuré et de 2 volumes d'oxygène (ou
10 volumes d'air) environ et enflammer ce mélange. Il se produit
une détonation et on perçoit l'odeur du gaz sulfureux. La combustion
a été complète :

$$H^2S + 3O = H^2O + SO^2.$$

Action du chlore. EXPÉRIENCE. Dans un flacon rempli d'hydrogène
sulfuré, faire arriver un courant de chlore (simplement verser de
l'eau de Javel); un dépôt de soufre se forme sur les parois du flacon;
la réaction suivante rend compte de ce qui s'est passé :

$$H^2S + 2Cl = 2HCl + S.$$

Nous voyons par là le rôle du chlorure de chaux ou de l'eau de
Javel dans la désinfection des fosses d'aisances.

132. *Fonction chimique.* — Recommencer l'expérience du n° 130 en
remplaçant l'eau par l'ammoniaque, la potasse ou la soude. Le gaz
est totalement absorbé.

EXPÉRIENCES. I. Dans un flacon renfermant de l'hydrogène sulfuré,
verser du tournesol bleu; le tournesol vire au rouge, mais au rouge
couleur de vin, comme avec l'acide carbonique.

L'hydrogène sulfuré se comporte donc comme un acide, mais
comme un acide faible, comparable au gaz carbonique. On l'appelle
acide sulfhydrique, c'est-à-dire renfermant du soufre et de l'hydrogène. La substitution d'un métal à l'hydrogène donne un *sulfure*. Les
métaux monovalents, tels que le potassium et le sodium, donnent un
sulfure acide $SHNa$ et un sulfure neutre SNa^2. Les métaux divalents
ne donnent qu'un sulfure SCa, SFe, etc.

Dans les fosses d'aisances se produit du sulfure d'ammonium, qu'on
appelle aussi sulfhydrate d'ammoniaque $S(AzH^4)^2$, par combinaison
de l'hydrogène sulfuré et de l'ammoniaque; les deux corps proviennent de la décomposition des matières organiques renfermant du
soufre et de l'azote.

L'hydrogène sulfuré attaque les métaux et donne des sulfures. Une
pièce d'argent noircit au contact de l'hydrogène sulfuré. Les solutions
d'un grand nombre de sels métalliques sont précipitées par l'hydrogène sulfuré avec formation de sulfures.

II. Dans un flacon d'hydrogène sulfuré verser une solution de sulfate ferreux. Ajouter de l'ammoniaque : précipité noir de sulfate de
fer. Ceci nous explique pourquoi le sulfate de fer est utilisé pour
désinfecter les fosses d'aisances.

133. *Action sur l'organisme.* — L'hydrogène sulfuré est un gaz toxique, ainsi que son dérivé, le sulfure d'ammonium. Ce gaz cause les accidents qui arrivent aux vidangeurs lorsqu'ils entrent sans précaution dans une fosse d'aisances ou dans un égout. Il se combine à l'hémoglobine des globules rouges du sang et empêche ainsi ces globules de transporter l'oxygène. Les vidangeurs l'appellent le *plomb* parce qu'il leur semble, lorsqu'ils respirent ce gaz, qu'un poids énorme leur comprime la poitrine. On combat l'action toxique de l'hydrogène sulfuré par le chlore très dilué, ou mieux par l'oxygène pur.

Les bains sulfureux sont utilisés en médecine, ainsi que les eaux sulfureuses.

RÉSUMÉ

1. Le soufre existe mélangé à la terre dans certains terrains. Il se trouve combiné à un grand nombre de métaux : fer, cuivre, plomb, zinc, mercure. Le sulfure de fer constitue la *pyrite*. Le soufre existe encore dans les *sulfates*.

2. Le soufre peut se retirer de la pyrite par calcination; on l'obtient surtout en traitant les terres soufrées. On emploie pour l'extraction soit le procédé des meules (calcaroni), soit la distillation. Le soufre brut est *raffiné* par distillation. La vapeur de soufre se *sublime* et donne la *fleur de soufre*. A une température supérieure à 114°, le soufre est obtenu à l'état liquide; on le moule en *canons*.

3. Le soufre est un corps solide de couleur jaune citron, mauvais conducteur de la chaleur et de l'électricité. Sa densité est voisine de 2. Il fond à 114° et se volatilise à 447°. Insoluble dans l'eau, il se dissout dans le sulfure de carbone. On peut l'obtenir cristalisé soit par fusion, soit par dissolution.

4. Le soufre brûle dans l'air ou dans l'oxygène en donnant du *gaz sulfureux;* avec le carbone au rouge, il produit le *sulfure de carbone*. Il se combine aux métaux à une température plus ou moins élevée avec production de *sulfures*.

5. Le soufre est employé pour la production du gaz sulfureux et, par suite, pour les diverses opérations dans lesquelles on utilise ce gaz. Il sert à la préparation de la poudre noire, des allumettes, du sulfure de carbone. On l'utilise pour la *vulcanisation* du caoutchouc. La fleur du soufre est employée pour combattre l'*oïdium* de la vigne.

6. L'*hydrogène sulfuré* ou *acide sulfhydrique* H^2S se prépare par l'action de l'acide sulfurique étendu sur le sulfure ferreux (Fe S).

C'est un gaz incolore, à odeur d'œufs pourris, assez soluble dans l'eau. Il se forme spontanément dans la putréfaction ou la distillation sèche des matières organiques renfermant du soufre.

Il est combustible; il brûle en produisant du gaz sulfureux et de la vapeur d'eau.

Le chlore le décompose; l'hydrogène est enlevé et le soufre se dépose.

7. C'est un *acide faible;* il fait passer au *rouge vineux* la teinture de tournesol; il se combine aux bases pour former des *sulfures.*

Le *sulfure d'ammonium* $S(AzH^4)^2$ existe dans les émanations des fosses d'aisances.

L'hydrogène sulfuré est *toxique;* il agit à la façon de l'oxyde de carbone en se combinant à l'hémoglobine du sang (plomb des vidangeurs).

Les eaux sulfureuses, les bains sulfureux sont utilisés en médecine.

EXERCICES

Où trouve-t-on du soufre? — Comment retire-t-on le soufre des pyrites, des terres soufrées? — Comment obtient-on la fleur du soufre? — Montrez que le soufre est mauvais conducteur de la chaleur, de l'électricité. — Quel est le dissolvant du soufre? — Quels produits obtient-on quand on brûle le soufre dans l'air, quand on le fait agir sur le charbon au rouge, sur le fer, sur le cuivre? — Quel différence y a-t-il entre les pyrites et le sulfure de fer artificiel? — Quels sont les usages du soufre? — Pourquoi une pièce d'argent, une montre d'argent noircissent-elles au contact d'un objet en caoutchouc, d'allumettes? — Pourquoi une fourchette d'argent ou de métal argenté noircit-elle, quand vous vous en servez pour manger des œufs?

Dans quelles circonstances se produit l'hydrogène sulfuré? — Comment obtient-on ce gaz dans les laboratoires? — A quoi reconnaît-on immédiatement l'hydrogène sulfuré? — Action de l'hydrogène sulfuré sur l'organisme? — Comment peut-on détruire l'hydrogène sulfuré? — Que renferment les eaux sulfureuses? — Quelle est l'action de l'hydrogène sulfuré sur l'argent?

12ᵉ LEÇON

ANHYDRIDE SULFUREUX. — ACIDE SULFURIQUE

MATÉRIEL : Brûler du soufre dans 5 ou 6 flacons de 250 grammes, à large goulot; boucher (Dispositif simple, v. *fig.* 55). — Appareil pour montrer la solubilité de SO^2 (*fig.* 14). — Chlorure de baryum, acide azotique, tournesol bleu, violettes, morceau d'étoffe blanche avec tache de vin, bougie, appareil représenté à la figure 59. — Sulfite et hyposulfite de sodium. — Acide sulfurique ordinaire. — Zinc. — Tournure de cuivre. — Glace, si possible.

Anhydride sulfureux.

(Symbole = SO². — Poids moléculaire = 64).

134. *État naturel et production.* — L'anhydride sulfureux est le gaz suffocant obtenu par la combustion du soufre dans l'air ou dans l'oxygène. Il existe dans les émanations volcaniques; on le rencontre fréquemment dans l'atmosphère des grands centres industriels, où il provient de la combustion de houilles pyriteuses ou des réactions chimiques dans lesquelles interviennent les dérivés du soufre.

On obtient du gaz sulfureux en brûlant du soufre dans des flacons bien secs (*fig. 55*).

Dans l'industrie, on obtient l'anhydride sulfureux, soit en brûlant du soufre à l'air, soit en grillant les sulfures de fer naturels ou *pyrites* dans des fours spéciaux dont la figure 56 représente un modèle.

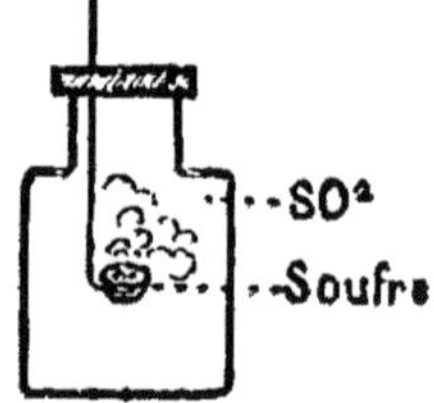

Fig. 55. — La combustion du soufre dans l'air produit de l'anhydride sulfureux.

Le gaz sulfureux obtenu par combustion du soufre est utilisé pour préparer l'acide sulfurique très pur destiné aux usages pharmaceutiques.

135. *Propriétés physiques.* — Gaz incolore, à odeur suffocante. Sa formule est SO², — Dire ce qu'elle signifie. — Trouver, d'après le poids moléculaire, le poids du litre du gaz sulfureux dans les conditions normales.

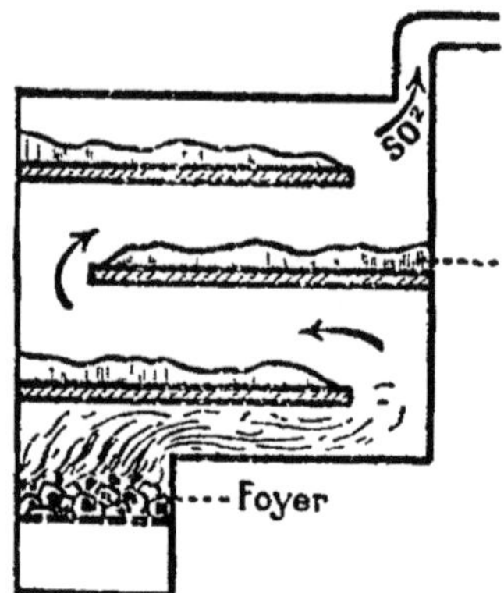

Fig. 56. — Four pour le grillage des pyrites.

Solubilité. Expérience. Remplir de gaz sulfureux un tube à essais bien sec, un flacon bien sec et recommencer les expériences indiquées pour l'acide chlorhydrique (n° 113).

Ces expériences montrent que le gaz sulfureux est *très soluble* dans l'eau. A la température ordinaire, 1 litre d'eau dissout environ 50 litres de gaz sulfureux.

Liquéfaction. Dans l'industrie on obtient le gaz sulfureux liquide par simple compression à la température ordinaire. A 25°, la tension de sa vapeur n'atteint que 4 kilogrammes par centimètre carré.

On peut le conserver dans de simples siphons comme ceux à eau de Seltz. On le transporte aussi dans des récipients métalliques.

Par évaporation rapide, le gaz sulfureux produit un abaissement de température qui est utilisé dans l'industrie pour la fabrication de la glace artificielle.

**136. *Propriétés chimiques*. — Expérience. Dans un flacon renfermant du gaz sulfureux, introduire une baguette de verre plongée au préalable dans l'acide azotique (*fig. 57*). On voit se produire des vapeurs rouges. C'est que le gaz sulfureux a *réduit* l'acide azotique avec production d'acide sulfurique et de vapeurs nitreuses. Laver la baguette dans une solution de *chlorure de baryum* ; on voit un précipité blanc de sulfate de baryum, qui indique la formation d'acide sulfurique.

Ainsi, *le gaz sulfureux est un réducteur.* Nous verrons l'importance de cette propriété dans la préparation de l'acide sulfurique.

L'oxydation du gaz sulfureux se produit dans sa dissolution en présence de l'oxygène de l'air. Verser une solution de chlorure de baryum dans une solution fraîche et dans une solution ancienne de gaz sulfureux et constater les résultats.

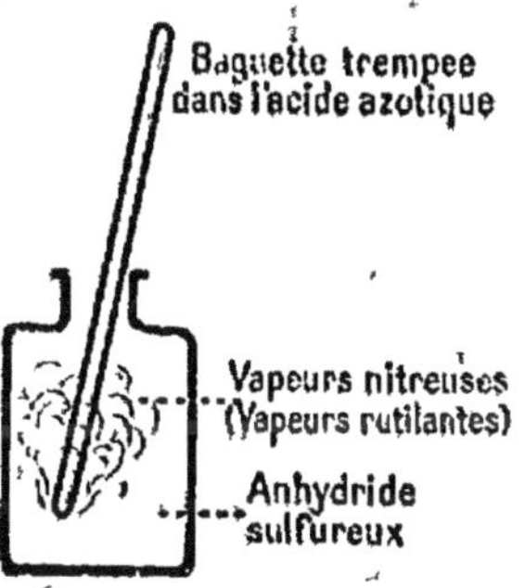

Fig. 57. — L'anhydride sulfureux réagit sur l'acide azotique et donne de l'acide sulfurique.

**137. *Propriétés décolorantes*. — Plonger des violettes dans un flacon renfermant du gaz sulfureux ; elles sont décolorées. Les plonger ensuite dans l'ammoniaque : elles verdissent. Il semble donc que la matière colorante n'est pas détruite, mais seulement combinée au gaz sulfureux, puisque les violettes ordinaires verdissent également par l'ammoniaque.

**138. *Fonction chimique*. — Expérience. Verser une solution de gaz sulfureux : 1° dans du tournesol bleu : le tournesol rougit ; 2° sur un carbonate : effervescence et dégagement de gaz carbonique ; 3° sur une solution de potasse ou de soude caustique : combinaison avec dégagement de chaleur. Dans ces deux dernières expériences, en évaporant le liquide on obtient un sel bien cristallisé appelé *sulfite*. Avec la soude, on peut avoir deux sels différents :

SO^3Na^2, ou sulfate neutre de sodium ;

SO^3HNa, ou sulfite acide, ou encore bisulfite.

La présence de ces sulfites a amené les chimistes à admettre dans la solution de gaz sulfureux la présence d'un acide bibasique SO^3H^2, l'acide sulfureux, qu'on n'a pas pu isoler et dont SO^2 serait l'*anhydride*.

139. *Applications*. — Préparation de l'acide sulfurique. L'oxydation du gaz sulfureux par l'intermédiaire de l'acide azotique et des composés oxygénés de l'azote est utilisée dans la préparation industrielle de l'acide sulfurique.

Production du froid. Trois cents usines pour la réfrigération ou la fabrication artificielle de la glace fonctionnent en France au moyen du gaz sulfureux.

Blanchiment de la laine et de la soie. Les tissus d'origine animale ne peuvent être blanchis au chlore, qui les détruirait; on les blanchit au gaz sulfureux. Les tissus à blanchir sont préalablement lavés pour les débarrasser des matières grasses, puis on les étend dans des chambres où on fait brûler du soufre. On laisse pendant 12 heures le gaz exercer son action; on retire les substances à blanchir, qu'on soumet à un lavage.

Les plumes, les éponges, la paille se blanchissent aussi au gaz sulfureux.

Désinfection. Le gaz sulfureux est un *antiseptique*, c'est-à-dire qu'il détruit les germes des fermentations et des maladies contagieuses. C'est pourquoi on l'utilise fréquemment pour *désinfecter* les appartements où a séjourné une personne atteinte d'une maladie contagieuse. Pour opérer la désinfection d'une chambre, on dispose au centre de la pièce une terrine renfermant du soufre (40 grammes par mètre cube). On colle des bandes de papier sur les joints des fenêtres, des portes, pour assurer une fermeture hermétique; on allume le soufre, on quitte la pièce et on ferme hermétiquement la porte de sortie. Au bout de 48 heures, on ouvre à nouveau, on ventile énergiquement pour chasser le gaz sulfureux. En plaçant dans la pièce les effets qui ont pu être contaminés par le malade, on assure en même temps leur désinfection.

Aujourd'hui, on préfère au gaz sulfureux un antiseptique plus efficace : le *formol* ou *aldéhyde formique*. Le gaz sulfureux est utilisé pour la destruction des rats et des insectes.

C'est encore la propriété antiseptique du gaz sulfureux que les vignerons appliquent quand ils *mèchent* les tonneaux. Les tonneaux vides se peuplent rapidement de moisissures qui donnent au vin un goût désagréable. On empêche ces moisissures de se développer en brûlant dans le fût une mèche imprégnée de soufre.

Applications diverses. EXPÉRIENCES. I. Plonger une bougie allumée dans un flacon renfermant du gaz sulfureux : la bougie s'éteint (*fig.* 58). Le gaz sulfureux n'entretient donc pas les combustions; c'est pourquoi on brûle du soufre pour éteindre les feux de cheminée.

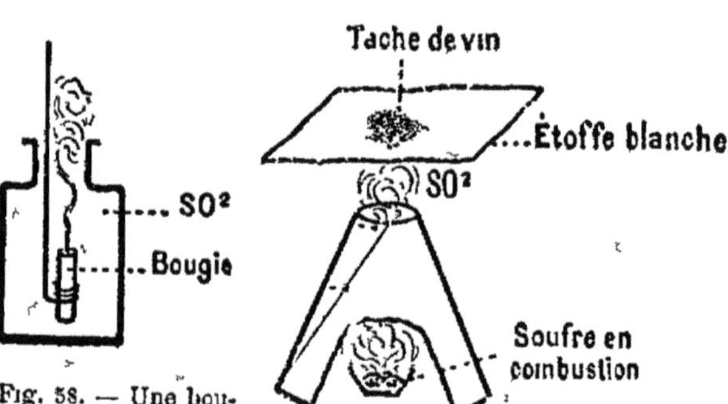

Fig. 58. — Une bougie allumée s'éteint dans un flacon d'anhydride sulfureux.

Fig. 59. — L'anhydride sulfureux enlève les taches de vin ou de fruits.

II. Brûler du soufre sous un cornet de papier portant un petit trou à la partie supérieure pour laisser passer le gaz sulfureux. Au-dessus du trou, placer une étoffe présentant une tache de vin ou de fruits (*fig.* 59). La tache disparaît. L'anhydride sulfureux peut donc être employé pour enlever les taches de vin ou de fruits.

On utilise encore le gaz sulfureux pour combattre la gale. Sa dissolution sert à préparer les sulfites et les hyposulfites employés en photographie.

Acide sulfurique ordinaire.

(*Huile de vitriol.* — *Symbole* = SO^4H^2. — *Poids moléculaire* = 98).

140. Principe de la préparation industrielle. — *On fixe de l'oxygène et de l'eau sur le gaz sulfureux par l'intermédiaire des composés oxygénés de l'azote.* Nous avons vu que l'acide azotique oxyde l'anhydride sulfureux avec formation d'acide sulfurique et de vapeurs nitreuses. Ces vapeurs nitreuses (oxyde azotique AzO, anhydride azoteux Az^2O^3, peroxyde d'azote AzO^4), en présence de la vapeur d'eau, transforment le gaz sulfureux en acide sulfurique et sont constamment régénérées. Une quantité limitée d'acide azotique peut donc servir à obtenir une quantité illimitée d'acide sulfurique. Les composés oxygénés de l'azote n'agissant que comme intermédiaires, la formation d'acide sulfurique peut s'exprimer par la réaction :

$$SO^3 + O + H^2O = SO^4H^2.$$

L'opération se pratique dans des *chambres de plomb.* L'acide des chambres marque 52° à l'aréomètre de Baumé; il est concentré jusqu'à 66°.

141. Propriétés physiques. — L'acide sulfurique ordinaire marque 66° à l'aréomètre Baumé. C'est un liquide incolore, de consistance huileuse, dont la densité est 1,84. On peut le solidifier par refroidissement. Il bout à 338° et l'ébullition se fait par violents soubresauts. L'acide sulfurique était autrefois appelé *huile de vitriol*, parce qu'on l'avait obtenu du vitriol vert ou sulfate ferreux. Aujourd'hui encore on le désigne fréquemment sous le nom de *vitriol* dans le langage vulgaire.

142. Propriétés chimiques. — Action sur l'eau. — Expérience. *a)* Dans un tube à essais renfermant de l'eau, verser de l'acide sulfurique concentré. Constater le grand dégagement de chaleur qui se produit; le tube s'échauffe jusqu'à devenir brûlant. Ainsi l'acide sulfurique absorbe l'eau avec dégagement de chaleur.

b) Verser 100 grammes d'acide sulfurique sur 25 grammes de glace concassée : la température peut atteindre 80°. Verser 25 grammes d'acide sur 100 grammes de glace : la température s'abaisse jusqu'à — 16°. Expliquer ces deux faits.

c) L'acide sulfurique absorbe la vapeur d'eau, d'où l'emploi de la pierre ponce imbibée d'acide sulfurique pour dessécher les gaz.

APPLICATIONS. Quand on prépare l'acide étendu, il faut verser l'*acide dans l'eau, goutte à goutte*, en remuant constamment. Si on fait le contraire, le dégagement de chaleur peut être suffisant pour vaporiser l'eau qui arrive au contact de l'acide et il y a à craindre des projections d'acide.

L'acide concentré enlève leur eau aux matières organiques qui en contiennent et les désorganise. Ainsi du sucre jeté dans l'acide sulfurique devint brun, puis noir. Cet acide est un caustique violent qui brûle rapidement et profondément les tissus; son absorption détermine des accidents mortels. On combat ses effets au moyen des carbonates alcalins.

143. *Fonction chimique.* — EXPÉRIENCES. I. Verser de l'acide sulfurique étendu dans du tournesol bleu; le tournesol vire au rouge pelure d'oignon.

II. Faire agir l'acide étendu sur la craie, sur le carbonate de sodium : constater le dégagement de gaz carbonique et la violente effervescence qui se produit.

III. Dans une solution concentrée de potasse ou de soude, verser avec précaution (au moyen d'une pipette) de l'acide sulfurique. Constater le grand dégagement de chaleur produit par la combinaison.

Ces faits montrent que l'acide sulfurique est un acide énergique; il déplace de leurs sels tous les autres acides; aussi est-il employé pour préparer ces acides. (Voir *Acides chlorhydrique, azotique.*)

Il dissout les métaux pour donner des sels appelés *sulfates*.

IV. Mettre un morceau de fer ou de zinc dans un tube à essais, renfermant de l'acide concentré : pas d'attaque. Diluer l'acide : le fer, le zinc sont attaqués; il se dégage de l'hydrogène. Avec l'acide concentré, la réaction est lente, parce que le sulfate formé, ne pouvant se dissoudre, constitue à la surface du métal un revêtement protecteur.

Le cuivre, l'argent, le mercure, sont attaqués *à chaud* par l'acide *concentré;* la réaction dégage de l'*anhydride sulfureux.*

V. Chauffer à l'ébullition dans un tube à essais un morceau de tournure de cuivre et de l'acide sulfurique concentré. Constater le dégagement de gaz sulfureux.

Le plomb n'est attaqué que par le liquide bouillant et quand la concentration de l'acide dépasse 60° B.

La platine et l'or ne sont pas attaqués par l'acide sulfurique.

144. *Sulfates.* — L'acide sulfurique donne avec la soude deux séries de sels : le sulfate neutre SO^4Na^2, dans lequel tout l'hydrogène de l'acide est remplacé par du sodium, et le sulfate acide ou *bisulfate* SO^4HNa, dans lequel la moitié seulement de l'hydrogène de l'acide est remplacé par le métal. L'acide sulfurique, ayant dans sa molécule deux atomes d'hydrogène remplaçables, est dit *bibasique.*

Le calcium, le cuivre, etc., ne donnent qu'un sulfate : SO^4Ca, sulfate de calcium; SO⁴ Cu, sulfate de cuivre; SO⁴ Zn, sulfate de zinc. Ces métaux sont *divalents :* un atome de métal se substitue à deux atomes d'hydrogène.

145. *Usages.* — Pour énumérer les usages de l'acide sulfurique, il faudrait passer en revue presque tout le cours de chimie. Les applications de cet acide seront étudiées avec les industries correspondantes.

La production française d'acide à 62° B dépasse 800 000 tonnes, dont la moitié est absorbée par la fabrication des superphosphates.

RÉSUMÉ

1. L'*anhydride sulfureux* se prépare industriellement par la combustion du soufre ou par le grillage de la pyrite ou sulfure de fer naturel.

2. C'est un gaz incolore, à odeur suffocante, plus dense que l'air. Il est très soluble dans l'eau, qui en dissout 50 fois son volume environ. Il est facilement liquéfiable par compression à la température ordinaire. Le gaz liquéfié produit en se vaporisant un refroidissement utilisé dans la production de la glace artificielle.

3. Le gaz sulfureux est un *réducteur;* il réduit l'acide azotique, en donnant de l'acide sulfurique. Par l'intermédiaire de l'acide azotique et des composés oxygénés de l'azote, il fixe de l'oxygène et de l'eau et se transforme en acide sulfurique.

Le gaz sulfureux est un *décolorant.*

4. La dissolution de gaz sulfureux se comporte comme un acide bibasique; ses sels sont des *sulfites.* On admet que cette dissolution renferme un acide de formule SO^3H^2 (acide sulfureux) dont SO^2 serait l'anhydride.

L'anhydride sulfureux est utilisé pour la fabrication de l'acide sulfurique, pour la production de la glace artificielle et la réfrigération, pour l'extinction des feux de cheminée, la désinfection des chambres contaminées par le séjour d'une personne atteinte de maladie contagieuse. Il sert à blanchir la laine, la soie, la paille, les plumes, les éponges. On utilise sa dissolution pour préparer les sulfites et les hyposulfites employés en photographie.

5. L'*acide sulfurique* ordinaire (SO^4H^2) s'obtient en fixant l'oxygène de l'air et la vapeur d'eau sur le gaz sulfureux par l'intermédiaire des composés oxygénés de l'azote. L'opération se fait dans des *chambres de plomb.*

L'acide sulfurique concentré marque 66° à l'aréomètre de Baumé; sa densité est 1,84; il bout à 338°. Il s'unit à l'eau avec un dégagement considérable de chaleur; il désorganise les tissus ; c'est un caustique violent (vitriol).

6. C'est un *acide énergique;* il déplace de leurs sels, tous les autres acides. Il s'unit aux bases, agit sur les sulfures, les carbonates, les chlorures, les azotates et sur les métaux pour former des sulfates.

Le fer, le zinc réagissent à froid sur l'acide sulfurique *étendu* avec dégagement d'hydrogène; l'or et le platine ne sont pas attaqués; les autres métaux, cuivre, argent, mercure, réagissent *à chaud* sur l'acide *concentré*, avec dégagement de *gaz sulfureux.*

7. L'acide sulfurique a deux atomes d'hydrogène remplaçables. Avec les métaux monovalents, on obtient deux sulfates; les métaux divalents ne donnent qu'un sulfate. L'acide sulfurique est dit *bibasique.*

EXERCICES

Comment obtient-on le gaz sulfureux dans les laboratoires, dans l'industrie ? — A quoi reconnaît-on immédiatement le gaz sulfureux? — Le gaz sulfureux est-il liquéfiable, soluble? — Quel corps obtient-on par oxydation du gaz sulfureux? Exemple? — Montrez que le gaz sulfureux est un décolorant. — Quels sont les sels de l'acide sulfureux? — Donnez la formule de quelques-uns. — Usages du gaz sulfureux. — Donnez le principe de la préparation de l'acide sulfurique ordinaire. — Quelle est l'action de l'acide sulfurique sur l'eau liquide, sur la glace, sur la vapeur d'eau? — Quand on mélange de l'eau et de l'acide sulfurique, comment doit-on procéder? — Quelle est l'action de l'acide sulfurique sur le zinc, le fer, la craie, le chlorure de sodium, le sulfure de fer? — Donnez la formule des deux sulfates de sodium.

13ᵉ LEÇON

PHOSPHATES. — ACIDE PHOSPHORIQUE. — PHOSPHORE

MATÉRIEL : Échantillons de phosphates fossiles, de scories de déphosphoration, de superphosphates. — Os plat (omoplate de mouton) ayant séjourné pendant 8 jours dans l'acide chlorhydrique à 10 pour 100. — Os calcinés à l'air. — Os calcinés en vase clos. On les place dans une casserole en fer battu, d'une seule pièce, on fixe un couvercle en fer et on chauffe plusieurs heures dans un feu ardent. Lait de chaux. — Allumettes ordinaires et allumettes au phosphore rouge. — Chlorate de potassium.

REMARQUE. La manipulation du phosphore blanc présente des dangers. La vente de ce corps est d'ailleurs soumise à un contrôle sévère, et les formalités exigées par la Régie en rendent difficile l'acquisition.

Phosphates naturels.

146. *Apatite. Phosphorites. Nodules.* — 1° Dans certaines régions (Norvège, Canada, Russie, Espagne, Allemagne), on trouve une roche cristallisée, appelée *apatite*, qui est un mélange de phosphate et de fluorure de calcium (fluophosphate). Cette roche est traitée pour la production des superphosphates;

2° Dans le Lot et dans la région du Quercy, on trouve des gisements de phosphates de calcium qu'on désigne sous le nom de *phosphorites*. On les emploie comme l'apatite;

3° Un grand nombre de terrains renferment des phosphates de calcium, soit disséminés dans des sables, soit sous la forme de *rognons* ou *nodules*. Ces nodules sont parfois appelés *coprolithes*, parce qu'on leur donne pour origine les excréments des grands reptiles carnivores de l'époque secondaire. On les appelle encore *phosphates fossiles*.

Dans un grand nombre de départements (Somme, Meuse, Ardennes, Pas-de-Calais, Gard), les sables phosphatés et les nodules sont assez abondants et assez riches pour être exploités industriellement. On trouve encore des phosphates dans les Pyrénées (phosphates noirs).

D'importants gisements de phosphates fossiles ont été découverts en Algérie, dans la région de Tébessa et en Tunisie. La production des phosphates algériens dépasse par an 350 000 tonnes.

Depuis quelques années, on exploite en Floride et dans diverses régions de l'Amérique du Nord des phosphates en nodules ou en roches compactes. La production américaine, en 1906, s'est élevée à 2 millions de tonnes, dont 1 300 000 pour la Floride.

147. *Phosphates d'os.* — Les os renferment 1/3 de leur poids d'une substance organique, l'*osséine*, et une matière minérale constituée presque exclusivement par du phosphate et du carbonate de calcium.

Expériences. I. Laisser pendant huit jours des os (os plats de préférence) dans de l'acide chlorhydrique à 10 pour 100. La matière minérale est dissoute, et il reste la matière organique, molle, conservant la forme de l'os.

II. Calciner à l'air des os dans un feu bien ardent. La matière organique est détruite et il reste une substance blanche, poreuse, friable, qui, réduite en poudre, constitue la poudre d'os. Elle renferme 85 pour 100 environ de phosphates.

Nous verrons (14ᵉ leçon) comment on obtient le *noir animal*. Lorsque cette substance est devenue impropre à la décoloration, elle est utilisée comme engrais phosphaté.

148. *Scories de déphosphoration.* — Le phosphore rend les aciers cassants; autrefois les minerais de fer phosphoreux étaient inutilisables. On sait maintenant éliminer le phosphore des fontes phosphoreuses. Le phosphore se trouve alors dans les scories, combiné à de la chaux, de la magnésie, de l'oxyde de fer. Ces scories ont une grande importance agricole (*fig.* 60). On les appelle « scories de déphosphoration » ou encore *phosphates Thomas*.

149. Nature des phosphates précédents. — A part les scories de déphosphoration, de composition complexe, les phosphates précédents

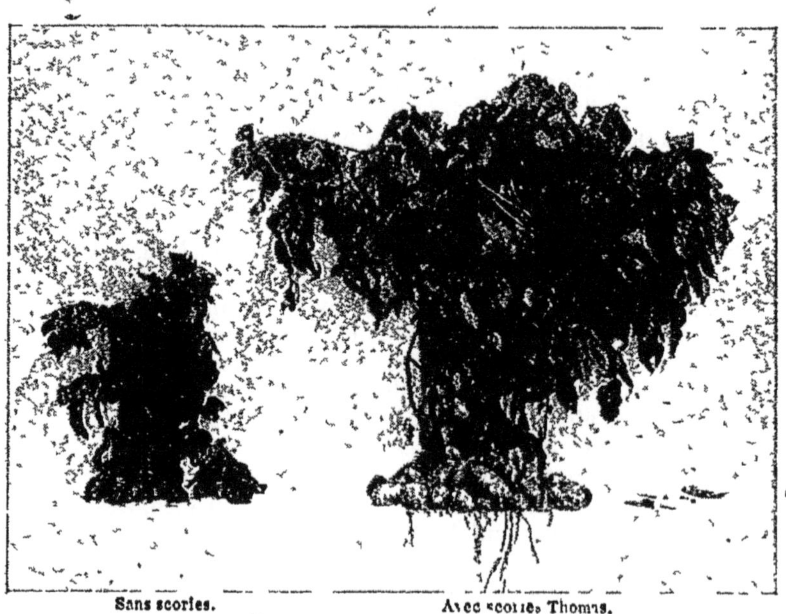

Fig. 60. — Résultats obtenus dans la culture de la pomme de terre sans addition ou avec addition de scories de déphosphoration.

sont des phosphates tricalciques dont la formule est $(PO^4)^2 Ca^3$. Ils sont insolubles dans l'eau.

Phosphates industriels.

150. Superphosphates. — En faisant agir l'acide sulfurique sur le phosphate tricalcique, on a la réaction suivante :

$$(PO^4)^2 Ca^3 \ + \ 2SO^4H^2 \ = \ (PO^4)^2 H^4 Ca \ + \ 2SO^4 Ca.$$

| Phosphate tricalcique. | Acide sulfurique. | Phosphate monocalcique. | Sulfate de calcium. |

Les deux tiers du calcium ont été enlevés par l'acide sulfurique et remplacés par de l'hydrogène. Le corps $(PO^4)^2 H^4 Ca$ est dit *phosphate monocalcique;* il est *soluble dans l'eau.* Le mélange de phosphate monocalcique et de sulfate de calcium constitue ce qu'on appelle dans le commerce le *superphosphate*.

Outre ces deux corps, le superphosphate renferme du phosphate tricalcique non attaqué, du phosphate dicalcique, de l'acide phosphorique libre, et diverses impuretés.

Les superphosphates se préparent, soit à partir de l'apatite, des phosphorites, des phosphates fossiles, soit au moyen des os, dont on extrait la gélatine par l'autoclave.

151. *Phosphate précipité.* — EXPÉRIENCE. Verser un lait de chaux dans le liquide provenant de l'action de l'acide chlorhydrique sur les os (n° 147). Il précipite un corps qui est du phosphate dicalcique $(PO^4)^2$ H^2 Ca^2. (On voit que, pour un même poids de phosphore, il renferme deux fois plus de calcium que le monocalcique.)

Ce phosphate est *insoluble dans l'eau*, mais il se dissout dans l'acide citrique et le citrate d'ammoniaque. Industriellement, c'est un sous-produit de la préparation de la gélatine à l'acide. On fait agir l'acide chlorhydrique sur des os dégraissés, et on ajoute au liquide obtenu un lait de chaux qui précipite le phosphate dicalcique.

Emploi agricole des phosphates.

152. Les cendres des végétaux renferment toujours des phosphates. En particulier, les cendres des graines de graminées sont formées presque exclusivement de phosphates. C'est assez dire l'utilité des phosphates pour les plantes.

Mais, suivant leur nature, les phosphates sont plus ou moins facilement assimilables par les végétaux.

L'apatite et la phosphorite ne sont pas assimilables.

L'assimilation des phosphates fossiles et des phosphates d'os se fait lentement. On utilise ces phosphates finement pulvérisés. Les phosphates dicalciques sont facilement absorbés par les poils radicaux. On sait que les poils absorbants sécrètent un liquide à réaction acide, qui solubilise le phosphate dicalcique.

Le phosphate monocalcique des superphosphates est soluble, donc immédiatement assimilable. Mais dans le sol, au contact du calcaire, le phosphate passe rapidement à l'état insoluble de phosphate dicalcique probablement. On dit qu'il *rétrograde*. Cette rétrogradation s'effectue au sein même du superphosphate. Si on dose, en effet, l'acide phosphorique *soluble dans l'eau* que contient un superphosphate nouvellement préparé, et qu'on recommence ce dosage au bout de quelques mois, on trouve que la quantité d'acide soluble a diminué. Cela tient à la présence de phosphate tricalcique non décomposé, qui s'est combiné peu à peu à l'acide phosphorique libre et au phosphate monocalcique pour reformer du phosphate dicalcique insoluble dans l'eau.

Il semble que l'état de diffusion des phosphates dans le sol soit une condition favorable à leur absorption. La répartition uniforme dans le sol se fait d'autant mieux que le phosphate est plus fin. Les phosphates solubles. entraînés par les eaux, avant de rétrograder, imprègnent uniformément les particules de terre sur une assez grande profondeur : d'où leur plus grande valeur fertilisante.

Ce qu'il importe de connaître dans un phosphate, c'est l'acide phosphorique qu'il renferme, et, pour les phosphates précipités et les superphosphates, l'acide phosphorique *soluble au citrate*. Le dosage de l'acide phosphorique est très délicat et ne peut être fait que dans un laboratoire d'analyses. Quand un agriculteur achète des phosphates, et d'une façon générale des engrais chimiques, il doit se faire donner sur facture le dosage garanti de la matière fertilisante. Si l'agriculteur fait partie d'un syndicat agricole, ce syndicat achètera en gros les engrais et, pour une somme modique, les fera analyser par le laboratoire régional le plus proche.

Les expériences culturales ont permis de poser les règles générales suivantes :

1º On emploiera les phosphates tricalciques de préférence dans les terres acides, dans les terres nouvellement défrichées, riches en matières organiques et manquant de calcaire ;

2º Les superphosphates seront employés dans les terres calcaires, avec une bonne fumure, dont ils seront le complément ;

3º Les phosphates précipités et les scories conviennent dans les terrains anciennement cultivés, pauvres en calcaire. Les scories conviennent à toutes les terres ; leur action est comparable à celle des superphosphates et leur prix est bien inférieur. Quant aux phosphates précipités, leur emploi est assez restreint

Mais le plus pratique est de déterminer directement, au moyen d'un champ d'expériences, quel est l'engrais qui, pour une même dépense, donne l'excédent de récolte le plus élevé.

Acide phosphorique.

(Symbole = PO⁴ H³. — Poids moléculaire = 98).

153. *Préparation et propriétés.* — L'acide sulfurique *concentré* et en excès agissant sur un phosphate tricalcique déplace l'acide phosphorique et forme du sulfate de calcium insoluble :

$$(PO^4)^2 Ca^3 \;+\; 3 SO^4 H^2 \;=\; 3 SO^4 Ca \;+\; 2 PO^4 H^3$$

Phosphate	Acide	Sulfate	Acide
tricalcique.	sulfurique.	de calcium.	phosphorique.

Le produit de la réaction est séparé par dissolution du sulfate de calcium insoluble, et concentré jusqu'à consistance sirupeuse à une température inférieure à 200º.

C'est un acide renfermant dans sa molécule 3 atomes d'hydrogène remplaçables par un métal ; il peut donner 3 sels. Les plus importants de ces sels sont les phosphates de calcium :

$$\text{Phosphate tricalcique} \ldots \ldots (PO^4)^2 Ca^3 ;$$
$$\text{Phosphate dicalcique} \ldots \ldots (PO^4)^2 H^2 Ca^2 ;$$
$$\text{Phosphate monocalcique} \ldots (PO^4)^2 H^4 Ca ;$$

Réduit par le charbon au rouge sombre, l'acide phosphorique donne du phosphore.

Phosphore.

(Symbole = P. — Poids atomique = 31).

154. *Préparation et propriétés.* — On prépare le phosphore en réduisant par le charbon, soit l'acide phosphorique, soit le phosphate tricalcique. Cette dernière réduction se fait au *four électrique*.

C'est un solide blanc jaunâtre, translucide quand il est fraîchement préparé ou quand on considère une coupure fraîche.

Il est plus dense que l'eau : 1^{dm^3} pèse $1^{kg},8$ à $0°$.

Il est insoluble dans l'eau et se dissout dans le sulfure de carbone. Il fond à $44°$ et bout à $290°$.

En vase clos et à une température de $240°$ prolongée 10 jours, le phosphore ordinaire se transforme en *phosphore rouge*.

Action de l'oxygène. A l'air, le phosphore s'enflamme à une température peu élevée, $60°$ environ. Le frottement sur un corps rugueux en détermine facilement l'inflammation. Il brûle en donnant des fumées blanches qui sont constituées par de l'anhydride phosphorique P^2O^5. Ces fumées se dissolvent dans l'eau et forment de l'acide phosphorique.

A l'obscurité, dans l'air, le phosphore répand une lueur jaune verdâtre. C'est précisément à cette lueur que le phosphore doit son nom. D'autres corps sont susceptibles de présenter, dans certaines conditions, une lueur d'aspect analogue à celle produite par le phosphore blanc. Cette lueur est appelée *phosphorescence*.

Le phosphore est toxique. Introduit dans le tube digestif, il cause rapidement la mort. Son antidote est l'essence de térébenthine. Les vapeurs de phosphore sont toxiques aussi ; elles déterminent la carie des dents et des os (nécrose) ; cette maladie atteint fréquemment les ouvriers qui manipulent pendant longtemps cette substance.

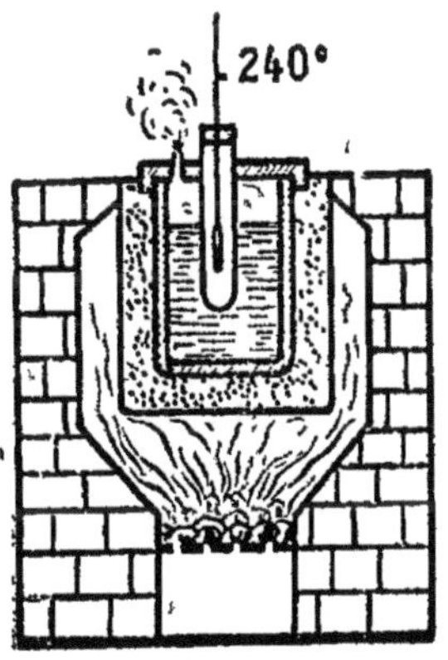

Fig. 61. — Appareil pour la fabrication du phosphore rouge.

Phosphore rouge.

155. C'est une modification curieuse du phosphore ordinaire sous l'action de la chaleur. Cette modification se produit aussi sous l'action prolongée de la lumière, mais alors elle n'est que superficielle. La transformation s'effectue dans l'appareil que représente la figure 61. C'est une chaudière en fonte ne communiquant avec l'extérieur que par une étroite ouverture. Un thermomètre permet d'apprécier la température.

Le tableau suivant donne les différences entre le phosphore blanc, ou phosphore ordinaire, et le phosphore rouge.

PHOSPHORE BLANC.	PHOSPHORE ROUGE.
Densité, 1,8.	Densité, 2,1 à 2,3.
Point de fusion, 44°.	Ne fond pas.
Point d'ébullition, 290°.	A 260° commence à se transformer en phosphore blanc.
Soluble dans le sulfure de carbone.	Insoluble dans le sulfure de carbone.
S'enflamme dans l'air sec à 60°.	S'enflamme dans l'air sec à 260°.
Phosphorescent.	Non phosphorescent.
Vénéneux.	Non vénéneux.

Les propriétés chimiques du phosphore rouge sont les mêmes que celles du phosphore blanc, mais elles sont moins énergiques. En particulier, le phosphore rouge agissant sur le soufre à une température supérieure à 100° donne un corps qu'on appelle *sesquisulfure de phosphore* et qui remplace le phosphore blanc dans la fabrication des allumettes.

Le principal usage du phosphore est la fabrication des allumettes chimiques. On emploie encore le phosphore blanc pour la préparation de pâtes (mort aux rats) destinées à empoisonner les rongeurs.

Fabrication des allumettes.

156. Autrefois les allumettes étaient au phosphore blanc. — Décrire une allumette ordinaire. — L'extrémité était garnie de phosphore blanc, coloré en rouge ou en bleu. Les dangers d'empoisonnement, les incendies dus à l'inflammabilité des allumettes au phosphore blanc et surtout les accidents dont les ouvriers des fabriques étaient victimes, ont fait abandonner le phosphore blanc dans la fabrication des allumettes. Aujourd'hui, le phosphore blanc est remplacé par le sesquisulfure de phosphore. On y ajoute une substance capable de fournir de l'oxygène, généralement du chlorate de potassium. On colore avec de l'oxyde de fer. De la colle forte sert à produire l'adhérence. Ces allumettes s'enflamment par frottement sur toute substance légèrement rugueuse.

On fait aussi des allumettes à phosphore rouge, dites au phosphore *amorphe* (parce qu'on a cru longtemps que le phosphore rouge n'existait pas à l'état cristallisé). La pâte fixée au bout de l'allumette ne renferme pas de phosphore. C'est un mélange de chlorate de potassium et de sulfure d'antimoine, fixé avec de la gomme. Ces allumettes ne s'enflamment qu'au moyen d'un frottoir spécial. Sur ce frottoir est une pâte de phosphore rouge et de sulfure d'antimoine. Le frottement détache quelques parcelles de phosphore rouge. Ce corps s'enflamme au contact du chlorate de potassium qui fournit l'oxygène. Cette combustion se communique au sulfure d'antimoine, puis au soufre et au bois.

EXPÉRIENCE. On se rend compte de ce qui précède en passant sur le frottoir un gros cristal de chlorate de potassium qu'on tient à la main. Il se produit une déflagration.

Allumettes diverses. On fabrique aussi diverses autres sortes d'allumettes, telles que les allumettes-bougies, les tisons. Dans ces allumettes il n'y a pas de soufre.

En France, l'État a le monopole de la fabrication et de la vente des allumettes. Aussi, pour éviter la fabrication clandestine des allumettes, on a soumis la vente du phosphore à des formalités qui rendent difficile l'acquisition de ce corps.

La consommation atteint annuellement le chiffre de 42 milliards d'allumettes environ, dont la vente produit plus de 37 millions de bénéfices pour l'État.

La fabrication des allumettes utilise 31 000 kilogrammes de sesquisulfure de phosphore et 12000 kilogrammes de phosphore rouge.

RÉSUMÉ

1. Les *phosphates naturels* se rencontrent sous forme d'apatite, de phosphorite, de nodules et de sables phosphatés.

On exploite des phosphates en France, dans la Meuse, les Ardennes (nodules), le Pas-de-Calais, la Somme (sables phosphatés), le Lot (phosphorites). L'Algérie, la Tunisie, l'Amérique du Nord renferment aussi d'importants gisements de phosphates.

Les phosphates naturels renferment du *phosphate tricalcique* $(PO^4)^2 Ca^3$. Il en est de même des phosphates qu'on retire des os, ainsi que du noir de raffinerie.

Le traitement des fontes phosphoreuses donne des quantités considérables de scories phosphatées de composition complexe : *scories de déphosphoration* ou scories Thomas.

2. L'action de l'acide sulfurique sur les phosphates naturels donne les *superphosphates*, formés de *phosphate monocalcique* $(PO^4)^2 H^4 Ca$, de sulfate de calcium et d'une proportion plus ou moins grande d'impuretés.

Quand on traite les os par l'acide chlorhydrique étendu, la matière minérale se dissout. Le liquide obtenu, traité par un lait de chaud, donne un phosphate bicalcique $(PO^4)^2 H^2 Ca^2$, appelé *phosphate précipité*.

3. Le phosphate monocalcique est soluble dans l'eau.

Le phosphate dicalcique est insoluble dans l'eau, mais il se dissout dans l'acide citrique ou dans le citrate d'ammonium.

Le phosphate tricalcique est insoluble dans l'eau et dans le citrate d'ammoniaque.

4. Dans les superphosphates, une partie du phosphate monocalcique soluble se transforme lentement en phosphate insoluble en se combinant aux impuretés ou au phosphate tricalcique non attaqué. On dit qu'il *rétrograde*. La rétrogradation est rapide dans le sol au contact du calcaire.

Les phosphates naturels pulvérisés finement conviennent dans les terres acides, riches en matières organiques. Les superphosphates sont employés dans les terres calcaires ; les phosphates d'os, dans les terres pauvres en matières organiques.

Les scories de déphosphoration donnent de bons résultats dans tous les sols.

5. L'acide phosphorique PO^4H^3 s'obtient en faisant agir l'acide sulfurique concentré sur le phosphate dicalcique ou tricalcique. C'est un acide *tribasique* dont on connaît trois séries de sels avec la potasse, la soude ou la chaux.

Son principal usage est la fabrication du phosphore.

6. Le phosphore blanc se prépare en réduisant par le charbon l'acide phosphorique ou le phosphate tricalcique.

C'est un corps solide, blanc jaunâtre, translucide, qui fond à 44° et bout à 290°. A 240°, sous l'action de la chaleur, il se transforme en phosphore rouge, appelé encore *phosphore amorphe*.

Le phosphore blanc est insoluble dans l'eau ; il se dissout dans le sulfure de carbone.

Le phosphore s'oxyde à l'air en produisant une lueur verdâtre visible dans l'obscurité (phosphorescence) ; il s'enflamme à 60° et brûle en donnant de l'anhydride phosphorique (P^2O^5).

Le phosphore blanc est *toxique*, ainsi que ses vapeurs.

7. Le *phosphore rouge* ne fond pas, est insoluble dans le sulfure de carbone, n'est pas vénéneux, ne s'enflamme qu'à 260°. Ses propriétés chimiques sont identiques à celles du phosphore blanc. Il se combine au soufre pour donner le *sesquisulfure de phosphore*.

8. Le principal usage du phosphore consiste dans la fabrication des allumettes.

Les allumettes ordinaires sont de petites bûchettes de bois enduites de soufre à une extrémité. Tout au bout est placée la pâte inflammable. En France, cette pâte est formée de sesquisulfure de phosphore associé à du chlorate de potassium. Ces allumettes s'enflamment sur une surface rugueuse. Dans les allumettes à phosphore *amorphe* ou à phosphore rouge, la pâte inflammable est formée de chlorate de potassium et de sulfure d'antimoine ; ces allumettes s'enflamment sur un frottoir spécial enduit d'une pâte formée surtout de phosphore rouge.

EXERCICES

Quels sont les principaux gisements de phosphates naturels? — D'où proviennent les scories de déphosphoration? — Quelle est la formule du phosphate tricalcique? — Comment obtient-on les superphosphates? — Quels sont les principaux constituants des superphosphates? — Comment obtient-on les phosphates précipités? — En quoi consiste la rétrogradation? — Quelle est l'utilisation des phosphates?

Comment obtient-on l'acide phosphorique? — Combien l'acide phosphorique donne-t-il de sels? — Formule des sels de sodium, de calcium. — Comment obtient-on le phosphore blanc? — Principales propriétés du phosphore blanc. — Comment obtient-on le phosphore rouge? — 'Qu'y a-t-il à l'extrémité des allumettes ordinaires? — A l'extrémité des allumettes à phosphore amorphe? — De quoi est formé le frottoir des allumettes ordinaires, des allumettes à phosphore amorphe?

14ᵉ LEÇON

LE CARBONE. — LES COMBUSTIBLES

MATÉRIEL : Graphite. — Houille grasse et houille maigre. Si possible, échantillon de houille avec empreinte de plantes. — Lignite. — Anthracite. — Tourbe. — Carte de France ou d'Europe indiquant les centres houillers. — Charbon de bois. — Coke, charbon des cornues. — Noir de fumée, noir animal. — Appareil représenté par la figure 67. Dans le verre de lampe, on met une colonne de charbon concassé et, à la partie supérieure, du charbon pulvérisé. — On fait un appareil à dégagement d'hydrogène sulfuré analogue à celui de la figure 68. Dans le tube à essais, on met du sulfure de fer et de l'acide sulfurique ou chlorhydrique *étendu;* le tube à dégagement barbote dans l'eau. — Appareil représenté par la figure 69. — Essence de térébenthine ou benzine ou pétrole. — Os calcinés dans un creuset en terre muni de son couvercle ou dans une casserole en 1er battu *sans soudure.* — Teinture de tournesol ou vin rouge. — Filtre en papier et entonnoir.

Carbone.

157. *Définition.* — Le diamant, la plombagine ou mine de plomb dont sont faits les crayons, le noir de fumée, la houille, le charbon de bois, voilà des corps bien différents d'aspect. Cependant ils ont une propriété commune : *Tous brûlent dans l'oxygène ou dans l'air, et le produit de leur combustion est du gaz carbonique.* Tous sont constitués par un même élément, le *carbone,* plus ou moins mélangé d'impuretés.

Ces corps peuvent être classés en plusieurs catégories :

1º Le diamant et le graphite sont du carbone à peu près pur;

2º L'anthracite, la houille, le lignite, la tourbe, sont des charbons ou combustibles naturels, utilisés pour le chauffage industriel et pour le chauffage domestique;

Fig. 62. — Une mine de diamants à Kimberley (Afrique du Sud).

3° Le charbon de bois, le coke, le charbon des cornues, le noir animal, le noir de fumée, sont des charbons artificiels, utilisés comme combustibles ou employés à divers usages que nous indiquerons à propos de chacun de ces corps.

Diamant.

158. *État naturel*. — Le diamant se rencontre dans l'Inde, au Brésil, dans la colonie du Cap ; il se présente sous forme de petits cristaux (*fig.* 63), disséminés dans les sables provenant de la désagrégation de certaines roches. On trie ces sables avec beau-coup de précaution et on retire les diamants. Les mines de la colonie du Cap sont actuellement les plus riches. La ville de Kimberley (*fig.* 62) a été construite au centre d'un gisement où les dia-mants sont si abondants qu'une propriété achetée 6 500 francs a rapporté en quelques années 200 millions. Le diamant brut est toujours cris-tallisé. Les formes cristallines du diamant déri-vent du cube ; les arêtes sont généralement arron-dies. Rarement la forme cristalline est régulière.

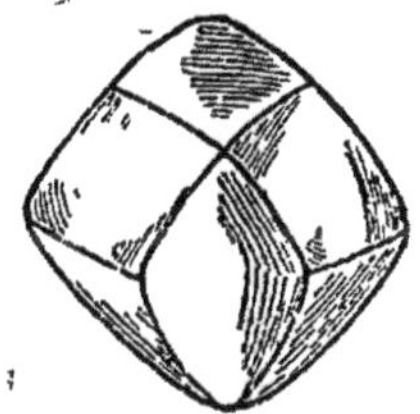

Fig. 63. — Une des formes cristallines sous lesquelles on rencontre le diamant.

159. *Propriétés*. — *Le diamant est le plus dur de tous les corps ;* il les raye tous sans être rayé par aucun. Il ne peut être usé que par sa propre poussière. — Sa densité est voisine de 3,5. — Il est *très réfringent*, c'est-à-dire qu'il dévie plus que tout autre corps la direction d'un rayon lumineux qui le traverse (Voir *Physique : Ré-fraction*). Lorsqu'il est taillé, la lumière subit sur ses faces des phénomènes de réflexion totale qui donnent lieu aux *feux* du diamant. A ce titre, c'est la plus belle de toutes les pierres précieuses.

Chauffé dans l'oxygène, il donne du gaz carbonique et ne laisse qu'un résidu de cendres insignifiant.

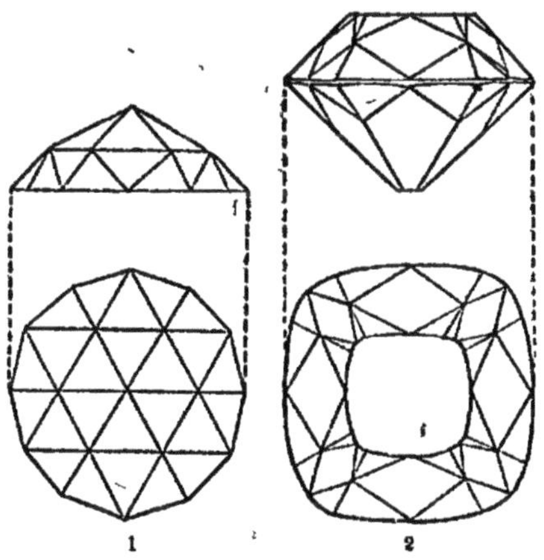

Fig. 64. — Formes principales de la taille du diamant (profil et plan). — 1, rose ; 2, brillant.

160. *Taille*. — Les plus beaux échantillons du diamant sont réservés pour la joaillerie. On leur fait subir la taille (*fig.* 64) qui a pour but de déterminer un grand nombre de facettes et de donner au diamant tout son éclat.

On dégrossit d'abord les échantillons à tailler en utilisant la propriété que possèdent les cristaux de se briser facilement dans certaines directions (clivage). On produit les faces définitives en usant le diamant sur une meule tournant rapidement et enduite de poudre impalpable de diamant (égrisée) délayée dans l'huile.

Les diamants peu épais sont taillés en *rose*. La base plate est fixée dans la monture, la face supérieure porte 12 ou 24 facettes. Les diamants plus estimés sont taillés en *brillant*. La base est une pyramide portant un grand nombre de facettes. La partie supérieure comprend la *table* plate, entourée d'une couronne de facettes.

Les dimensions des diamants sont très variables. L'unité de poids adoptée dans le commerce de ces pierres précieuses est le *carat métrique*, qui vaut 0 g. 200. La valeur d'un diamant varie suivant la qualité, la pureté et la taille.

L'un des plus beaux diamants connus est le *Régent* (*fig.* 64, 2) acheté par le Régent de France pendant la minorité de Louis XV. Ce diamant est originaire de l'Inde. Brut, il pesait 410 carats et fut payé 3 375 000 francs. La taille dura deux années et coûta 125 000 francs. Taillé il pèse 136 carats, et, aujourd'hui, il est estimé 12 millions.

Le plus gros diamant connu a été trouvé le 20 janvier 1905 à la mine Premier, près Pretoria (colonie du Cap). C'est le *Cullinan ;* il pèse brut 3 032 carats, soit plus de 600 grammes.

Nature du diamant. Diamant artificiel. — La combustion dans l'oxygène montre que le diamant est constitué par un carbone pur et cristallisé. Moissan est parvenu à le reproduire en très petits cristaux en 1893.

Jusqu'ici les diamants obtenus par le procédé Moissan sont trop petits pour avoir une valeur commerciale. Ils n'ont rien de commun avec les « diamants artificiels » du commerce. Ceux-ci sont des substances analogues au cristal, très réfringentes, et qui ont subi une taille pareille à celle du diamant.

161. Usages. — Les diamants bien transparents sont employés dans la joaillerie, mais beaucoup d'échantillons sont trop petits pour être taillés. D'autres sont colorés, certains sont noirs (carbonados). On pulvérise, pour le polissage des autres, les diamants non utilisables comme pierres précieuses; on en garnit l'extrémité des fleurets destinés à creuser des trous de mine dans les roches dures (percement des tunnels).

Graphite ou plombagine.

162. État naturel. Propriétés. — Le *graphite*, appelé encore *plombagine* ou *mine de plomb*, se rencontre en masses assez abondantes dans certains terrains primitifs. Les mines les plus importantes sont en Sibérie, aux environs d'Irkoutsk.

Le graphite est un corps grisâtre, laissant une trace sur le papier, bon conducteur de l'électricité. Chauffé, il brûle dans l'oxygène en donnant du gaz carbonique.

163. Usages. — Le graphite sert à faire les crayons. Mélangé avec de l'argile, il constitue la mine des crayons Conté. On en fait des creusets infusibles qui résistent aux plus hautes températures.

Dans l'opération appelée *galvanoplastie*, on enduit de graphite les moules non conducteurs dont on veut reproduire les détails ; on rend ainsi ces moules conducteurs. On noircit avec du graphite les objets en tôle, en fonte, tels que poêles, tuyaux de cheminée, etc., pour les préserver de l'oxydation.

Avant d'avoir des crayons en graphite, on se servait de crayons en plomb, car le plomb laisse une tache grise sur le papier. Le nom est resté et le graphite a été appelé improprement *mine de plomb*, bien que ne renfermant pas de plomb.

Houille.

164. *Origine.* — On donne le nom de *houille* à des charbons naturels qu'on trouve en lits plus ou moins épais dans certains terrains appartenant à la série primaire. L'ensemble de ces terrains constitue l'*étage carbonifère*. La question de la formation de la houille a été très discutée. L'étude minutieuse des dépôts a amené à considérer ce combustible comme une alluvion végétale.

A l'époque où la houille s'est formée, les terrains émergés (Ardennes, Vosges, Plateau central) étaient couverts d'une riche végétation dont les forêts tropicales peuvent aujourd'hui nous donner une idée. Cette végétation était constituée par des fougères gigantesques de 30 à 40 mètres de hauteur, par des plantes voisines des fougères et comparables à nos prêles actuelles, mais de dimensions colossales (*fig.* 65). Les précipitations atmosphériques étaient beaucoup plus puissantes qu'aujourd'hui : elles entraînaient périodiquement dans les lacs, les estuaires des cours d'eau, dans les dépressions du sol, des masses considérables de débris arrachés aux forêts. Ces débris flottaient pendant un certain temps, puis se déposaient au fond des eaux. A chaque inondation nouvelle, la couche s'épaississait. Des organismes microscopiques, analogues à ceux qui produisent aujourd'hui la putréfaction, semblent avoir joué un grand rôle dans la transformation en houille de ces débris végétaux.

La France est mal partagée en bassins houillers. Le plus important est celui du Nord, qui s'est constitué sur le pourtour du massif émergé des Ardennes. Il se prolonge en Belgique (bassin franco-belge) et en Allemagne (bassin de la Rühr). Un certain nombre de gisements houillers se rencontrent sur le pourtour du Massif central : bassin de Blanzy (Saône-et-Loire), de Saint-Étienne (Loire), de Decazeville (Aveyron). L'Angleterre, l'Allemagne sont plus favorisées que la France. Ce sont les États-Unis de l'Amérique du Nord qui possèdent les mines de houille les plus importantes du monde.

165. *Propriétés.* — Les houilles se présentent en masses noires, brillantes, à structure feuilletée. Souvent on trouve dans les houilles des empreintes de feuilles (*fig.* 65), qui attestent leur origine végétale ; elles renferment de 75 à 90 pour 100 de carbone.

Quand on les chauffe en vase clos, elles laissent dégager des produits gazeux, riches en carbone et en hydrogène, éminemment combustibles, et dont le mélange constitue le gaz d'éclairage ; il se forme

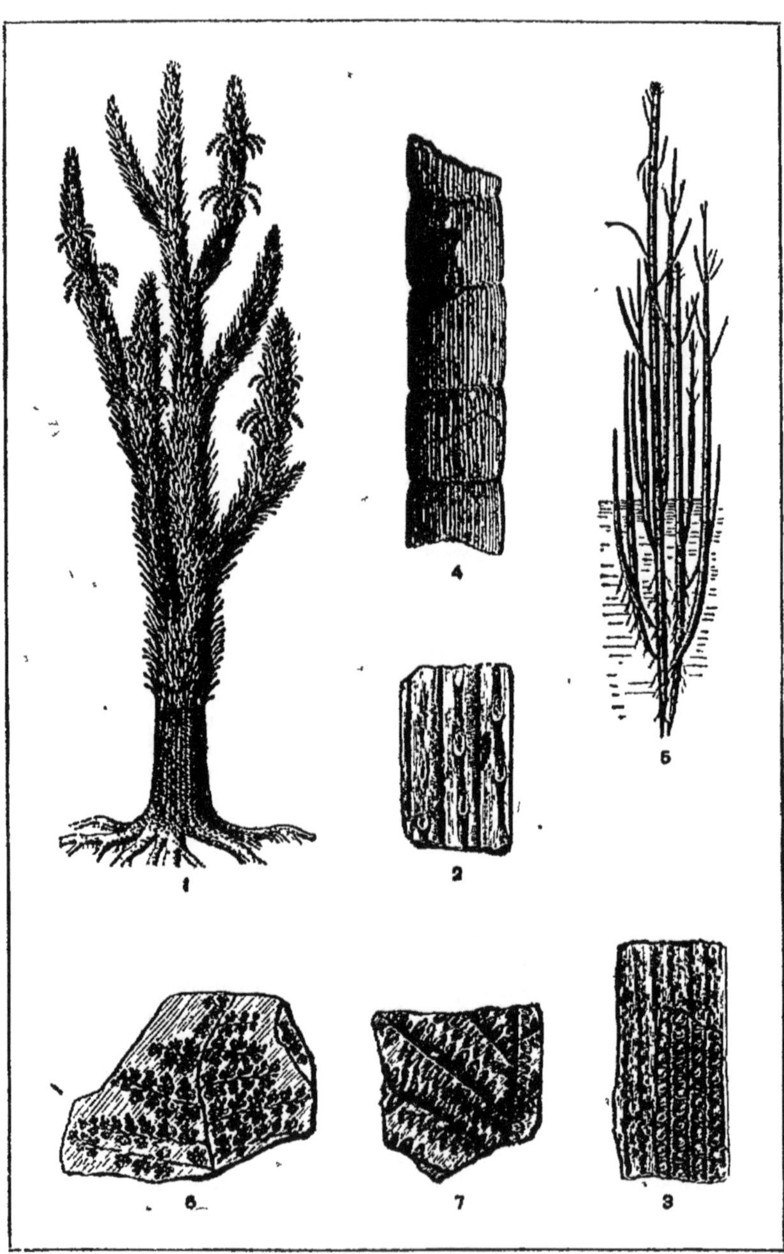

Fig. 65. — Végétaux primaires ayant formé la houille.

1, sigillaire. — 2 et 3, types de sigillaires avec cicatrices. — 4 et 5, calamite : tige et plante entière. 6 et 7, empreintes de fougères.

aussi des produits liquides, noirs, de consistance sirupeuse, appelés *goudrons ;* on recueille des eaux chargées de produits ammoniacaux et qui sont aujourd'hui une des sources les plus importantes d'ammoniaque, Enfin, il reste un résidu appelé *coke.* La distillation de la houille s'effectue dans des *cornues* en terre réfractaire. Sur les parois de ces cornues se dépose un charbon dur, bon conducteur de l'électricité : c'est le *charbon des cornues.*

Les produits gazeux combustibles se forment spontanément dans les mines d'où l'on extrait la houille. Mélangés à l'air, ils constituent un mélange explosif, dont l'inflammation peut causer d'épouvantables catastrophes. Ce gaz qui se dégage des mines de houille s'appelle le *grisou.* C'est au grisou qu'on attribue la catastrophe de Courrières (Pas-de-Calais) qui fit plus d'un millier de victimes (10 mai 1906).

166. Classification. — 1° **Houilles grasses.** Ce sont celles qui sont utilisées par les forgerons. Elles brûlent avec une longue flamme et s'agglutinent sur le foyer. A la distillation, elles donnent beaucoup de produits gazeux ; aussi sont-elles préférées pour la fabrication du gaz d'éclairage.

2° **Houilles maigres.** Elles donnent une flamme courte en brûlant et ne s'agglutinent pas, les morceaux restent séparés. Celles qui brûlent avec le plus de flamme servent au chauffage des chaudières à vapeur, des fours industriels ; les autres, à flamme très courte, servent à la cuisson des briques, des tuiles, des pierres à chaux.

3° **Agglomérés.** Les poussières de houille ne peuvent être brûlées telles quelles : elles traverseraient les grilles ou s'étaleraient en couche interceptant l'arrivée de l'air. On les agglutine avec du goudron, ou même du *brai*, résidu de la distillation des goudrons, puis on leur donne à la presse hydraulique des formes variables, briquettes, boulets, etc.

Anthracite.

167. État naturel et propriétés. — L'*anthracite* est un charbon plus pur que la houille ; il ne renferme que 8 à 10 pour 100 d'impuretés. Il est plus ancien que la houille et a d'ailleurs la même origine. On en trouve d'importants gisements aux États-Unis. C'est un bon combustible, qu'on utilise surtout dans les poêles à combustion lente.

Lignites.

168. Propriétés des lignites. — Ce sont des charbons moins purs que la houille et d'origine plus récente. Ils sont noirs ou bruns et brûlent avec une épaisse fumée d'odeur désagréable.

Certaines variétés, d'un beau noir brillant, sont assez dures pour pouvoir être travaillées. Elles constituent le *jais* ou *jayet* qui servait autrefois à faire des ornements de deuil.

Tourbe.

169. Origine et propriétés. — Dans les contrées marécageuses, certaines mousses prennent un grand développement (sphaignes). Ces mousses, en se décomposant, donnent naissance à un combustible de mauvaise qualité, qui est la *tourbe*. La tourbe brûle avec une fumée âcre, d'odeur désagréable. En France, la région la plus riche en tourbières est la vallée de la Somme.

Séchée et pulvérisée, la tourbe a un grand pouvoir absorbant ; aussi est-elle utilisée comme litière. En associant des fibres de tourbe à la laine ordinaire, on fabrique des tissus hygiéniques (ouate de tourbe) qui remplacent avantageusement la flanelle.

En Allemagne, en Suède, en Norvège, où la tourbe est très abondante, on la comprime à la presse hydraulique lorsqu'elle a subi un commencement de dessiccation. On a ainsi des briquettes de tourbe, combustible peu coûteux. On la distille également en vase clos, et on obtient le coke de tourbe, qui ressemble au charbon de bois.

Charbon de bois.

170. *Préparation.* — 1° **Procédé des meules.** La distillation du bois laisse un résidu de charbon. Quand on veut traiter le bois dans la forêt même, on emploie le procédé des meules. Le bois, débité en rondins, est empilé par couches autour d'une cheminée disposée au centre (*fig.* 66). La meule est recouverte de terre battue. On jette des broussailles dans la cheminée et on les enflamme. Quand la fumée qui se dégage est devenue transparente, on ferme la cheminée et on pratique des ouvertures plus bas. Lorsque la fumée qui s'échappe par ces ouvertures est claire, on les ferme à leur tour et on en ouvre d'autres. On procède ainsi jusqu'en bas. Finalement on bouche toutes les ouvertures et on laisse refroidir.

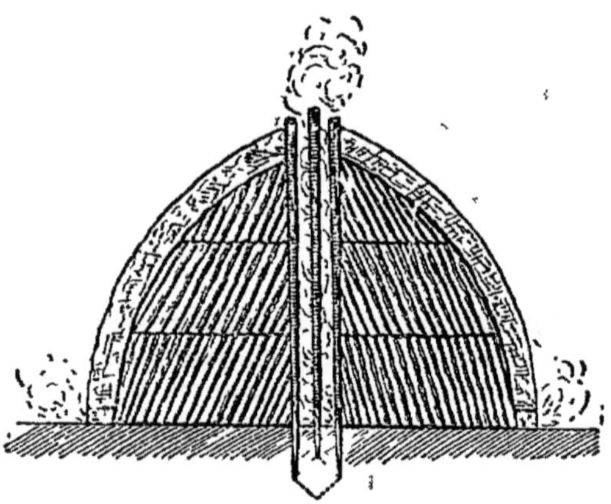

Fig. 66. — Meule de bois pour la préparation du charbon (coupe).

Ce procédé donne du charbon qui n'a pas les mêmes qualités dans toutes les parties de la meule, car la température n'y était pas uniforme. De plus, les produits gazeux provenant de la distillation du bois sont perdus.

2° Distillation dans les cylindres. Les rondins sont placés dans des cylindres en tôle chauffés par un foyer. Les produits gazeux passent dans un serpentin refroidi par un courant d'eau. On obtient un charbon plus homogène que dans le procédé des meules. Parmi les produits volatils, les uns ne se condensent pas : ce sont des gaz combustibles qu'on ramène sous le foyer. Les produits qui se condensent renferment l'alcool à brûler ou esprit de bois, l'acide acétique, qui existe dans le vinaigre, etc.

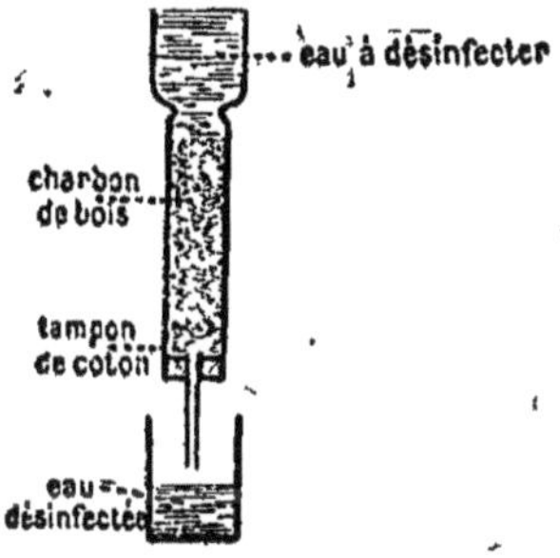

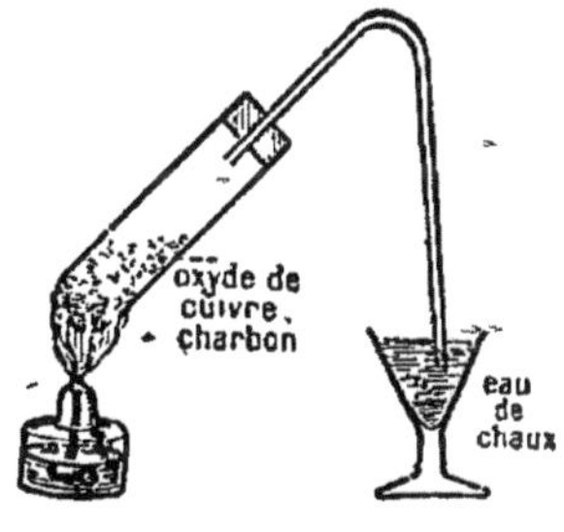

Fig. 67. — La colonne de charbon a absorbé l'hydrogène sulfuré dissous dans l'eau.

171. Propriétés. — Le charbon de bois est noir, fragile, sonore. Sa densité varie suivant la température à laquelle il a été porté et aussi suivant le bois qui a servi à le préparer.

Expériences. I. Dans l'appareil représenté par la figure 67, verser sur une colonne de charbon concassé de l'eau dans laquelle on a fait barboter pendant quelques minutes un courant d'hydrogène sulfuré. Cette eau a une odeur d'œufs pourris; après avoir traversé la colonne de charbon, elle est inodore.

Le charbon a absorbé le gaz dissous dans l'eau, gaz qui la rendait infecte.

Cette propriété que possède le charbon d'absorber les gaz explique l'emploi de ce corps pour *filtrer* les eaux d'alimentation. On constitue des filtres en plaçant une épaisse couche de charbon entre deux couches de sable.

II. Nous avons vu le charbon brûler dans l'oxygène avec grand dégagement de chaleur. Le charbon est un des corps qui ont le plus d'affinité pour l'oxygène. Aussi *réduit*-il les composés qui renferment de l'oxygène.

Ainsi, la vapeur d'eau passant sur du charbon au rouge est décomposée, il se forme des gaz combustibles qu'on utilise dans les *gazogènes*.

Fig. 68. — Réduction de l'oxyde de cuivre par le charbon.

Lorsque le charbon brûle et que la quantité d'air est insuffisante, le produit de la combustion, au lieu d'être du gaz carbonique, est de l'oxyde de carbone, qui contient pour le même poids de carbone deux fois moins d'oxygène que le gaz carbonique.

Ces propriétés réductrices du carbone sont très importantes. Ainsi, en chauffant de l'oxyde de cuivre mélangé à du charbon pulvérisé dans l'appareil (*fig.* 68), le charbon enlève l'oxygène et donne du gaz carbonique ; il reste du cuivre métallique.

Dans l'industrie, lorsque les minerais des métaux sont des oxydes, on obtient le métal en réduisant ces minérais par le charbon. (Voir *Métallurgie du fer, du zinc, de l'étain.*)

Coke.

172. *Préparation et propriétés.* — Le *coke* est le résidu solide que l'on trouve dans les cornues où l'on a distillé la houille pour la préparation du gaz d'éclairage. C'est un charbon grisâtre, poreux, sonore. Il brûle presque sans flamme et sans odeur. On l'utilise pour le chauffage domestique.

Il possède les mêmes propriétés réductrices que le charbon de bois. Dans l'industrie, on emploie du coke préparé spécialement et qui est plus compact que le coke de gaz.

Le coke remplace le charbon de bois pour la réduction des minerais oxydés.

En faisant brûler le coke en présence d'une quantité d'air insuffisante, ou bien encore en faisant passer de la vapeur d'eau à travers une colonne de coke incandescent, on obtient un mélange de gaz combustibles utilisés dans les *gazogènes.*

Charbon des cornues.

173. *Préparation et propriétés.* — Sur les parois des cornues où l'on a fabriqué le gaz d'éclairage, on trouve un dépôt plus ou moins épais de charbon très dur, bon conducteur de l'électricité. C'est le *charbon des cornues,* utilisé en électricité.

Noir de fumée.

174. *Préparation et propriétés.* — Expérience. Brûler de l'essence de térébenthine, ou de la benzine, ou simplement du pétrole dans une large soucoupe. Il se forme une fumée épaisse. Couper cette fumée par une assiette froide : l'assiette se couvre d'un dépôt noir pulvérulent. Ce dépôt est du *noir de fumée.*

Dans l'industrie, on obtient le noir de fumée en brûlant des goudrons, des résines, des huiles. Le noir va se déposer dans de grandes chambres. On le purifie par calcination.

Le noir de fumée sert à faire les encres d'imprimerie, l'encre de Chine ; il est utilisé pour la peinture en noir dans les travaux du bâtiment.

Noir animal.

175. *Préparation et propriétés.* — Expériences. I. Calciner des os bien dégraissés dans une casserole en fer battu munie de son couvercle. On obtient une substance noire qui a la forme de l'os et qui est constituée par la matière minérale de l'os, imprégnée de charbon à l'état de très fine division. L'os renferme en effet une matière minérale et une matière organique ; la calcination a décomposé la matière organique et a donné naissance à du charbon très divisé qui s'est·fixé dans les pores de la matière minérale. On a ainsi du *noir d'os* ou *noir animal*.

II. Mélanger avec du noir animal pulvérisé du vin rouge ou de la teinture de tournesol. Jeter sur un filtre (*fig.* 69). Le liquide passe incolore.

Ainsi, *le noir animal est un décolorant.* On ·l'emploie pour décolorer les substances organiques liquides, en particulier les jus sucrés.

Le noir ayant servi plusieurs fois a perdu ses propriétés. Il les reprend en partie par un lavage à l'acide chlorhydrique très étendu suivi d'une calcination. On dit qu'on le *revivifie.*

Fig. 69. — Le noir animal décolore le vin.

Après un nombre variable de revivifications, le noir animal devient impropre à la décoloration. On l'utilise alors comme *engrais phosphaté.*

RÉSUMÉ

1. Le *carbone* est un corps simple qui brûle dans l'air ou dans l'oxygène avec production de ·gaz carbonique. Le diamant, le graphite sont du carbone à peu près pur. Les charbons naturels ou artificiels sont formés de carbone plus ou moins mélangé d'impuretés.

2. Le *diamant* est la plus belle et la plus estimée des pierres précieuses. C'est du *carbone pur et cristallisé.* On en trouve au Brésil, dans l'Inde, dans la colonie du Cap. C'est le plus dur de tous les corps connus. On l'utilise pour couper le verre; on en garnit l'extrémité des fleurets qui servent à creuser des trous de mine (*carbonados* ou *diamants noirs*). Les plus beaux échantillons sont taillés et employés en joaillerie.

3. Le *graphite* se rencontre surtout en Sibérie. C'est du carbone presque pur. On l'emploie à la fabrication des crayons. Comme il est infusible, on en fait des creusets qui résistent aux plus hautes températures. Il est bon conducteur de l'électricité; aussi en recouvre-t-on les moules employés en galvanoplastie. Appliqué à la surface des objets en fonte, en tôle de fer, il préserve ces objets de l'oxydation.

4. La *houille,* ou « charbon de terre », est un combustible qu'on trouve dans certains terrains de l'époque primaire. Elle a pour origine la décomposition des débris végétaux qui ont été transportés par les cours d'eau dans les lacs, les estuaires des fleuves, les dépressions du sol.

La houille renferme de 75 à 90 pour 100 de carbone; celle qui brûle avec une longue flamme et en s'agglutinant est la houille grasse, utilisée pour la forge et la fabrication du gaz d'éclairage. Les houilles qui brûlent avec une flamme courte et sans s'agglutiner sont les houilles maigres.

Distillée en vase clos, la houille donne des produits volatils : gaz d'éclairage; des résidus liquides : goudrons, eaux ammoniacales; des résidus solides : coke, charbon des cornues.

5. L'*anthracite* est un charbon plus ancien que la houille; il est plus riche en carbone. C'est un bon combustible, employé surtout dans les poêles à combustion lente.

6. Le *lignite* est d'origine plus récente que la houille. C'est un charbon impur, qui brûle avec une fumée désagréable. Certaines variétés constituent le *jais.*

7. La *tourbe* se forme encore de nos jours dans les contrées marécageuses, par suite de la décomposition de certaines mousses. C'est un mauvais combustible. On l'utilise comme litière pour remplacer la paille. On en prépare certains tissus hygiéniques. Comprimée, elle constitue des briquettes, combustible peu coûteux.

8. Le *charbon de bois* est obtenu par la distillation du bois. Autrefois, cette distillation s'effectuait par le procédé des meules; aujourd'hui, elle se fait en vase clos. Par ce dernier procédé, on retire en outre de l'alcool à brûler, de l'acide acétique, etc.

Le *charbon de bois absorbe les gaz;* cette propriété le fait employer pour filtrer l'eau des mares. C'est un *réducteur.* Il décompose l'eau en lui enlevant son oxygène et il donne des gaz combustibles employés dans l'industrie. Pour obtenir certains métaux : fer, zinc, étain, on réduit par le charbon les minerais oxydés de ces métaux.

9. Le *coke* est le résidu solide de la fabrication du gaz d'éclairage. Il est utilisé pour le chauffage domestique. Dans l'industrie, on l'emploie comme réducteur et pour la préparation des gaz combustibles dans les gazogènes.

10. Le *charbon des cornues* se dépose sur les parois des cornues à gaz. On l'utilise en électricité.

11. Le *noir de fumée* est obtenu en condensant dans de grandes

chambres la fumée des résines, des goudrons. On l'emploie pour la fabrication des encres d'imprimerie, de l'encre de Chine, pour la peinture en noir.

12. Le *noir animal* provient de la calcination des os en vase clos. C'est un *décolorant*. Il sert à la décoloration d'un grand nombre de liquides organiques, et en particulier des sirops de sucre. — Quand il a perdu ses propriétés décolorantes, on l'utilise comme *engrais phosphaté*.

EXERCICES

Quelle est la propriété qui permet de reconnaître la présence du carbone dans un composé? — Citez des corps qui renferment du carbone. — Qu'est-ce que le diamant? — Où trouve-t-on ce corps? — Que signifie cette expression : le diamant est le plus dur de tous les corps? — Quels sont les usages du diamant? — Qu'est-ce que le graphite?—A quels usages est employé le graphite? — Quelle est l'origine de la houille? — Quelles sont les diverses variétés de houilles industrielles? — Quels sont les produits de la distillation des houilles en vase clos? — Qu'est-ce que l'anthracite? — Qu'est-ce que le lignite, la tourbe?— Le forgeron jette de l'eau en pluie sur le feu de sa forge pour l'aviver; les pompiers jettent de l'eau sur le feu d'un incendie pour l'éteindre : donner la raison de cette différence d'action. — Comment s'obtient le charbon de bois ? — Quel est l'avantage du procédé par distillation sur le procédé des meules ? — Montrez que le charbon est un réducteur et justifiez l'action du charbon au rouge sur l'eau, les oxydes de fer, de zinc, d'étain, de plomb. — D'où provient le coke ? Quels sont les usages de ce corps? — Comment se préparent le charbon des cornues, le noir de fumée, le noir animal? — Utilisation de ces corps ?

15ᵉ LEÇON

ANHYDRIDE CARBONIQUE ET OXYDE DE CARBONE

MATÉRIEL : Appareil simple (*fig.* 70), pour la production du gaz carbonique. On peut obtenir rapidement du gaz carbonique en utilisant un siphon d'eau de Seltz. Il suffit de retourner l'appareil, d'adapter au déversoir un tube de caoutchouc qui amènera le gaz dans les flacons où l'on veut le recueillir. Quand on presse sur le levier, l'anhydride carbonique se dégage. — Bougie. — Tournésol. — Eau de chaux. — Bicarbonate de sodium. — Ammoniaque, potasse ou soude caustique. — Appareil à sparklets si on peut s'en procurer un. Cet appareil peut être utilisé comme le siphon d'eau de Seltz pour préparer le gaz carbonique.

Anhydride carbonique.

(*Symbole* $= CO_2$. — *Poids moléculaire* $= 44$).

176. *Circonstances de production.* — 1° Quand un composé renfermant du charbon brûle dans l'oxygène ou dans l'air, parmi les produits de sa combustion figure un gaz qui trouble l'eau de chaux ·

c'est le *gaz carbonique*. Un kilogramme de charbon en brûlant produit environ 1800 litres de ce gaz. Le gaz carbonique se produit aussi par la respiration des êtres vivants; un homme en rejette environ 500 litres en une journée;

2° Dans certaines régions volcaniques, ce gaz se dégage spontanément du sol. On appelle *mofettes* ces dégagements de gaz carbonique. Des émanations de ce gaz se rencontrent à Java (Vallée de la Mort), en Italie (Grotte du Chien, à Pouzzoles), en Auvergne, (à Royat, près de Clermond-Ferrand). D'ailleurs, l'abondance des sources minérales gazeuses en Auvergne est un indice de la présence du gaz carbonique dans les fissures du sol. On a pu capter le gaz carbonique qui s'échappe des fissures du sol. Ce gaz, après purification, est liquéfié. Les usines allemandes produisent annuellement 27 millions de kilogrammes d'ànhydride carbonique liquéfié ayant l'origine précédente. En France, une usine est installée dans le Puy-de-Dôme, à Aigueperse, entre Clermont-Ferrand et Riom, pour recueillir et liquéfier le gaz qui s'échappe des fissures du sol;

3° Les matières organiques renferment toutes du carbone. Lorsqu'elles subissent la putréfaction, le carbone est transformé en gaz carbonique. Certaines phénomènes appelés *fermentations* produisent aussi des quantités considérables de ce gaz. En particulier, la fermentation alcoolique a pour résultat de dédoubler un sucre appelé *glucose* en poids sensiblement égaux de gaz carbonique et d'alcool. Cette transformation s'effectue sous l'influence d'un organisme appelé « levure de bière »;

4° Le gaz carbonique est un constituant du calcaire ou carbonate de calcium et de tous les composés qu'on désigne en chimie sous le nom de « carbonates ». La calcination du calcaire pour la fabrication de la chaux donne lieu à un abondant dégagement de gaz carbonique (Voir 1ʳᵉ leçon);

5° L'action des acides sur le calcaire ou sur les carbonates donne lieu à un dégagement de gaz carbonique.

177. Préparation. — 1° Dans les laboratoires. On utilise généralement l'action d'un acide sur le calcaire, marbre ou craie. On peut recueillir le gaz par déplacement d'eau, dans un appareil semblable à celui que nous avons utilisé pour l'hydrogène, ou par déplacement d'air, dans l'appareil plus simple que représente la figure 70.

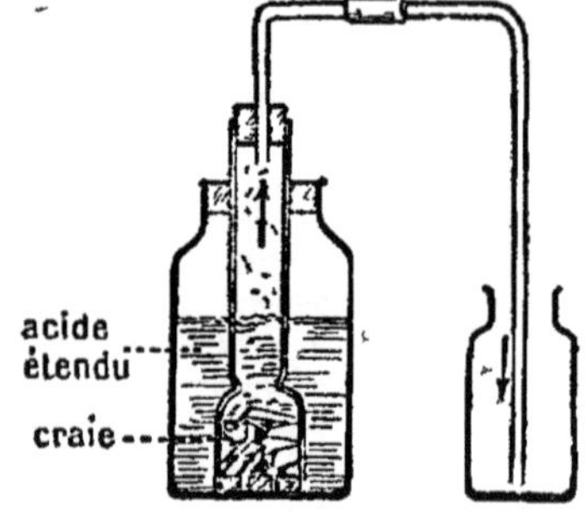

Fig. 70. — Appareil simple pour la préparation du gaz carbonique.

L'équation suivante rend compte de la réaction :

$$CO^3Ca \;+\; 2ClH \;=\; CaCl^2 \;+\; CO^2 \;+\; H^2O.$$

Carbonate	Acide	Chlorure	Anhydride	Eau
de calcium.	chlorhydrique.	de calcium.	carbonique.	

On aurait pu employer l'acide sulfurique étendu et le calcaire. (Nous laissons aux élèves le soin d'expliquer la réaction dans ce cas.)

2° Dans l'industrie. On peut utiliser la préparation précédente, mais il est plus pratique de recueillir les gaz provenant des fours à chaux, des fermentations, des combustions. Comme le gaz carbonique est mélangé d'impuretés dans ce cas, on le purifie, on le liquéfie, et c'est à l'état liquide qu'on le livre à la consommation.

178. *Propriétés physiques.* — **Densité.** Expérience. Remplir une éprouvette de gaz carbonique, la verser dans une éprouvette inférieure; constater avec l'eau de chaux que cette dernière renferme du gaz carbonique. — On peut donner une forme encore plus suggestive à cette expérience. On place une bougie allumée dans une éprouvette ou un verre (*fig.* 71). On verse dans le vase un flacon rempli de gaz carbonique : la bougie s'éteint.

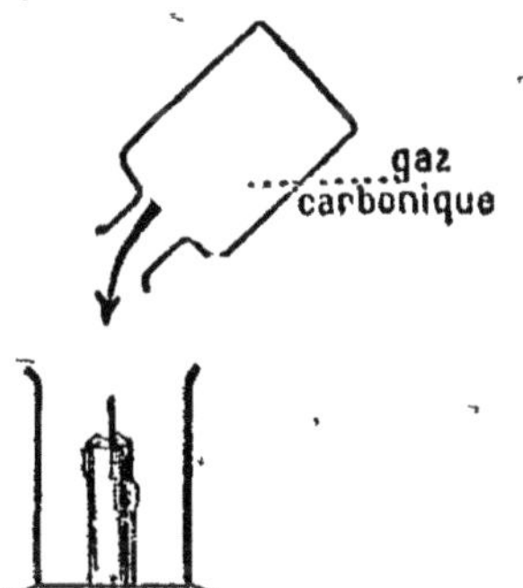

Fig. 71. — Le gaz carbonique, plus dense que l'air, passe dans le vase inférieur et éteint la bougie.

Ainsi, le gaz carbonique se verse comme de l'eau, d'un vase dans un autre. C'est là une preuve qu'il a une densité supérieure à celle de l'air. Un litre pèse environ 2 grammes.

Solubilité. Expérience. Remplir un tube à essais de gaz carbonique. Verser de l'eau dans le tube jusqu'au tiers environ. Agiter, en fermant avec le doigt l'orifice du tube. Celui-ci reste adhérent au doigt. C'est que le gaz carbonique s'est dissous dans l'eau, et il s'est produit dans le tube un vide partiel. En plongeant dans l'eau l'orifice du tube et en enlevant le doigt, on voit l'eau monter dans le tube. Le gaz carbonique est donc soluble dans l'eau. A la température ordinaire, 1 litre d'eau dissout 1 litre de gaz.

Quand le gaz au contact de l'eau est pris sous une pression de 3 atmosphères, par exemple, 1 litre d'eau dissout toujours 1 litre de gaz, mais 1 litre de gaz à 3 atmosphères représente 3 litres sous la pression atmosphérique. Le poids de gaz dissous sera donc 3 fois plus considérable que si le gaz est à la pression de 1 atmosphère. Si la pression à la surface du liquide vient à diminuer, le gaz carbonique dissous en excès se dégage. C'est ce qui arrive lorsqu'on débouche une bouteille d'eau de Seltz, de limonade, de champagne.

Liquéfaction. Jusqu'à une température de 31°, il est possible d'obtenir le gaz carbonique à l'état liquide en le comprimant suffisamment. Au-dessus de cette température, la liquéfaction est impossible : 31° est la *température critique* ou le *point critique* du gaz carbonique. A la température de 15°, il faut exercer sur le gaz une pression de 42 kilogrammes par centimètre carré pour amener sa liquéfaction.

Le gaz liquéfié se conserve dans des tubes en acier étiré, fermés par un robinet conique joignant exactement (*fig.* 72). Si on laisse écouler le liquide dans un sac en toile, une partie se vaporise en refroidissant la masse. Celle-ci passe bientôt à l'état liquide et forme une sorte de neige (neige carbonique) dont l'évaporation abaisse la température à — 79°.

Le gaz carbonique liquéfié sert à la fabrication de la glace artificielle ; plus de cent appareils frigorifiques fonctionnent en France au

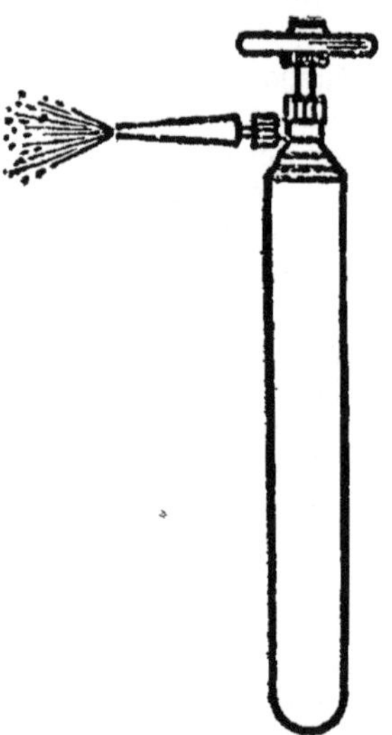

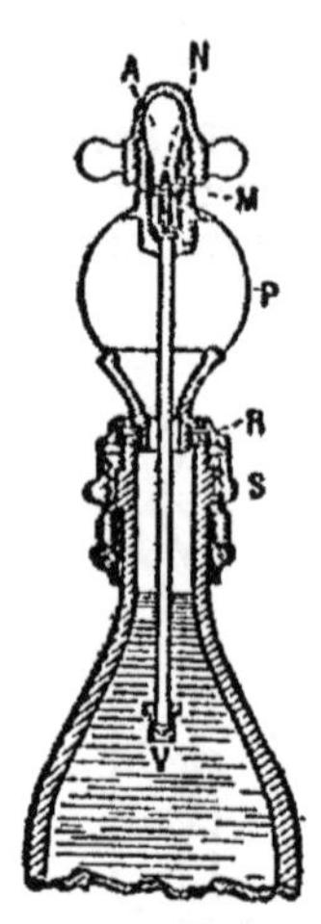

Fig. 72. — Récipient en acier étiré pour transporter le gaz carbonique liquéfié.

Fig. 73. — Bouteille avec sparklet.

Fig. 74. — Coupe de la bouteille précédente. — A, sparklet ; V, N, tube creux ; M, bouchon à vis ; R, S, pas de vis.

moyen de ce gaz. La consommation annuelle dans notre pays dépasse 6000 tonnes. L'industrie fournit ce liquide au prix de 1 franc le kilo, représentant 500 litres de gaz sous pression ordinaire.

Pour fabriquer soi-même des boissons gazeuses, on a actuellement de petites ampoules en acier renfermant du gaz carbonique liquéfié (sparklets). On les met dans un appareil où se trouve le liquide et on brise l'enveloppe. L'anhydride carbonique se vaporise et donne du gaz sous pression qui se dissout dans l'eau (*fig.* 73 et 74).

179. *Propriétés chimiques.* — **Le gaz carbonique n'entretient pas la combustion.** Expérience. Plonger une bougie allumée dans un flacon de gaz carbonique : elle s'éteint. *Le gaz carbonique n'entretient donc pas la combustion.* Il n'est pas non plus combustible.

La dissolution du gaz carbonique se comporte comme un acide. Expériences. I. Dans un flacon renfermant du gaz carbonique, verser de la teinture bleue de tournesol : celle-ci passe au rouge. Mais la couleur ressemble à celle du vin; elle n'est pas la même que celle qu'on obtient en versant une goutte d'acide chlorhydrique ou sulfurique dans le tournesol bleu.

II. Faire arriver dans de l'eau de chaux un courant de gaz carbonique : il se forme un précipité blanc de carbonate de calcium. Laissons se poursuivre le dégagement. Le précipité redisparaît. C'est qu'une nouvelle quantité de gaz carbonique s'est fixée sur le carbonate, donnant un corps appelé *bicarbonate* de calcium, parce que, pour un même poids de chaux, il fixe deux fois plus de gaz carbonique que le carbonate. Ce bicarbonate est plus soluble que le carbonate, ce qui explique la disparition du précipité.

III. Dans un tube à essais renfermant du gaz carbonique, verser quelques gouttes d'une solution de potasse ou de soude ou d'ammoniaque. Boucher l'orifice avec le doigt et agiter. Le tube reste collé au doigt. Ouvrir le tube, l'orifice étant plongé dans l'eau : l'eau remplit presque tout le tube. Ainsi, le gaz carbonique est absorbé par les bases. — Si nous faisons évaporer une solution de potasse ou de soude dans laquelle nous avons fait barboter un courant de gaz carbonique, nous trouvons un corps identique à la potasse ou à la soude des ménagères. Ce corps est un sel, résultant de l'union de la potasse ou de la soude avec le gaz carbonique. On l'appelle *carbonate de potassium* ou *carbonate de sodium*.

Il existe aussi des *bicarbonates*. Le sel de Vichy des pharmaciens est du bicarbonate de sodium.

L'action de la solution du gaz carbonique sur le tournesol, sur les bases, a fait admettre dans cette solution la présence d'un acide carbonique qu'on n'a pas encore pu isoler : on donne à cet acide la formule CO^3H^2; le gaz carbonique serait l'*anhydride* de cet acide. C'est pour cela que les chimistes appellent *anhydride carbonique* le gaz que nous étudions.

180. *Rôle dans la nature.* — **Asphyxie par le gaz carbonique.** Expérience. Mettre sous une cloche remplie de gaz carbonique une souris ou un oiseau : l'animal tombe foudroyé. On dit qu'il est *asphyxié*. Ainsi le gaz carbonique n'entretient pas la respiration. Nous avons assimilé la respiration à une combustion : les globules rouges du sang transportent l'oxygène dans toutes les parties de corps; cet oxygène provoque des combustions lentes dans les tissus, combustions qui se traduisent par la formation de gaz carbonique. Ce gaz, recueilli par le liquide sanguin, va s'échapper par les poumons. Mais il ne peut se dégager que si l'air contenu dans les poumons n'est pas lui-même trop chargé de gaz carbonique. Dans le cas contraire, le gaz carbonique reste dans le sang; les produits des combustions internes ne peuvent pas être éliminés et la mort survient alors rapidement.

Assimilation chlorophyllienne. Le gaz carbonique, si dangereux à respirer lorsqu'il est en trop grande quantité dans l'air, est absolument indispensable au maintien de la vie sur la terre. On a constaté en effet que les plantes ne puisent dans le sol que des sels minéraux, phosphates, azotates, sels de potassium. Le carbone qui constitue leurs tissus est pris au gaz carbonique de l'air. Les parties vertes des plantes, et surtout les feuilles, renferment une substance, la *chlorophylle*, qui leur donne cette coloration. La chlorophylle, sous l'influence de la lumière solaire, décompose le gaz carbonique, fixe le carbone et rejette l'oxygène. Ce phénomène, très important, sera étudié en histoire naturelle d'une façon plus complète. Les plantes respirent d'ailleurs comme les animaux, mais la quantité d'anhydride carbonique décomposé par la chlorophylle pendant le jour est bien supérieure à celle que la plante dégage par la respiration. Ainsi, le carbone contenu dans les végétaux provient du gaz carbonique répandu dans l'air. Comme nous-mêmes nous nous nourrissons de végétaux ou d'animaux herbivores, on voit qu'en définitive le carbone qui constitue notre corps a pour origine le gaz carbonique de l'air. L'assimilation chlorophyllienne est une des causes qui régularisent la proportion de gaz carbonique dans l'air.

181. *Applications industrielles.* — L'anhydride carbonique a une grande importance industrielle : on l'utilise pour la préparation du carbonate de soude dans le procédé Solvay, dans la fabrication de la céruse, dans l'extraction du sucre de betteraves. — L'anhydride liquide est utilisé pour la fabrication artificielle de la glace; on s'en sert pour préparer les boissons gazeuses, pour le soutirage de la bière.

<h2 align="center">Oxyde de carbone.</h2>

(Symbole = CO. — Poids moléculaire = 28).

182. *Circonstances de production.* — Chaque fois qu'un corps renfermant du carbone brûle en présence d'une quantité insuffisante d'oxygène, il se dégage de l'*oxyde de carbone.* C'est ce gaz qui se produit dans les poêles dits à combustion lente, dans les braseros, les chaufferettes. Le gaz d'éclairage en renferme 7 à 8 pour 100. Les gaz des hauts fourneaux contiennent 25 pour 100 environ d'oxyde de carbone. Enfin, l'industrie obtient un gaz riche en oxyde de carbone soit en faisant passer sur du coke incandescent une quantité d'air insuffisante pour former du gaz carbonique (gaz à l'air), soit en dirigeant sur le coke, simultanément ou alternativement, de l'air et de la vapeur d'eau (gaz à l'eau). Les appareils propres à produire ces gaz sont des *gazogènes* (*fig.* 75).

183. *Propriétés.* — Gaz incolore, inodore, insipide, peu soluble dans l'eau, difficilement liquéfiable; 1 litre pèse 1 g. 25. L'*oxyde de carbone est combustible.* La flamme bleu pâle que l'on voit souvent au-dessus du charbon incandescent dans les poêles à combustion lente est la flamme de l'oxyde de carbone. En brûlant, l'oxyde de carbone forme du gaz carbonique. C'est là l'explication de ses usages industriels. Le gaz de coke est utilisé dans les fours Siemens-Martin, pour la fabrication des aciers, pour le chauffage des creusets de verrerie, des cornues à gaz d'éclairage, etc. — Le mélange de gaz combustible et d'air peut se régler facilement; de plus, combustible et comburant peuvent déjà, avant leur mélange, être portés à une température élevée dans des appareils appelés « récupérateurs ».

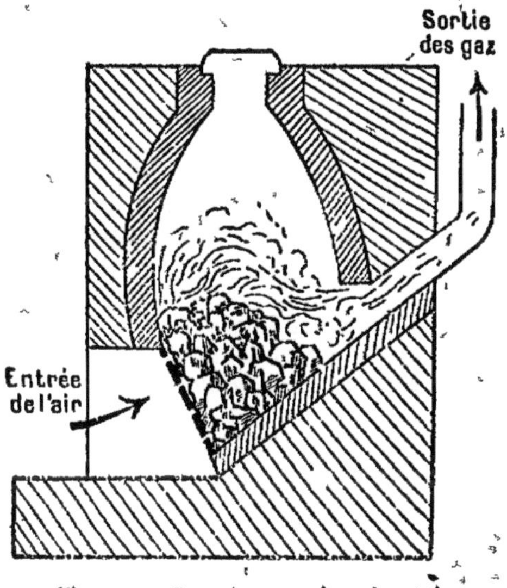

Les gaz de gazogène sont encore utilisés dans des moteurs analogues aux moteurs à gaz d'éclairage ou à pétrole. Si ces gaz dégagent 4 fois moins de chaleur que le gaz de la houille, en revanche ils coûtent 10 fois moins cher, de sorte que leur emploi est encore avantageux.

Actuellement on utilise dans ces moteurs les gaz des hauts fourneaux. Les essais tentés ont pleinement réussi. Quand toutes les industries métallurgiques auront utilisé ces gaz, on estime à 150 000 chevaux pour la France la puissance ainsi disponible. L'utilisation des gaz de hauts fourneaux abaissera d'environ 5 francs la tonne de fonte brute. On récupère ainsi 1/3 environ de la chaleur fournie par le combustible.

Fig. 75. — Gazogène pour la préparation industrielle du gaz de coke.

En Amérique, le gaz à l'eau, riche en oxyde de carbone, est utilisé pour l'éclairage, soit seul, soit mélangé avec le gaz d'éclairage. Ce mode d'éclairage n'a pas été adopté en France en raison des dangers que peut présenter pour la santé publique l'utilisation d'un gaz renfermant une trop forte proportion d'oxyde de carbone.

184. Action sur l'organisme. — L'oxyde de carbone est un gaz très dangereux. Lorsqu'il se trouve dans l'air en proportion assez forte, il provoque la mort par asphyxie; mais même à faible dose, on ne peut le respirer impunément. *C'est un poison des globules rouges du sang;* il forme avec eux une combinaison stable, et les globules sur lesquels s'est fixé l'oxyde de carbone deviennent impropres à transporter l'oxygène. *C'est parce qu'ils peuvent dégager de l'oxyde de carbone que les réchauds et les poêles à combustion lente doivent absolument être proscrits des chambres à coucher ou des pièces dont l'aération est insuffisante. C'est pour la même raison qu'il faut veiller au bon tirage des* cheminées. Le gaz d'éclairage peut également asphyxier par l'oxyde de carbone qu'il renferme. Dans les cas de commencement d'asphyxie par l'oxyde de carbone, il faut exposer le malade au grand air, pratiquer la respiration artificielle et faire respirer de l'oxygène pur.

Les expériences suivantes, dues à Gréhant, montrent bien le danger de l'oxyde de carbone, même à dose très faible.

Gréhant prit de petits animaux qu'il fit vivre dans de l'air renfermant une proportion connue d'oxyde de carbone. Après quelques heures de séjour dans cette asmosphère, il dosa l'oxyde de carbone absorbé par le sang. Voici quelques résultats :—

Dans de l'air renfermant 1/2 000 d'oxyde de carbone, en 2 heures 100^{cm3} de sang de lapin fixèrent 5^{cm3},2 d'oxyde de carbone ; dans de l'air renfermant 1/5 000 de gaz toxique, en 5 heures 3^{cm3},4 furent fixés ; à la dose de 1/10 000, il y eut encore 1^{cm3},13 de gaz fixé en 5 heures ; à la dose de 1/1 450, en 1/2 heure l'oxyde de carbone atteint le quart des globules rouges du sang, et la moitié à la dose de 1/180.

De ces diverses expériences, on peut conclure que, *même à la dose de 5 à 6 pour 100 000, l'oxyde de carbone est un véritable poison ; à 1 pour 100 000, il a encore une action fâcheuse si on séjourne longtemps dans l'atmosphère contaminée.*

Il existe divers procédés permettant de déceler les traces d'oxyde de carbone dans l'atmosphère et même de doser le gaz toxique. Ces opérations, très délicates, ne peuvent être faites que par des spécialistes.

RÉSUMÉ

1. Le gaz carbonique se produit par la combustion de tous les corps renfermant du carbone, ainsi que par la respiration de tous les êtres vivants.

Il se dégage spontanément du sol dans les régions volcaniques ; il existe dans les gaz qui s'échappent des fours à chaux. La décomposition des matières organiques et la fermentation alcoolique du glucose en produisent des quantités importantes.

On le prépare dans les laboratoires en faisant agir un acide sur le calcaire. Dans l'industrie, on utilise les gaz des fours à chaux, les produits des combustions ou des fermentations. Le gaz purifié est livré à la consommation à l'état liquide.

2. Le gaz carbonique est plus lourd que l'air ; 1 litre pèse 2 grammes ; il est soluble dans l'eau. En le dissolvant sous pression, on accumule dans le liquide du gaz qui se dégage quand la pression vient à cesser (eaux gazeuses, champagne).

A la température ordinaire, le gaz carbonique peut être liquéfié par une compression suffisante. Il peut aussi être solidifié (neige carbonique).

Le gaz carbonique liquéfié sert à la production de la glace artificielle et à la fabrication des boissons gazeuses.

3. Le gaz carbonique n'est pas combustible, il n'entretient pas la combustion. Il n'entretient pas non plus la respiration. Répandu en trop grande quantité dans l'air, il cause la mort par asphyxie, le gaz carbonique du sang ne pouvant plus se dégager des poumons.

4. Le gaz carbonique fait virer au *rouge vineux* (couleur de vin) la teinture bleue de tournesol; il est absorbé par les bases: potasse, soude, ammoniaque, chaux, et forme des sels appelés *carbonates* ou *bicarbonates*. Ces propriétés ont fait admettre que la dissolution de gaz carbonique se comporte comme un acide dont le gaz serait l'*anhydride*.

5. Les parties vertes des plantes renferment la chlorophylle qui décompose le gaz carbonique, fixe le carbone et rejette l'oxygène. Cette décomposition ne se fait qu'à la lumière solaire; elle est une des causes de la constance de la proportion de gaz carbonique dans l'air.

Le gaz carbonique est utilisé pour la fabrication de la soude artificielle, de la céruse, pour l'extraction du sucre de betteraves, la fabrication de la glace artificielle, la préparation des boissons gazeuses, le soutirage de la bière.

6. L'oxyde de carbone se produit dans la combustion incomplète des charbons. Il existe dans le gaz d'éclairage, dans les gaz qui s'échappent des hauts fourneaux.

C'est un gaz incolore, inodore, peu soluble dans l'eau, difficilement liquéfiable. Il est neutre au tournesol.

Il brûle avec une flamme bleuâtre et en donnant du gaz carbonique.

C'est un *réducteur*; il enlève l'oxygène aux oxydes métalliques et est utilisé dans la métallurgie.

7. C'est un gaz excessivement dangereux pour l'organisme. Il se fixe sur les globules rouges du sang, et ceux-ci deviennent incapables de transporter l'oxygène. A très faible dose, il provoque des maux de tête, le vertige, l'asphyxie. On combat ses effets en faisant respirer au malade de l'oxygène pur.

8. L'oxyde de carbone a une grande importance industrielle; on le prépare en faisant passer dans les *gazogènes* de l'air ou de la vapeur d'eau sur du coke incandescent. Il est utilisé en métallurgie pour la fabrication de l'acier dans les fours Siemens-Mar-

lin. Les gaz des gazogènes sont utilisés pour produire la force motrice; les gaz des hauts fourneaux sont également brûlés dans des moteurs et permettent de récupérer 1/3 de la chaleur fournie par le combustible.

EXERCICES

Dans quelles circonstances se produit le gaz carbonique dans la nature? — Comment se prépare le gaz carbonique dans les laboratoires, dans l'industrie? — Le gaz carbonique est-il soluble dans l'eau? Exemples. — Est il liquéfiable? — Utilisation du gaz carbonique liquéfié? — Qu'est-ce que les sparklets? — Citez des boissons gazeuses. Comment les obtient-on? — A Naples, dans la Grotte-du-Chien, un chien périt asphyxié, tandis qu'un homme peut sans danger rester debout. Expliquez pourquoi. — Chaque année, à l'époque des vendanges, des vignerons imprudents descendent dans leurs cuves pour fouler les raisins et y périssent asphyxiés. Expliquez pourquoi. Quelle précaution devraient-ils prendre avant de descendre dans la cuve? En cas de danger, que devraient-ils faire? — Le gaz carbonique est-il combustible? — Entretient-il la combustion, la respiration? — Quelle est l'action des parties vertes des plantes sur le gaz carbonique? — Comment pourriez-vous reconnaître qu'un gaz est du gaz carbonique? — Donnez la formule des deux sels de sodium, de calcium, correspondant au gaz carbonique? — Dans quelles circonstances se produit l'oxyde de carbone? — Qu'appelle-t-on gaz des gazogènes? — Utilisation de ces gaz. — Quelle est l'action de l'oxyde de carbone sur l'organisme?

16e LEÇON

SILICE. — ARGILE. — VERRES ET POTERIES

Matériel : Cristal de roche. — Silex. — Morceau de meulière. — Sable siliceux. — Silicate de sodium. — Argiles diverses. — Granit, mica, basalte et autres roches cristallines. — Poteries communes non vernissées (tuile, briques, pot à fleurs) et vernissées. — Vases en faïence, en porcelaine, en grès cérame. Verre à vitre. — Objet en verre fin et en cristal. — Sulfate et carbonate de sodium. — Carbonate de potassium. — Chaux. — Minium.

Silice.

185. État naturel. — **Diverses variétés de silice.** La silice est le corps le plus répandu dans la nature, soit à l'état pur, soit à l'état de silicates; elle entre dans la constitution de la plupart des roches de l'écorce terrestre :

1º On la trouve cristallisée à l'état de *quartz* ou *cristal de roche* (*fig.* 70). Les cristaux bien réguliers ont la forme d'un prisme hexagonal, dont les deux bases sont surmontées d'une pyramide à six faces.

L'*améthyste* est une variété de quartz colorée en violet. L'*opale*, l'*agate*, l'*onyx* sont également des variétés diversement colorées et employées dans l'ornementation ;

2° Le *silex* ou *pierre à fusil* est une variété de silice amorphe, c'est-à-dire non cristallisée. Il est très dur. Quand on le choque avec une pièce d'acier, il détache des fragments de métal qui sont portés à l'incandescence. On trouve, en effet, en battant le briquet, de petits globules d'acier fondu adhérents à l'amadou. Ces fragments incandescents servaient autrefois à allumer la poudre dans les fusils

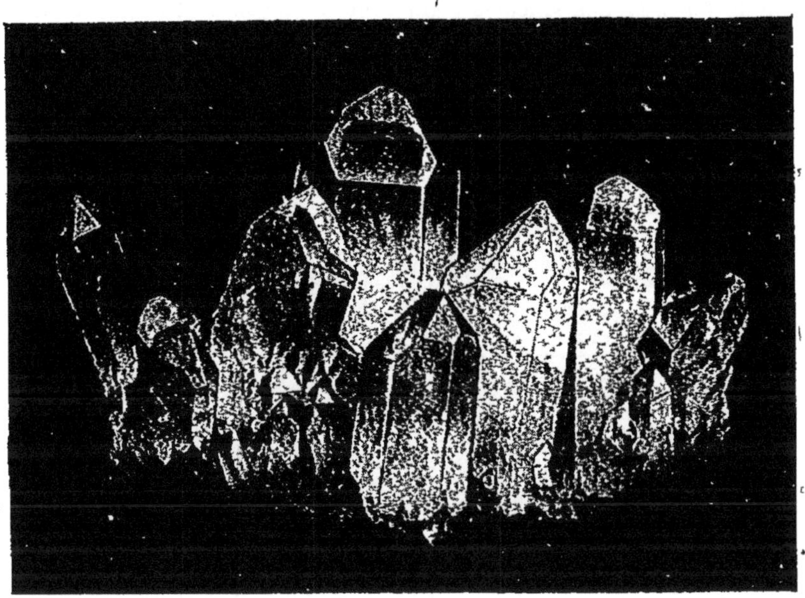

Fig. 76. — Cristal de roche, ou quartz hyalin.

à pierre, d'où le nom de pierre à fusil qui a été donné au silex. Les vieux fumeurs battent encore le briquet et allument de l'amadou en frappant le silex avec un morceau d'acier ;

3° Les *pierres meulières* sont de la silice impure, creusée de cavités plus ou moins grandes. On les trouve dans certains terrains de la région parisienne : meulière de Beauce et meulière de Brie. Les plus compactes sont utilisées pour faire des meules de moulin, les autres servent comme pierre à construction ;

4° Les *sables* sont constitués par de la silice plus ou moins pure ; souvent ils sont colorés en jaune par de l'oxyde de fer. Agglutinés, ils forment les roches appelés *grès*. Le sable est employé pour la fabrication du verre ; les grès servent comme pierre à construction ; avec certaines variétés, on fait les meules à aiguiser.

186. *Rôle chimique de la silice.* — En chauffant dans un creuset un mélange de sable fin et de carbonate de sodium, la silice déplace le gaz carbonique et s'unit à la soude pour donner un corps soluble dans l'eau. C'est le *silicate de sodium*, ou *liqueur des cailloux.*

La silice, se combinant à la soude pour donner un silicate, nous apparaît donc comme jouant le rôle d'un acide. Elle se combine avec la plupart des oxydes métalliques pour former de même des silicates. Avec la chaux ou oxyde de calcium, elle donne un silicate de calcium ; avec l'alumine, un silicate d'aluminium ; avec l'oxyde de fer, un silicate de fer, etc. Ces silicates s'unissent de façon fort complexe et

Fig. 77. — Colonnes prismatiques de basalte Chaussée des Géants (Irlande). — Le basalte possède la curieuse propriété de se découper en prismes verticaux de section généralement hexagonale ; ces colonnes sont appelées des *orgues :* orgues de Bort (Corrèze), de Saint-Flour (Cantal), d'Espaly (Haute-Loire), etc.

constituent les différentes roches de la nature inorganique. Seules, les roches calcaires ne renferment pas de silice.

On a pu reconnaître la constitution de la silice. Ce corps résulte de la combustion dans l'oxygène d'un métalloïde qu'on a isolé : le *silicium.* La silice anhydre est un anhydride analogue à l'anhydride carbonique.

187. *Principaux silicates.* — **Argiles.** Ce sont des silicates d'aluminium hydratés. Elles proviennent de la décomposition des feldspaths Lorsque le silicate d'aluminium est très pur, il a une couleur blanche et constitue le *kaolin*, dont on fait la porcelaine. Le plus souvent, l'argile est colorée en jaune, en gris ou en rouge par de l'oxyde de fer.

L'*argile plastique* est de couleur grisâtre, abondante dans le bassin parisien ; elle est utilisée pour la fabrication des faïences fines. Elle se laisse travailler facilement, d'où son emploi comme terre à modeler.

Les *argiles figulines* renferment une quantité assez considérable d'oxyde de fer; elles sont jaunes ou rougeâtres. Après cuisson, elles prennent une couleur rouge foncé; elles servent à faire les poteries communes, les tuiles, les briques. Ce sont ces argiles qu'on désigne communément sous le nom de *terre glaise*.

Les *ocres* sont des argiles très ferrugineuses, qu'on ne peut utiliser dans la fabrication des poteries.

L'argile desséchée absorbe l'eau énergiquement; elle *happe* à la langue, c'est-à-dire qu'elle y adhère assez fortement par suite de l'absorption de la salive. Quand l'argile a absorbé l'eau, elle forme une pâte molle qui peut se travailler facilement: elle est *plastique*. Elle est, de plus, *imperméable*. Elle retient les substances minérales, sauf les nitrates. Ces deux dernières propriétés en font, au point de vue agricole, un constituant précieux des terres arables.

Les argiles mélangées de calcaire portent le nom de *marnes*. On les utilise en agriculture pour modifier la nature du sol : ce sont alors des *amendements*. Calcinées, elles produisent les *ciments* ou les *chaux hydrauliques*.

Feldspaths. — Ce sont des silicates complexes, constitués par l'union d'un silicate de potassium, de sodium ou de calcium et d'un silicate d'aluminium. Le feldspath est un des éléments du *granit*. Le plus commun renferme du silicate de potassium. Sous l'influence des agents atmosphériques; air, eau, et surtout sous l'action du gaz carbonique de l'air, le feldspath se décompose, donne du carbonate de potassium, entraîné par l'eau, de la silice et de l'argile.

Silicates divers. — Le *mica* est un silicate complexe d'aluminium, de potassium, de magnésium. Il se laisse diviser en lames minces, transparentes, qui sont utilisées pour remplacer le verre. Ce sont des lames de mica que l'on place devant le foyer des poêles mobiles. Le mica est aussi employé en électricité comme isolant.

Le *granit* est formé de quartz, de feldspath et de mica.

Les roches d'origine volcanique basalte (*fig.* 77), trachyte, lave, etc., sont des mélanges de silicates plus ou moins complexes.

Poteries.

188. *Principes de la fabrication des poteries*. — 1° L'argile forme avec l'eau une pâte liante. Cette pâte desséchée, puis soumise à la cuisson, devient dure et ne peut plus se délayer dans l'eau. Le produit de la cuisson est une substance poreuse, blanche ou colorée en jaune ou en rouge, suivant la pureté de la matière première. Pendant la dessiccation et la cuisson, la pâte d'argile subit un retrait considérable; si l'argile était seule, il se produirait un fendillement de la masse. On évite ce fendillement par l'addition de matières dites *dégraissantes:* craie, sable, feldspath;

2° Quand on veut rendre les poteries imperméables, on recouvre la surface d'un *vernis* ou d'un *émail;*

3° On peut ajouter à la pâte un *fondant*, destiné à former avec l'argile des silicates fusibles. A la cuisson, la pâte subit un commencement de fusion, ce qui rend la poterie imperméable, dure, et donne à sa cassure l'aspect du verre ;

4° Les poteries peuvent enfin être décorées, soit en dessinant à la surface au moyen de couleurs formées de silicates, sortes d'émaux, qui fondront pendant la cuisson, soit en dessinant avec des couleurs ordinaires et en recouvrant le dessin d'un émail transparent.

189. *Poteries diverses.* — Les briques, les tuiles, les pots à fleurs, sont des *terres cuites.*

On obtient les *poteries vernissées* en trempant les terres cuites dans une bouillie très claire constituée par du minium (oxyde de plomb) et du sable finement pulvérisés en suspension dans l'eau. La pâte poreuse absorbe l'eau et il reste à la surface de la pièce une poudre qui pendant la cuisson forme un silicate d'aluminium et de plomb, sorte de verre qui recouvre la poterie et la rend imperméable. On colore la *couverte* au moyen d'un oxyde métallique.

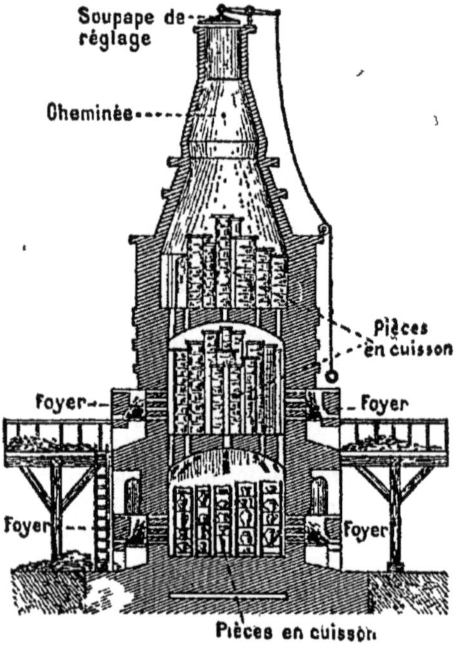

Les *faïences fines* sont fabriquées avec des argiles plastiques assez pures ; la pâte en est blanche, dure, opaque. Les faïences subissent deux cuissons ; après la première, appelée *dégourdi*, les pièces sont plongées dans la bouillie qui constituera la couverte lors de la deuxième cuisson. La couverte des faïences fines est à base de plomb ; elle est transparente.

Les *faïences communes* sont fabriquées avec une argile moins pure que la précédente ; la couverte, à base d'oxyde d'étain, est opaque, blanche, sujette au fendillement. Pour obtenir les *grès cérames*, on additionne l'argile plastique de sable et d'un *fondant*. La cuisson provoque un commencement de fusion qui

Fig. 78. — Four à porcelaine. — Le four est à trois étages. L'étage supérieur sert pour la première cuisson ou *dégourdi* ; les étages inférieurs, chauffés par des foyers latéraux, servent pour la deuxième cuisson. Les pièces sont protégées par des enveloppes en terre réfractaire appelées cazettes.

rend la pâte semi-vitrifiée, opaque, imperméable. La couverte est obtenue en projetant dans le four du sel marin pendant la cuisson. Il se produit à la surface de la pièce un silicate double d'aluminium et de sodium formant glaçure.

La pâte à *porcelaine* est du kaolin délayé dans l'eau et additionné de sable (dégraissant) et de feldspath (fondant).

Les pièces subissent comme les faïences deux cuissons successives (*fig.* 78). La couverte est appliquée après la première cuisson. Pendant la deuxième cuisson, la pâte subit un commencement de fusion, devient translucide et imperméable ; la glaçure forme à la surface des pièces une sorte de vernis transparent.

Les poteries sont façonnées au moule, ou au moyen du tour spécial dit « tour à potier » (*fig.* 79).

La décoration des faïences et des porcelaines est une opération délicate et que nous ne pouvons aborder ici.

Fig. 79. — Tour à potier. — Le potier fait tourner avec le pied une table horizontale ou volant. Sur un plateau supérieur tournant avec cette table est placée la matière à travailler.

Verres et cristaux.

190. *Composition des verres.* — 1° La silice (sable) peut se combiner avec diverses bases à température élevée pour donner des *silicates.* Ainsi, en chauffant au rouge un mélange de sable et de carbonate de sodium, on obtient un silicate de sodium, *soluble* dans l'eau (verre soluble). On obtiendrait de même le silicate de potassium.

Chauffée avec de la chaux, de l'oxyde de fer, des oxydes de plomb, la silice donne à température suffisamment élevée les silicates correspondants, plus ou moins fusibles, mais opaques. Cette propriété est utilisée souvent en métallurgie.

Fig. 80. — Four de verrerie. La dessiccation se produit dans les parties latérales, et la fusion dans la partie centrale chauffée directement par le foyer.

En associant un silicate alcalin et un silicate de calcium ou de plomb, en proportions variables, on obtient les différentes variétés de verre.

Les principales variétés de verre sont :

1° Le verre ordinaire : verre à vitres, verre à bouteilles, verres à glaces; ce sont des silicates doubles de *sodium* et de *calcium;*

2° Le verre fin : verre de Bohême, crown-glass, verre de gobeleterie; silicate double de *potassium* et de *calcium;*

3° Le cristal: silicate double de *potassium* et de *plomb.*

191. *Propriétés.* — Le verre est un solide transparent, *pratiquement* inaltérable. L'air et les agents chimiques *usuels* sont sans action sur lui à la température ordinaire.

Seul, l'acide *fluorhydrique* réagit sur le verre; cette action est utilisée dans la gravure sur verre.

La densité du verre varie suivant sa composition entre 2, 4 et 3, 6. Le verre est mauvais conducteur de la chaleur et de l'électricité.

Fig. 81. — Fabrication des manchons de verre destinés à faire des vitres.

Le verre à base de plomb (cristal) est très réfringent, sonore; la réfringence augmente avec la proportion de plomb qu'il contient. Dans le *flint-glass*, la proportion d'oxyde de plomb atteint 45 0/0. Dans le *strass*, qui sert à faire des pierres imitant le diamant, l'oxyde de plomb forme jusqu'à 53 0/0 du poids.

Le verre fond à une température de 400 à 500°. Avant la fusion, il se ramollit, passe par l'état pâteux. On peut alors le travailler et lui donner toutes les formes possibles.

Le verre est un corps *dur ;* il n'est rayé que par la silice, les roches siliceuses et par le diamant; il est *fragile* et sa cassure présente un aspect particulier : aspect vitreux.

192. Fabrication. — Les *matière. premières* sont : pour les verres ordinaires, le sable, le sulfate de sodium, la chaux ; pour les verres fins, le carbonate de potassium, qui remplace le sulfate de sodium ; pour les cristaux, le minium, qui remplace la chaux.

Les matières premières, finement pulvérisées, sont mélangées dans des creusets en terre réfractaire. Ces creusets sont placés dans un *four (fig. 80)* où s'opère la fusion.

Quand les réactions sont terminées dans le creuset, l'ouvrier plonge dans la masse fondue un long tube de fer appelé *canne ;* il enlève une

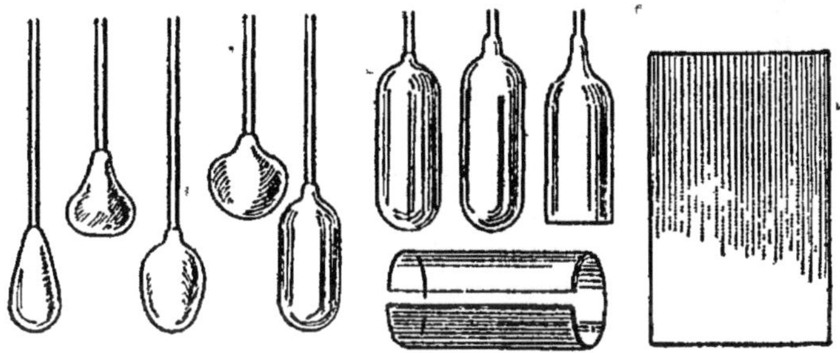

Fig. 82. — Diverses phases de la fabrication d'une vitre.

certaine masse de verre. Il souffle dans la canne, forme de la masse de verre une sorte d'ampoule qu'il transforme, par une série de balancements et de rotations, en un cylindre terminé par deux hémisphères (*fig.* 81). Les diverses phases de la formation d'une vitre sont indiquées par la figure 82.

On façonne aussi des objets en verre par moulage ou par coulage; les verres sont ornementés soit par la gravure, soit par la taille.

RÉSUMÉ

1. La *silice* se présente dans la nature à l'état cristallisé, sous forme de *quartz* ou cristal de roche, ou à l'état amorphe.

L'améthyste, l'agate, l'onyx, l'opale sont des variétés de silice diversement colorées et employées dans l'ornementation.

Le silex ou pierre à fusil, la meulière, les sables, les grès sont de la silice plus ou moins pure.

La silice anhydre est insoluble dans l'eau : elle est très dure et raye le verre; elle n'est attaquée que par l'acide fluorhydrique.

2. La silice est un *anhydride;* elle est formée par l'union de l'oxygène et d'un corps simple appelé *silicium.* Elle se comporte comme un acide quand elle est chauffée avec les bases. Ses sels sont des *silicates.*

3. Les principaux silicates naturels sont :

a) Les *argiles,* silicates d'aluminium hydratés, plus ou moins mélangés d'impuretés. L'argile très pure est le *kaolin* ou terre à porcelaine; l'argile mélangée de calcaire est la *marne;*

b) Les *feldspaths,* dont le plus commun est formé de silicate d'aluminium et de silicate de potassium. Le feldspath existe dans le granit; sa désagrégation produit l'argile;

c) Le *mica,* le *basalte,* le *trachyte,* la *lave,* qui sont des silicates complexes.

4. Les diverses *poteries* sont faites avec les argiles. Le *kaolin* sert à la fabrication de la porcelaine, les *faïences fines* sont fabriquées avec les *argiles plastiques,* l'argile ordinaire ou *terre glaise* est utilisée dans l'industrie des *poteries grossières.*

Par la cuisson, l'argile devient dure et perd la propriété de se délayer avec l'eau. La cuisson fait subir à l'argile un retrait considérable; on évite le retrait et le fendillement qui en résulte en ajoutant à la pâte une substance *dégraissante,* sable, calcaire, etc.

La surface des poteries est souvent recouverte d'un vernis ou d'un émail. En incorporant à la pâte un *fondant,* on obtient une poterie vitrifiée (porcelaine).

Les principales poteries sont :

a) Les *terres cuites* non vernissées : briques, tuiles, pots à fleurs;

b) Les *poteries vernissées.* Le vernis est constitué par un silicate double d'aluminium et de plomb, coloré au moyen d'un oxyde métallique;

c) Les *faïences communes* et les *faïences fines* à pâte blanche, recouverte d'une glaçure opaque ou transparente;

d) Les *grès cérames,* dont la pâte a subi un commencement de fusion; la glaçure est à base de chlorure de sodium;

e) Les *porcelaines,* dont la pâte a subi un commencement de fusion, ce qui la rend translucide et imperméable; la glaçure est transparente.

5. Les *verres* sont des combinaisons plus ou moins complexes d'un silicate alcalin et d'un silicate de calcium ou de plomb.

Le *verre ordinaire* est à base de sodium et de calcium.

Le *verre fin* est à base de potassium et de calcium.

Le *cristal* est à base de potassium et de plomb.

Le verre est un solide qui fond entre 400° et 500°. Il passe par l'état pâteux avant de fondre et peut alors être travaillé facilement. Il est mauvais conducteur de la chaleur et de l'électricité; il est *dur* et fragile. L'acide fluorhydrique seul l'attaque.

6. Les matières premières utilisées sont :

a) Pour le *verre ordinaire :* le sable, le sulfate de sodium, la chaux;

b) Pour la *verrerie fine* : le sable blanc, la chaux, le carbonate de potassium;

c) Pour le *cristal :* le sable blanc, le minium, le carbonate de potassium.

Ces matières, finement pulvérisées, sont chauffées dans des creusets en terre réfractaire où s'opère la fusion.

Le verre fondu est façonné soit par soufflage, soit par moulage ou par coulage; il est ensuite ornementé par la gravure ou par la taille.

EXERCICES

Citez des variétés de silice. — Quelle est la nature chimique de la silice? — Quels sont les silicates que vous connaissez? — Nommez des objets en poterie non vernissée, en poterie vernissée, en faïence, en porcelaine. — En quoi consiste la couverte des terres cuites vernissées, des faïences, de la porcelaine? — Quelle différence faites-vous entre les grès cérames et les roches appelées grès? — Quelle est la constitution chimique du verre à vitre, du verre fin, du cristal? — Quelles sont les matières premières utilisées dans la fabrication des poteries, des verres?

17ᵉ LEÇON

PROPRIÉTÉS PRATIQUES DES MÉTAUX ET DES ALLIAGES

MATÉRIEL : Échantillons de divers métaux usuels et de leurs alliages. — Fils de fer, de laiton, d'argent; feuilles d'étain, d'aluminium.

Principaux métaux.

193. *Définition des métaux.* — Entre les corps qu'on désigne dans la langue courante sous le nom de *métaux :* fer, cuivre, plomb, étain, zinc, or, argent, et les corps tels que le soufre, le phosphore, on trouve immédiatement des propriétés distinctives.

Les métaux sont susceptibles de se polir, de prendre un bel éclat, dit « éclat métallique »; ils sont bons conducteurs de la chaleur et de l'électricité, ils se laissent étirer en fils et en lames.

Cependant ces propriétés ne sont pas suffisantes pour définir un métal. Les métaux en poudre, surtout s'ils sont précipités par voie chimique, n'ont pas l'aspect métallique; ils sont mauvais conducteurs de l'électricité. D'autre part, certains corps comme l'iode, qu'on range à côté du chlore, présentent l'aspect métallique.

On a donc été amené à chercher une propriété distinctive des métaux. On a *choisi* la suivante :

On range parmi les métaux tout corps qui, en se combinant à l'oxygène, donne au moins un composé jouant le rôle de base.

Ces corps comprennent :

1° *Les métaux usuels :* fer, cuivre, plomb, zinc, étain, auxquels nous pouvons ajouter aujourd'hui l'aluminium et le nickel;

2° *Les métaux précieux :* argent, or, platine. Nous pouvons y joindre le mercure;

3° *Les métaux alcalins :* potassium, sodium, auxquels nous ajouterons le calcium, le magnésium, le lithium;

4° Un certain nombre de métaux qu'on utilise rarement à l'état pur, mais qu'on emploie surtout pour modifier les propriétés d'autres métaux : manganèse, chrome, tungstène, vanadium, iridium, etc.

La considération de la *valence* pouvant être utile pour établir la formule des sels métalliques, nous classerons les métaux d'après la valence.

Le potassium, le sodium, l'argent sont *monovalents*.

L'or est *trivalent*.

L'étain, le platine sont *tétravalents*.

Les autres métaux sont *divalents* dans la plupart de leurs composés.

Notions sommaires de métallurgie.

194. Minerais. — A part l'or et le platine, les métaux se rencontrent rarement dans le sol à l'état pur ou *état natif*. On trouve des gisements plus ou moins considérables de divers composés métalliques desquels on retire le métal. Ces composés sont des *minerais*.

Les minerais sont mélangés à des substances étrangères qui constituent la gangue; cette gangue doit être éliminée. Dans certains minerais de fer de Suède et d'Algérie, la gangue ne constitue pas 10 pour 100 du poids du minerai; par contre, on exploite des minerais de cuivre ne renfermant que 1 à 2 pour 100 de leur poids de métal, et des minerais d'argent beaucoup moins riches encore.

Métallurgie. C'est l'ensemble des opérations qui permettent de retirer un métal de son minerai. Ces opérations se divisent d'habitude en trois groupes :

1° *Le traitement mécanique,* qui sert à séparer le minerai des matières terreuses; on utilise alors le triage à main, le concassage, le lavage;

2° *Le traitement chimique,* qui isole le métal, généralement accompagné de quelques impuretés;

3° *L'affinage,* qui a pour but d'enlever les impuretés quand elles sont nuisibles. Ainsi, l'industrie électrique réclame du cuivre qui ne renferme pas plus de deux millièmes d'impuretés.

Le détail de ces opérations, les appareils utilisés sont très variables; nous dirons quelques mots seulement de la métallurgie du fer (19ᵉ leçon).

Enfin, un certain nombre de métaux s'obtiennent par décomposition, sous l'action du courant électrique (électrolyse), d'un de leurs composés fondu ou dissous. C'est le cas du potassium, du sodium, du magnésium, de l'aluminium.

Les principaux minerais de cuivre, de plomb, de zinc, sont des *sulfures*. Le sulfure de cuivre mélangé de sulfure de fer est la *chalkopyrite*; le sulfure de zinc s'appelle *blende*; le sulfure de plomb, *galène*. Ces sulfures sont grillés pour éliminer le soufre et faire passer le métal à l'état d'oxyde. Dans le traitement de la blende, le gaz sulfureux résultant du grillage est en quantité assez abondante pour que ce gaz soit converti en acide sulfurique. En général, on réduit les oxydes par le charbon. Le traitement varie d'ailleurs suivant la nature du minerai, et nous ne nous y arrêterons pas.

Les minerais de plomb et de cuivre renferment quelquefois de l'argent que l'on extrait par des procédés spéciaux.

Le minerai d'étain est le *bioxyde*, appelé encore *cassitérite*; on le réduit par le charbon.

Le nickel se trouve à l'état de sulfure ou à l'état de silicate complexe. Le traitement est compliqué.

La France est pauvre en minerai de ces métaux dont les grands pays producteurs sont les États-Unis, l'Espagne, l'Angleterre, l'Allemagne. D'importants gisements d'étain se rencontrent dans les îles de la Sonde, et on trouve du nickel en Nouvelle-Calédonie.

Quant à l'aluminium, son principal minerai en France est la bauxite, oxyde d'aluminium impur qu'on trouve en Provence. Le nom de ce minerai vient du village de Baux, près de Tarascon. La bauxite, transformée en alumine pure aux usines de Gardanne, près d'Aix, est soumise à l'électrolyse après avoir été fondue. Les usines françaises qui préparent l'aluminium sont pour la plupart situées dans la région des Alpes. La France est un des principaux pays producteurs d'aluminium.

Le mercure s'obtient par grillage de son sulfure (cinabre). L'argent se retire de son sulfure par un traitement compliqué; l'or et le platine existent à l'état naturel dans un petit nombre de régions.

Le prix des métaux précédents peut subir d'importantes fluctuations; voici des valeurs moyennes pour les métaux usuels : cuivre, 1 fr. 60 le kilogramme; zinc, 0 fr. 70; plomb, 0 fr. 45; étain, 4 francs; aluminium, 2 fr. 50; nickel, 10 francs. Ces prix s'entendent, bien entendu, du métal en lingots, non travaillé.

Le mercure vaut 8 francs le kilogramme environ, l'argent en barres 100 francs, l'or 3 437 francs, valeur de ce métal dans l'or monnayé; le platine plus de 6 francs le gramme.

Propriétés pratiques des métaux.

195. *Propriétés physiques.* — A part le mercure, les métaux sont des corps solides; ils fondent à une température plus ou moins élevée. Tous se volatilisent dans le four électrique; mais ceux dont la volatilisation présente quelque intérêt pratique sont : le mercure, qui bout à 350°; le potassium, le sodium, volatils vers 700°; le zinc, qui bout vers 930°.

La densité des métaux est donnée au tableau ci-dessous; elle varie suivant la façon dont le métal a été travaillé. Les nombres indiqués se rapportent aux métaux fondus.

En général, les métaux sont insolubles dans l'eau; ils sont insipides et inodores.

Les métaux polis sont le plus souvent de couleur blanche, tirant sur le gris ou le bleu. Le cuivre est rouge, l'or est jaune. L'or réduit en feuilles minces est *vert* par transparence.

196. *Tableau donnant les densités et les points de fusion des principaux métaux.*

	Densités.	Points de fusion.
Potassium	0,87	62°
Sodium	0,97	90°
Magnésium	1,75	632°
Aluminium	2,56	654°
Zinc	6,8	434°
Étain	7,3	228°
Fer (laminé)	7,8	1 500°
Nickel	8,7	1 600°
Cuivre	8,8	1 045°
Argent	10,5	950°
Plomb	11,3	335°
Mercure	13,6	— 39°
Or	19,3	1 045°
Platine	21,5	1 775°

197. *Propriétés mécaniques.* — Ce sont les plus importantes au point de vue pratique.

Malléabilité. Un métal *malléable* peut être réduit en feuilles minces. Cette opération se pratique généralement au moyen d'un *laminoir*. C'est un dispositif représenté par la figure 83. Il se compose essentiellement de deux cylindres tournant en sens inverse. La distance des cylindres peut être réglée à volonté. La pièce à laminer est engagée entre les deux cylindres, dont la distance est un peu moindre que l'épaisseur de la pièce. On diminue progressivement la distance des cylindres.

Le fer est malléable au rouge.

L'or, l'argent, l'aluminium, le cuivre, l'étain sont très malléables;

on obtient des feuilles d'or dont l'épaisseur ne dépasse 1/10 000 de millimètre. Ces feuilles s'obtiennent non par laminage, mais par *battage.*

Ductilité. Un métal *ductile* se laisse étirer en fils fins. On obtient des fils de métal en faisant passer une barre de ce métal à travers des trous de plus en plus fins percés dans une *filière* en acier. Une traction énergique est nécessaire. L'appareil employé est représenté par la figure 84. Les *tréfileries* sont les usines où l'on obtient les fils de fer ou de laiton.

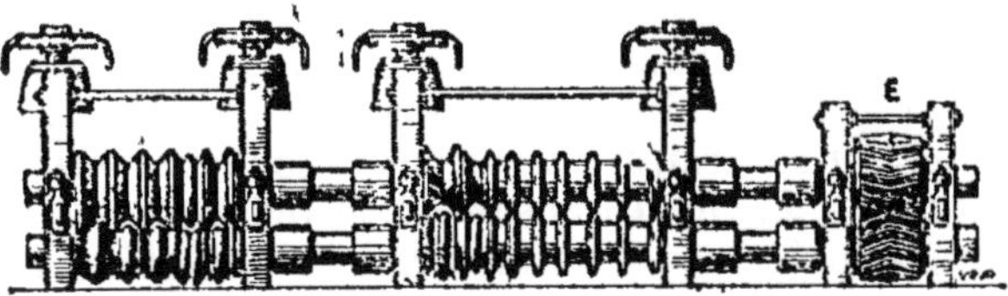

Fig. 83. — Laminoir. — Le fer au rouge passe entre deux cylindres qui tournent en sens inverse. Les coussinets qui règlent l'écartement des cylindres sont rapprochés ou éloignés au moyen de vis. Les engrenages E font mouvoir les cylindres.

L'or, l'argent, le cuivre, le fer sont les métaux les plus ductiles. Avec 1 gramme d'or, on peut obtenir un fil de plusieurs kilomètres de longueur. Pour les fils très fins, les filières sont des rubis ou même des diamants percés.

Écrouissage, Recuit. Les métaux laminés ou travaillés à la filière s'*écrouissent :* ils deviennent plus durs, plus cassants, et, pour qu'on puisse continuer à les travailler, il faut leur faire subir le *recuit.*

Ténacité. On évalue la ténacité d'un métal en déterminant la charge nécessaire pour produire la rupture d'une barre dont la section est 1 m/m². On obtient des aciers dont

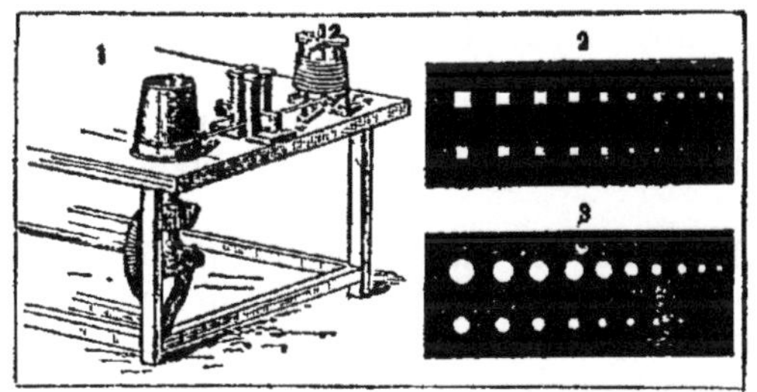

Fig. 84. — Tréfilerie. — 1, banc de tréfilerie ; 2, filière à trous carrés ; 3, filière à trous ronds.

la ténacité est de 150 kilos. La ténacité du plomb est mesurée par 1,36.

Dureté. Un métal est plus dur qu'un autre lorsqu'il raye cet autre. Le fer est dur, le plomb est rayé par l'ongle ; le potassium est mou comme de la cire.

198. *Action de l'oxygène.* — On oxyde dans l'air sec à haute température la plupart des métaux précédents. C'est ainsi qu'on prépare les oxydes de zinc, les oxydes de cuivre et les oxydes de plomb (massicot, litharge).

EXPÉRIENCE. Dans un feu de forge, dans un fourneau à réverbère, bien ardent, ou dans la flamme d'un chalumeau, faire brûler du zinc; on a une flamme bleuâtre et il se forme des flocons blancs, légers, d'oxyde de zinc qui volligent dans l'air; avec le cuivre on a une flamme verte; le cuivre se transforme en oxyde noir de cuivre.

Les bains d'étamage sont recouverts d'une couche de suif pour éviter l'oxydation du métal.

A l'*air humide*, le cuivre, le zinc, le plomb s'oxydent, et, par l'action combinée de l'oxygène, de l'eau, du gaz carbonique, leur surface se recouvre d'une couche d'hydrocarbonate qui forme comme un vernis imperméable et protège la masse du métal. Ainsi, l'oxydation n'est que superficielle. Le fer, au contraire, s'oxyde dans toute sa masse et peut à la longue être complètement transformé en rouille.

L'étain, l'aluminium, le nickel sont inaltérables à l'air humide à la température ordinaire.

Ces faits expliquent l'usage du zinc, du cuivre, du nickel, de l'étain, de l'argent, de l'or, pour recouvrir le fer et le protéger de l'oxydation par l'air humide.

Le fer recouvert de zinc est dit *galvanisé*, le fer recouvert d'étain est *étamé*. La tôle étamée s'appelle fer-blanc. Pour étamer ou pour galvaniser le fer, on plonge celui-ci, préalablement bien *décapé* (c'est-à-dire débarrassé des matières grasses et des oxydes formés à sa surface) dans un bain d'étain ou de zinc fondu. Le cuivre et le nickel, l'argent et l'or se déposent sur le fer par l'action du courant électrique.

Le cuivre forme des composés vénéneux, d'où la pratique de l'étamage des ustensiles de cuisine en cuivre; on peut aussi nickeler, argenter, dorer le cuivre, mais alors les objets obtenus appartiennent au domaine de l'orfèvrerie et atteignent des prix assez élevés.

199. Action de l'eau, des acides, du soufre, du chlore. — Des métaux usuels précédents, le plomb est le seul pour lequel l'action de l'eau présente quelque importance pratique. Le plomb est utilisé pour faire des conduites d'eau potable. Or, dans certains cas, ces conduites, si elles ont une certaine longueur, peuvent être dangereuses. Des travaux récents ont mis en évidence la propriété suivante :

L'eau chargée de sels calcaires peut circuler dans des conduits en plomb, car il se forme rapidement à l'intérieur des tuyaux des sels insolubles qui s'opposent à l'attaque du métal; mais les eaux de pluie, les eaux de source peu chargées de matières minérales ne doivent pas circuler dans des conduits en plomb de grande longueur; ces eaux, aérées et toujours chargées de gaz carbonique, peuvent dissoudre suffisamment de plomb pour produire à la longue de véritables empoisonnements.

Quant aux acides *usuels*, il n'y a pas lieu, au point de vue des usages domestiques, de s'arrêter à leur action sur les métaux. En ce qui concerne les acides organiques (vinaigre, acides des corps gras, acide oxalique, tartrique, etc...), ces acides réagissent sur le cuivre, sur le plomb, sur le zinc, et donnent des sels vénéneux. C'est pourquoi l'on doit proscrire les ustensiles de cuisine en plomb ou en zinc; c'est pourquoi aussi les ustensiles de cuivre doivent être étamés et même, dans ce cas, on ne doit pas y laisser séjourner les aliments.

On se reportera aux acides étudiés précédemment, au soufre, au chlore, pour examiner l'action de ces différents corps sur les métaux.

Alliages.

200. Un certain nombre de métaux sont employés isolés: zinc, fer, cuivre, plomb, étain, etc. Mais souvent les propriétés physiques ou mécaniques d'un métal sont heureusement modifiées par l'addition d'une quantité variable d'un autre métal. On a alors un *alliage*. Ainsi, l'or et l'argent sont trop mous pour être utilisés seuls : on augmente leur dureté en y incorporant du cuivre. Le plomb, métal très mou, acquiert de la dureté quand il est allié à l'antimoine. Cet alliage sert à faire les caractères d'imprimerie.

Les alliages dans lesquels entre le mercure s'appellent *amalgames*.

Les propriétés des alliages ne sont pas toujours intermédiaires entre celles des métaux constituants.

Exemples : 1° L'alliage dit de Darcet fond à 98°; cependant il est constitué par trois métaux, étain, bismuth, plomb, dont les points de fusion sont 228°, 265°, 335°;

2° Le fer et le nickel sont bons conducteurs de l'électricité; le ferro-nickel, résultant de leur alliage, présente une conductibilité électrique six fois plus faible que chacun des constituants;

3° Le fer et le nickel, pris séparément, ont une dilatation appréciable sous l'action de la chaleur; on a obtenu un alliage de fer et de nickel dont la dilatation est pratiquement nulle : métal *invar*, à 36 pour 100 de nickel.

Les alliages ont été l'objet de travaux considérables. En général, un alliage est constitué par une véritable combinaison de deux métaux, dissoute dans un excès de l'un d'eux.

Les alliages utilisés dans la pratique sont extrêmement nombreux; les propriétés de ces alliages varient d'ailleurs suivant les proportions des métaux constituants. Nous ne ferons donc pas connaître ces proportions et nous nous contenterons de signaler la nature de ces métaux qui interviennent dans les alliages usuels.

Le cuivre s'allie au zinc pour donner le *laiton* appelé souvent encore cuivre jaune. Allié à l'étain, il donne les *bronzes*. Les bronzes phosphoreux, très résistants, sont employés comme conducteurs d'énergie électrique. Le bronze des monnaies renferme du cuivre, de l'étain et du zinc. Le *bronze d'aluminium*, d'un beau jaune d'or, est employé en orfèvrerie.

Le *maillechort* est un alliage de cuivre, de zinc et de nickel. Cet alliage, d'un beau blanc, inaltérable à l'air, sert à faire des instruments de précision (compas, par exemple). On le recouvre d'or ou d'argent pour différents objets d'orfèvrerie (couverts).

Nous retrouvons encore le cuivre allié à l'or et à l'argent dans les monnaies et dans les pièces d'orfèvrerie d'or et d'argent.

L'étain, additionné de plomb, sert à faire des vases (mesures de capacité en étain), des cuillers, des plats, des robinets. La soudure des plombiers, des ferblantiers est également un alliage de plomb et d'étain.

Enfin, le plomb allié à l'arsenic sert à faire les plombs de chasse; allié à l'antimoine, il est utilisé pour faire les caractères d'imprimerie.

Signalons ici encore les fero-nickel, que leur grande résistance électrique fait employer en électricité. L'un de ces alliages, le métal *invar*, a une dilatation pratiquement nulle, d'où son emploi pour fabriquer certaines pièces d'horlogerie, ou encore des appareils de mesure. Un autre alliage, le *platinite,* a la même dilatation que le platine ou que le verre. On peut le substituer au platine (trop coûteux) quand on a à souder du métal dans du verre. Tout autre métal amènerait la rupture de l'appareil par suite des variations de température.

201. *Principaux usages des métaux.* — Nous ne pouvons passer en revue tous les usages des métaux. Signalons seulement les plus intéressants.

Le *cuivre* est utilisé dans l'industrie électrique pour faire des conducteurs d'énergie; la grande conductibilité de ce métal pour la chaleur le fait employer pour faire des alambics, des chaudières, des ustensiles de cuisine. Son inaltérabilité à l'air humide justifie le cuivrage galvanique des statues, des colonnes en fonte, qui se trouvent ainsi préservées de l'oxydation.

Nous avons vu plus haut l'utilisation des alliages de cuivre.

Le *zinc* sert à faire des seaux, des bassins, des baignoires, etc..., en général, une foule de récipients destinés à contenir de l'eau. On en fait aussi des toitures. Souvent, au lieu de zinc, on emploie la *tôle galvanisée.* Les fils électriques, les ronces artificielles, les grillages métalliques pour clôtures sont en fer galvanisé. Enfin, les piles électriques utilisent le *zinc amalgamé* (combiné au mercure). Ce zinc est avantageux, car il n'est pas attaqué quand la pile ne fonctionne pas.

Les principaux usages du *plomb* consistent dans la fabrication des tuyaux de conduite pour l'eau et pour le gaz, des plombs de chasse, des alliages d'imprimerie.

L'*étain* sert surtout à recouvrir le fer ou le cuivre; réduit en feuilles, il protège certaines denrées alimentaires.

L'*aluminium* et le *nickel* commencent à entrer dans la pratique usuelle; l'emploi des ustensiles de cuisine fabriqués avec ces métaux va en se développant. Le nickel est employé en horlogerie pour faire des boîtiers de montres; les pièces de 25 centimes sont en nickel pur. On étudie actuellement le remplacement de la monnaie de bronze par de la monnaie de nickel.

Depuis quelques années, on utilise l'*aluminium* à la place du cuivre, comme conducteur dans les transports d'énergie électrique.

Le *mercure* est utilisé dans certains procédés d'extraction de l'argent et de l'or, ainsi que pour la construction de divers appareils de physique (baromètres, thermomètres, etc.). Les alliages dans lesquels entre le mercure s'appellent *amalgames.*

L'*argent*, l'or alliés au cuivre servent à la fabrication des monnaies et des divers bijoux. Certains objets formés d'un alliage de cuivre sont recouverts d'une mince couche d'argent ou d'or, qui les protège de l'oxydation et leur donne un aspect agréable à l'œil.

Le *platine* est employé dans les laboratoires pour faire divers instruments. Les cornues servant à la concentration de l'acide sulfurique sont en platine. L'industrie automobile, les lampes à incandescence utilisent une certaine quantité de ce métal.

Mais l'action la plus remarquable du platine est celle qu'il possède sous la forme pulvérulente : *mousse de platine.* Cette masse poreuse possède la curieuse propriété de condenser les gaz et de provoquer des combinaisons. Un jet d'hydrogène ou de gaz d'éclairage arrivant sur la mousse de platine s'enflamme spontanément. Quand on fait passer sur de la mousse de platine un mélange d'oxygène et de gaz sulfureux secs, il y a combinaison des deux gaz et formation d'anhydride sulfurique. Au lieu d'employer la mousse de platine, on emploie l'*amiante platinée*, c'est-à-dire imprégnée de platine précipité. On traduit ces faits en disant que la mousse de platine possède des propriétés *catalyques ;* c'est un *catalyseur.*

RÉSUMÉ

1. On range parmi les métaux tout corps qui, en se combinant à l'oxygène, donne au moins un composé pouvant jouer le rôle de base.

2. Sauf le mercure, liquide, les métaux sont solides à la température ordinaire; ils prennent un éclat dit métallique quand ils sont polis; ils sont bons conducteurs de la chaleur et de l'électricité. Quelques-uns sont colorés, la plupart ont une couleur blanche tirant sur le bleu ou sur le gris. Tous sont fusibles à une température plus ou moins élevée. Quelques-uns, zinc, mercure, plomb, sont volatils aux températures réalisées par l'industrie.

3. Les principales propriétés mécaniques des métaux sont :

a) La *malléabilité*, propriété de se laisser réduire en feuilles minces par laminage ou par battage. L'or, l'argent, le cuivre, le fer sont malléables;

b) La *ductilité*, propriété de s'étirer en fils fins à la filière;

c) La *ténacité*, caractérisée par la charge nécessaire à la rupture d'un fil de 1 m/m² de section;

d) La *dureté :* un corps plus dur qu'un autre raye cet autre;

e) Les métaux travaillés au laminoir ou à la filière deviennent cassants, ils s'*écrouissent* ; on leur rend leurs propriétés par le *recuit*.

4. A part l'argent, l'or, le platine, les métaux s'oxydent à l'air à une température plus ou moins élevée,

L'aluminium, l'étain, le nickel sont inaltérables à l'air humide à la température ordinaire ; les autres métaux s'oxydent. Le cuivre, le zinc, le plomb s'oxydent superficiellement ; la couche d'oxyde formée protège la masse du métal. Pour le fer, l'oxydation peut atteindre toute la masse.

Pour préserver le fer de l'oxydation, on le recouvre d'une couche imperméable qui intercepte l'arrivée de l'air (peinture à l'huile, plombagine, etc.). On peut aussi recouvrir le fer d'une couche de cuivre, de zinc, d'étain, de nickel.

5. L'eau chargée de matières minérales peut séjourner dans des conduites en plomb ; l'eau pure dissout assez de plomb pour provoquer à la longue des accidents plus ou moins graves.

Les acides organiques attaquent le cuivre, le plomb, le zinc et forment des composés toxiques. On doit étamer le cuivre des ustensiles de cuisine et proscrire le zinc et le plomb dans ces ustensiles.

6. Les *alliages* sont constitués par l'union de deux ou plusieurs métaux fondus ensemble. On obtient ainsi une modification des propriétés physiques et mécaniques de ces métaux,

Les propriétés des alliages ne sont pas toujours intermédiaires entre celles des métaux constituants.

On considère les alliages comme une véritable combinaison des métaux constituants, combinaison dissoute dans un excès de l'un d'eux.

Les métaux usuels entrent dans de nombreux alliages : maillechort, laiton, bronze, alliages des monnaies et d'orfèvrerie, bronze d'aluminium, plomb de chasse, alliage des caractères d'imprimerie, ferro-nickel, etc.

EXERCICES

Quelles sont les propriétés distinctives entre les métaux et les métalloïdes ? Prenez pour exemples le soufre et le charbon d'une part ; le fer et le zinc de l'autre. — Énumérez les métaux que vous connaissez et faites connaître pour chacun la couleur, la densité, le point de fusion. — Citez des métaux volatils aux températures réalisées industriellement. — Citez des exemples de métaux malléables et donnez des applications de la malléabilité. — Même question pour la ductilité, la ténacité. — Qu'appelez-vous corps plus dur qu'un autre ? — Montrez qu'un corps peut être très dur et très fragile. Indiquez des métaux durs, des métaux mous, des métaux dont la dureté est intermédiaire entre les

deux catégories précédentes. — Comment obtient-on la tôle de fer, le fil de fer?
— En quoi consiste l'écrouissage? — Pourquoi, dans l'étirage du fer en fils
fins, est-on obligé à plusieurs reprises de faire recuire le métal? — Justifiez
l'utilité des alliages. Exemples. — Les propriétés physiques des alliages sont-
elles toujours intermédiaires entre les propriétés des métaux constituants?

Quelle est l'action de l'air humide sur les divers métaux usuels? — Qu'appelle-
t-on fer étamé, fer galvanisé, fer-blanc, fer cuivré, fer nickelé? — Quel est le
rôle des métaux dont on recouvre le fer? — Comment procède-t-on à l'étamage,
à la galvanisation, au cuivrage, au nickelage? — Donnez des exemples d'objets
en fer ou en fonte ayant subi l'une ou l'autre des préparations précédentes. —
Pourquoi est-il prudent d'étamer les ustensiles de cuisine en cuivre? — En quoi
sont faits les seaux ordinaires, les bassines de cuisine, les baignoires, les lessi-
veuses? — Serait-il prudent de faire cuire des confitures, par exemple, dans
une bassine en tôle galvanisée? — Doit-on laisser séjourner des aliments dans
des ustensiles en cuivre non étamé? — Dans votre région, l'eau est-elle chargée de calcaire? — Peut-on établir pour cette eau des canalisations de notable
longueur en plomb? — Citez des alliages dans lesquels entrent les différents
métaux usuels. — Donnez des exemples d'application des métaux usuels et de
leurs alliages.

18e LEÇON

COMPOSÉS NATURELS DU CALCIUM

MATÉRIEL : Calcaire cristallisé. — Marbre blanc, marbre ordinaire, — Calcaire lithographique. — Calcaire ordinaire, pierre à chaux. — Craie, blanc de
Meudon, acide chlorhydrique. — Eaux de chaux. — Eau de savon. — Appareil
producteur de CO². — Solution d'oxalate d'ammonium, solution alcoolique
fraîche de campêche. — Chaux vive, chaux hydraulique, ciments. — Gypse.
— Plâtre. — Pièce de monnaie et soucoupe pour le moulage. — Chaux vive.
Chaux hydraulique. — Ciment.

Revoir : *Phosphate de calcium* (p. 104).

Notions générales.

202. Les composés du calcium sont abondants dans la nature. Le
carbonate de calcium ou *calcaire* est le plus répandu. Dans certains terrains, ce carbonate est associé à du carbonate de magnésium; ce mélange porte le nom de *dolomie.* Dans d'autres terrains, le calcaire est
associé à l'argile : on a alors la *marne.*

Nous avons étudié précédemment les *phosphates de calcium* (13e leçon).

Dans l'eau de la mer, on trouve du *sulfate de calcium* (1 kilogramme
par mètre cube environ). Ce sulfate est l'origine des gisements de
gypse actuellement exploités.

Enfin, on connaît aussi le *fluorure de calcium*, qui, traité par l'acide
sulfurique, donne l'acide fluorhydrique, lequel réagit sur le verre.
L'acide fluorhydrique est employé dans la gravure sur verre.

Dans cette leçon nous parlerons du carbonate de calcium ou calcaire et du sulfate de calcium ou plâtre.

Fig. 85. — Carrière de gypse . abatage par étages.

Sulfate de calcium ou plâtre (SO⁴ Ca).

203. *Etat naturel. Préparation.* — Le sulfate de calcium existe dans l'eau de mer, qui en renferme près de 1 kilogramme par mètre cube. Au cours des périodes géologiques, des lagunes, des mers fermées, venant à se dessécher et à disparaître, ont laissé en dépôt les divers sels qu'elles contenaient. Le gisement le plus remarquable à ce point de vue est celui de Stassfurt, dont nous avons déjà parlé, où les différents sels se sont déposés dans l'ordre de leur solubilité.

En France, à l'époque dite tertiaire, le bassin de Paris était occupé par une vaste mer. À la suite de mouvements du sol, cette mer se trouva isolée et devint un grand lac salé, dont les eaux en s'évaporant ont laissé déposer d'importantes couches de sulfate de calcium hydraté ou *gypse* (*fig.* 85). Ce sulfate de calcium est exploité dans la région parisienne. Les collines des environs de Paris, Montmartre, Argenteuil, etc., renferment des assises de gypse qui atteignent 30 mètres d'épaisseur.

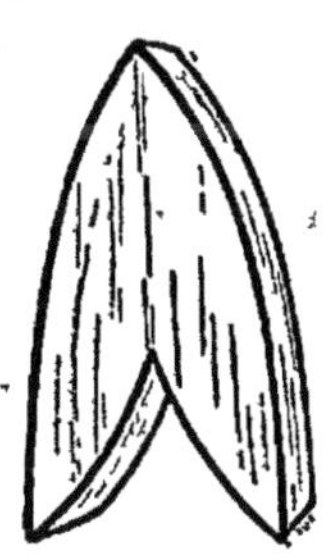

Fig. 86. — Gypse
fer de lance.

Le gypse, ou plâtre, a pour formule $SO^4 Ca + 2H^2 O$. Il se rencontre généralement en masses cristallines d'un blanc jaunâtre et dont la cassure ressemble à celle du sucre (gypse saccharoïde). On trouve assez souvent le gypse en tablettes transparentes, minces, groupées de façon à présenter l'aspect d'un fer de lance (gypse fer de lance) [*fig.* 86].

Expérience. Chauffer sur une allumette enflammée une lamelle de gypse fer de lance. La partie chauffée perd sa transparence, devient blanche et se réduit, quand on la presse entre les doigts, en une poudre blanche qui est du *plâtre* ou *sulfate de calcium.*

Cette expérience montre en petit le procédé de préparation du plâtre : il suffit de chauffer le gypse pour lui faire perdre son eau de cristallisation. Une température supérieure à 120° suffit. Il ne faut pas dépasser 180°, car le plâtre perdrait sa propriété essentielle : celle de *faire prise* avec l'eau.

L'opération s'effectue dans des fours dont il existe de nombreux modèles. La figure 87 représente un four continu.

204. *Propriétés et usages du plâtre.* — Expériences. I. Dans un verre d'eau, jeter quelques pincées de plâtre. Agiter et filtrer. Le liquide sort incolore du filtre. Verser dans ce liquide une solution de chlorure de *baryum.* Il se forme un précipité blanc de sulfate de baryum, corps insoluble dans l'eau. L'eau avait donc dissous du plâtre. A la température ordinaire, 1 litre d'eau peut dissoudre 2 grammes de plâtre. Ceci nous explique que les eaux ayant traversé des terrains où il y a du gypse soient assez chargées de plâtre pour être improprès à la consommation. Elle ne dissolvent pas le savon et ne cuisent pas les légumes. On les appelle *eaux séléniteuses.*

Notons en passant que *la solution de chlorure de baryum permet de reconnaître la présence d'acide sulfurique ou d'un sulfate en dissolution.* C'est le *réactif* de ces corps.

II. Verser peu à peu du plâtre dans l'eau, de façon à obtenir une pâte semi-fluide. Au bout de quelque temps, cette pâte a pris une consistance solide. C'est que le plâtre s'est à nouveau hydraté et les cristaux formés à la suite de cette hydratation s'enchevêtrent les uns dans les autres en une masse résistante. L'opération précédente s'appelle le *gâchage.* La solidification ou *prise* du plâtre est très rapide, ce qui explique qu'on ne doit gâcher que de petites quantités de plâtre à la fois.

Le plâtre ne fait prise qu'une fois avec l'eau ; de vieux plâtras calcinés, par exemple, ne pourraient être utilisés à nouveau. Il faut de plus, pour que le plâtre prenne, qu'il n'ait pas été porté à une température supérieure à 180°.

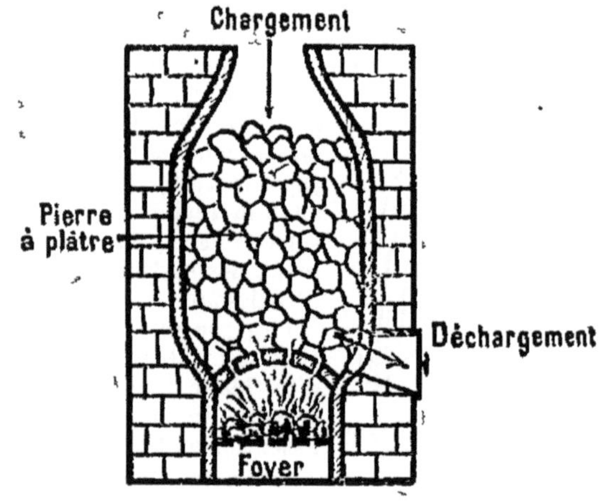

Fig. 87. — Four à plâtre continu, — Le gypse, versé par l'orifice supérieur, est cuit par la chaleur du foyer; on le défourne par l'ouverture latérale.

On conçoit que ce produit doive être conservé à l'abri de l'humidité. A l'air humide, il perd ses qualités, il s'évente.

Le plâtre est employé dans les constructions pour le revêtement intérieur des murs, des plafonds.

Quand on le gâche avec une solution chaude de colle forte, il devient très dur et susceptible d'être poli. En y incorporant des matières colorantes, qui se distribuent irrégulièrement dans la masse, on a le *stuc,* qui présente l'apparence du marbre et qui est employé dans la décoration intérieure des appartements.

III. Dans une soucoupe, placer une pièce de monnaie qu'on a légèrement enduite d'huile. Verser sur cette pièce du plâtre gâché avec de l'eau. Quand le plâtre a fait prise, on retire facilement la pièce. Les plus fins détails sont reproduits sur le plâtre. On a un *moule* de la pièce. La prise du plâtre est accompagnée d'une augmentation de volume, ce qui explique que les détails soient si nettement reproduits.

Cette expérience rend compte de l'emploi de cette matière pour le *moulage.*

Plâtrage des vins. Les vins renferment quelquefois une trop grande quantité de tartre. Ce tartre, peu soluble, reste en suspension, et le vin ne s'éclaircit pas. On précipite le tartre au moyen du plâtre. Le tartre est un tartrate acide de potassium; il donne avec le plâtre du tartrate de calcium insoluble et du sulfate de potassium. Le sulfate de potassium reste dans le vin. La loi tolère par litre 2 grammes de sulfate de potassium. On reconnaît qu'un vin renferme du plâtre en y ajoutant du chlorure de baryum.

Plâtrage des terres. L'expérience célèbre de Franklin (*fig.* 88) montre que le plâtre répandu sur le sol favorise le développement des plantes de la famille des *légumineuses;* d'où son emploi pour activer la végétation dans les prairies artificielles.

D'après les travaux de Dehérain, le mode d'action du plâtre serait le suivant : la potasse se trouve retenue à l'état de carbonate dans les couches superficielles du sol. Le plâtre a pour effet de transformer ce carbonate en sulfate; ce dernier sel, soluble, descend dans les couches profondes et est absorbé par les racines des légumineuses. En définitive, *le plâtre a pour rôle de mobiliser la potasse du sol, de la faire passer des couches superficielles dans les couches profondes.*

Fig. 88. — Le plâtre active la végétation.

Carbonate de calcium (CO³ Ca).

205. *État naturel.* — Le carbonate de calcium est un des plus abondants parmi les corps qu'on trouve à l'état naturel.

1° A l'état *cristallisé*, il constitue le **spath d'Islande** et l'**aragonite**.

2° **Calcaire saccharoïde et marbres.** Les variétés non cristallisées portent le nom de *calcaires*. Le calcaire saccharoïde ou marbre blanc est formé de cristaux enchevêtrés, ce qui donne à sa cassure l'aspect du sucre : d'où son nom. Ce marbre très estimé est employé par la sculpture : c'est le *marbre statuaire.*

Les *marbres* sont des calcaires colorés par des matières étrangères, des oxydes métalliques le plus souvent, disséminés irrégulièrement dans la masse, de façon à former des veines d'aspects très variés. Les marbres sont utilisés dans l'ornementation.

3° **Le calcaire lithographique,** susceptible d'un beau poli, sert à reproduire des dessins. On dessine sur la pierre au moyen d'une encre grasse spéciale ; on fait ensuite agir un acide qui attaque le calcaire et laisse les dessins en relief (*fig.* 89).

4° Les nombreuses variétés de **calcaire commun** sont utilisées comme pierre à bâtir, pierre de taille, pierre à chaux. Outre ce cal-caire, qu'on trouve à l'état de roche com-pacte, il faut men-tionner le calcaire qui, à l'état pulvéru-lent, entre dans la constitution des ter-res arables.

5° La **craie** consti-tue des amas impor-tants dans le bassin parisien. C'est un cal-caire blanc, friable, qui laisse une trace lorsqu'on le frotte sur un corps dur. On con-naît encore ce cal-caire sous le nom de

Fig. 89. — Pierre lithographique prête à être mordue par l'acide.

blanc d'Espagne, *blanc de Meudon*. La craie est constituée par l'amon-cellement de carapaces calcaires de petits animaux microscopiques.

206. *Propriétés des calcaires*. — Expériences. I. Dans un verre, jeter un fragment quelconque de calcaire, puis ajouter un acide étendu d'eau : il y a effervescence et dégagement d'un gaz qui est du gaz carbonique.

II. Nous avons montré que la craie chauffée perd du gaz carbonique et se transforme en chaux. Cette propriété est, ainsi que la précé-dente, commune à tous les calcaires.

III. Faire barboter le gaz carbonique dans de l'eau de chaux : il se forme un précipité blanc. Séparer le liquide en deux portions. Fil-trer la première : le liquide passe incolore ; cependant ce liquide donne des grumeaux avec l'eau de savon et précipite en blanc sous l'action de l'oxalate d'ammonium ; une solution alcoolique de *bois de campêche* prend à son contact une belle couleur rosée ; c'est que ce liquide renferme du carbonate de calcium dissous.

Dans la deuxième portion, continuons à faire barboter du gaz car-bonique : le précipité disparaît et le liquide redevient limpide. Ce gaz carbonique s'est fixé sur le carbonate pour donner le bicarbonate *soluble* $(CO^2)^2 H^2 Ca$.

Cette dernière expérience explique plusieurs faits naturels :

1° Les eaux ayant traversé des terrains calcaires sont souvent char-gées de carbonate de calcium, au point qu'elles sont impropres à la cuisson des légumes et au savonnage (eaux *crues*) ;

2° Dans les terrains où le gaz carbonique se dégage par les fissures du sol, les eaux se chargent de ce gaz et dissolvent des quantités considérables de calcaire. Quand ces eaux arrivent à l'air, le gaz carbonique se dégage en partie, et du calcaire se dépose. On a alors les *fontaines incrustantes* ou *pétrifiantes*, dont le plus beau type en France est la fontaine de Saint-Allyre, près Clermont-Ferrand. Ce calcaire peut constituer des masses compactes qu'on désigne sous le nom de *tufs* ou de *travertins*. Ex. : travertin de Sézanne, près Reims.

Au lieu de couler à l'air libre, si l'eau chargée de gaz carbonique vient suinter à travers les fissures du plafond d'une grotte, le calcaire se déposant peu à peu finit par constituer une colonne qui s'allonge vers le bas (*fig.* 91). Des gouttes d'eau arrivant sur le sol y abandonnent encore du calcaire, et il se constitue une colonne qui s'accroît vers le haut. Ces colonnes, dites *stalactites*, *stalagmites*, finissent par se rencontrer. Leur formation est analogue à celle des glaçons que l'on voit l'hiver se former au bord des toitures;

3° L'eau, surtout lorsqu'elle est chargée de gaz carbonique, finit par dissoudre sur son passage les terrains calcaires qu'elle traverse et y creuse des gorges, des grottes profondes (gorges du Tarn, dans les Causses, par exemple).

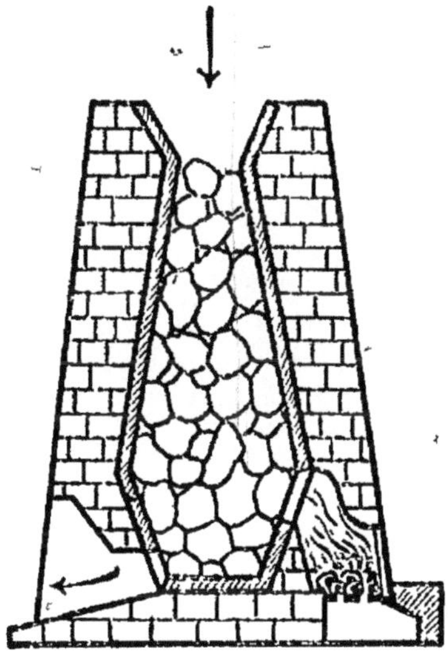

Chaux.

207. *Chaux vive* $= CaO$. — L'expérience que nous avons rappelée plus haut (n° 206, II) nous montre comment on peut transformer en chaux le carbonate de calcium.

Industriellement, l'opération s'effectue dans des *fours à chaux*. Il en existe divers systèmes; les plus économiques sont les *fours continus*. Dans le four que représente la figure 90, les parois sont en briques réfractaires; on chauffe par un foyer latéral. Le calcaire est introduit par la partie supérieure et la chaux est retirée par une ouverture latérale inférieure. On n'éteint le four que lorsque des réparations sont nécessaires. Le combustible est généralement du coke.

Fig. 90. — Four à chaux continu. — La pierre à chaux est calcinée par le foyer et retirée par l'ouverture placée à gauche de la figure.

Actuellement on recueille les gaz qui s'échappent du four à chaux; on en retire le gaz carbonique, qu'on liquéfie ou qu'on utilise dans diverses industries (sucreries, usines à soude, Solvay, etc.).

La chaux vive est infusible aux températures ordinairement réa-

Fig. 91. — Stalactites et stalagmites.

lisées dans l'industrie ; elle ne fond qu'à la température du four électrique : d'où son emploi pour la fabrication des creusets réfractaires..

208. *Chaux éteinte* = Ca (OH)². — EXPÉRIENCE. Sur quelques morceaux de chaux vive placés dans une assiette, verser peu à peu de
l'eau. On constate que la masse s'échauffe, l'eau est en partie transformée en vapeur ; la chaux se fendille et tombe en poussière en aug-
mentant notablement de volume (*fig.* 92 et 93). On dit qu'elle *foisonne*.
Il y a combinaison de la chaux vive et de l'eau, et formation d'hydrate de calcium Ca (OH)² appelé *chaux éteinte*. La chaux se délaye
dans l'eau pour donner un *lait de chaux*. Filtré, le lait de chaux fournit un liquide clair, *l'eau de chaux*, qui renferme en dissolution 1 g. 2 de chaux par livre environ. Nous nous sommes servis souvent de l'eau de chaux pour reconnaître la présence du gaz carbonique.

Fig. 92 et 93. — La chaux, en s'éteignant, se gonfle et se fendille : 1, morceau de chaux ; 2, même morceau lorsque la chaux est éteinte.

209. *Chaux hydraulique. Ciments.* — Quand on calcine du calcaire mélangé d'une certaine proportion d'argile,
on obtient des produits qui *font prise*, c'est-à-dire qui durcissent
rapidement au contact de l'eau. Ces produits portent le nom de
chaux hydrauliques s'ils renferment 10 à 30 pour 100 d'argile ; quand
la proportion d'argile est plus considérable, on a des *ciments*. Les
ciments de Vassy (Yonne), de Boulogne, de Portland (Angleterre)
sont les plus connus.

210. *Usages des chaux.* — **Dans l'industrie.** Les chaux ordinaires
sont utilisées dans un certain nombre d'industries ; pour se rappeler le rôle de la chaux, on se reportera aux chapitres correspondants.

Citons : la préparation de l'ammoniaque et des sels ammoniacaux,
de la soude et de la potasse caustique, l'industrie du sucre, de la
soude par le procédé Solvay, des chlorures décolorants. Nous verrons plus tard que la chaux est réduite par le charbon dans le *four
électrique* et que le charbon s'unit au calcium pour donner le *carbure
de calcium*.

En agriculture. Les terres pauvres en calcaire sont peu fertiles.
On accroît la fertilité du sol en incorporant de la chaux à la terre
arable.

La chaux vive est placée en petits tas sur le sol à chauler. Ces tas
sont recouverts de terre. La chaux absorbe l'humidité, *s'éteint* et se

transforme en poudre impalpable que l'on répand sur le terrain. Elle s'incorpore au sol par les labours.

L'action de la chaux est assez complexe. Dans les terres acides, tourbeuses, par exemple, elle supprime l'acidité qui s'opposait à la nitrification.

Dans tous les sols, la chaux désagrège la matière organique et rend disponible l'azote. Or, quand les plantes assimilent une quantité plus considérable d'azote, elles absorbent aussi plus de potasse et d'acide phosphorique. *Le chaulage produit une utilisation plus rapide et plus intense des éléments nutritifs du sol*, mais en conséquence le sol s'épuise plus vite. *Le chaulage ne doit donc être appliqué que sur les terres riches en azote organique et en potasse.*

Le lait de chaux est encore employé comme *antiseptique*. On en blanchit les murs des étables, on en badigeonne les arbres fruitiers pour détruire les larves d'insectes qui peuvent être logées dans les crevasses de l'écorce.

Dans les constructions. La plus grande partie des chaux est utilisée dans les constructions. Les chaux ordinaires sont employées dans les constructions aériennes; c'est pourquoi on les appelle aussi *chaux aériennes*. La *chaux grasse* est blanche, très pure, et forme avec l'eau une pâte liante; la *chaux maigre* est grise; elle renferme diverses impuretés et forme une pâte peu liante.

Un mélange de chaux éteinte et de sable, formant une sorte de pâte, constitue un *mortier*. Cette pâte sert à lier les unes aux autres les pierres employées dans la construction. Le mortier durcit d'abord par évaporation de l'eau qu'il contient, ensuite en absorbant le gaz carbonique de l'air; la chaux se trouve ainsi transformée à nouveau en carbonate de calcium qui adhère fortement aux matériaux de construction. Si on employait la chaux seule, elle se fendillerait en se desséchant; le sable a pour but d'éviter ce fendillement.

Les chaux hydrauliques et les ciments sont utilisés dans les constructions sous l'eau. Le principe du durcissement de ces produits au contact de l'eau est le suivant: pendant la cuisson, l'argile ou silicate d'aluminium hydraté a perdu son eau, des réactions assez complexes se produisent, donnant lieu à la formation de silicate de calcium, d'aluminate de calcium anhydres, par combinaison de la silice, de l'alumine et de la chaux. Ces produits anhydres s'hydratent au contact de l'eau et se prennent en une masse qui durcit plus ou moins rapidement.

On fait des mortiers hydrauliques comme des mortiers aériens. Les ciments sont généralement employés seuls.

En mélangeant à la chaux hydraulique des cailloux, de petites pierres, on a du *béton*. Le béton forme des fondations solides et imperméables dans les terrains humides. Les piles des ponts reposent sur des couches de béton. En plaçant dans les bétons un treillis de barres de fer, on obtient le *béton armé*. On obtient de même le ciment armé au moyen d'un béton de ciment.

RÉSUMÉ

1. Le *sulfate de calcium* (SO⁴Ca) existe dans l'eau de mer; on le trouve à l'état de *gypse* en importants gisements à Stassfurt et, en France, dans les environs de Paris. Le gypse, ou pierre à plâtre, est du sulfate de calcium hydraté.

2. Le gypse est transformé en *plâtre* par calcination dans les fours à plâtre; la température à laquelle on opère est comprise entre 120° et 180°.

3. Le plâtre est un peu soluble dans l'eau (2 grammes par litre). L'eau chargée de plâtre est dite *séléniteuse*.

Le plâtre délayé avec l'eau durcit rapidement; on ne doit en *gâcher* que de petites quantités à la fois. Gâché avec de la colle, il constitue le *stuc*.

4. Le plâtre est utilisé dans les constructions, pour le moulage, pour clarifier les vins. En agriculture, il favorise le développement des légumineuses; son rôle consiste à *mobiliser la potasse du sol, à la faire passer des couches superficielles dans les couches profondes.*

5. Le *carbonate de calcium* se présente à l'état cristallisé (spath d'Islande et aragonite) ou à l'état non cristallisé; il constitue alors les diverses variétés de *calcaire :* marbre blanc, marbre ordinaire, pierre lithographique, calcaire commun, craie.

6. Les propriétés caractéristiques du calcaire sont les suivantes :

a) Avec un acide, il y a effervescence et dégagement de gaz carbonique;

b) Sous l'action de la chaleur, le gaz carbonique se dégage et il se forme de la chaux.

7. Le calcaire est peu soluble dans l'eau. La solubilité est plus grande dans l'eau chargée de gaz carbonique, car il se forme du *bicarbonate de calcium* (CO³)²H²Ca, plus soluble que le carbonate.

Cette solubilité du calcaire dans l'eau chargée de gaz carbonique explique la formation des gorges ou cañons, des stalactites et des stalagmites, des tufs et des travertins, ainsi que l'action des fontaines pétrifiantes.

8. La *chaux vive* ou oxyde de calcium (CaO) s'obtient en calcinant le calcaire dans les *fours à chaux.*

La chaux vive s'unit à l'eau et forme la chaux éteinte Ca(OH)². Celle-ci se délaye dans l'eau pour donner un *lait de chaux.* Le lait de chaux filtré permet d'obtenir l'*eau de chaux.*

La chaux absorbe le gaz carbonique pour se transformer en carbonate de calcium.

En calcinant le calcaire avec de l'argile, on obtient les *chaux hydrauliques* ou les *ciments*.

9. La chaux est utilisée dans un grand nombre d'opérations industrielles; en agriculture, on l'incorpore à la terre arable quand le sol manque de calcaire (chaulage). Le lait de chaux peut servir comme antiseptique.

Dans les constructions *aériennes*, la chaux éteinte additionnée de sable donne les mortiers utilisés pour réunir les matériaux.

Les chaux hydrauliques et les ciments sont utilisés pour les constructions sous l'eau.

EXERCICES

Quelle est l'origine du plâtre? — Quelle est la constitution du gypse? — Où trouve-t-on du gypse en France? — Comment avec le gypse obtient-on le plâtre? — Le plâtre est-il soluble dans l'eau? — Comment peut-on reconnaître la présence du plâtre dans l'eau? — Qu'est-ce que gâcher le plâtre? — Justifiez l'usage du plâtre pour le moulage, pour la clarification des vins. Rôle du plâtre en agriculture? — Citez diverses variétés de calcaire. — Comment pouvez-vous distinguer le marbre blanc du gypse saccharoïde? — Quelles sont les propriétés caractéristiques du calcaire? — Comment pourriez-vous distinguer le calcaire lithographique de certaines pierres siliceuses qui lui ressemblent? — Montrez comment la solubilité du calcaire dans l'eau chargée de gaz carbonique peut permettre d'expliquer la formation de grottes, de cañons, de stalactites, de stalagmites, etc.? — Comment obtient-on la chaux ordinaire? — Qu'est-ce que la chaux hydraulique, le ciment? — Y a-t-il des fours à chaux dans la région? Les décrire. D'où provient la pierre qu'ils utilisent? — Comment obtient-on le mortier, le béton? — Expliquez le rôle du mortier dans les constructions aériennes, du ciment ou de la chaux hydraulique dans les constructions sous l'eau? — Rôle de la chaux en agriculture comme amendement. — Usages industriels de la chaux.

19ᵉ LEÇON

FER, FONTE, ACIER.

MATÉRIEL : Minerais de fer. — Scories de déphosphoration. — Objets en fonte, en acier. — Lame d'acier (morceau de ressort de montre), aiguille à tricoter. — Aimant. — Bobine d'électro-aimant et piles. — Clous. — Limaille de fer. — Sulfate de fer. — Tanin ou noix de galle concassée.

Minerais de fer.

211. Le fer se rencontre rarement dans la nature à l'état pur (état natif); il est généralement combiné à divers autres corps. Quoique très abondant, il n'existe pas toujours en quantité suffisante dans les

roches pour être traité économiquement. Les roches susceptibles d'être traitées pour l'extraction du fer constituent les *minerais* de ce métal. Ce sont des oxydes, du carbonate ou du sulfure de fer (pyrite).

1° **Oxyde magnétique, Fe³O⁴.** C'est le plus riche et le plus pur des minerais de fer. On le rencontre surtout en Suède et en Norvège.

En Algérie, un gisement important se rencontre à 200 kilomètres de Bône; une montagne, le Djebel Ouenza, est pour ainsi dire une montagne de fer. La production actuelle de l'Algérie dépasse 500 000 tonnes, mais elle atteindra facilement un million de tonnes quand les voies de communication seront plus développées. Ce minerai renferme 63 pour 100 de fer.

2° **Sesquioxyde anhydre, Fe²O³.** Ce minerai est abondant dans l'île d'Elbe et en Espagne. Cristallisé, il constitue le *fer oligiste;* amorphe, c'est l'*hématite* ou *ocre rouge.*

3° **Sesquioxyde hydraté.** On l'appelle encore *hématite brune* ou *limonite.* Ce minerai constitue le riche gisement de la Lorraine et de la Champagne, dont la production représente plus des 4/5 de la production totale en France.

4° **Carbonate de fer ou fer spathique,** abondant en Allemagne, en Autriche. On l'appelle fer « spathique » parce qu'il cristallise comme le carbonate de calcium ou spath d'Islande.

5° **Pyrites.** Les pyrites sont un bisulfure de fer Fe S². Elles sont utilisées pour l'extraction du soufre. Le produit du grillage est un oxyde de fer qu'on emploie aujourd'hui en métallurgie.

Métallurgie.

212. En ce qui concerne le fer, le traitement chimique aboutit à la préparation de la *fonte;* l'affinage donne les *fers du commerce.* A la préparation des fers du commerce se rattache la fabrication des *aciers.*

Traitement mécanique. Le minerai subit d'abord un *triage* à la main qui permet de séparer les parties riches des parties pauvres. Il est ensuite *concassé* en morceaux plus ou moins gros. On termine par un *lavage,* qui entraîne une partie des matières terreuses de moindre densité.

Traitement chimique. Haut fourneau. Quand le minerai est à l'état de carbonate, par calcination dans la partie supérieure du haut fourneau même, il est transformé en oxyde.

On utilise aussi l'oxyde provenant du grillage des pyrites.

En définitive, on a à traiter de l'oxyde de fer. Cet oxyde est réduit par le charbon, ou mieux par l'oxyde de carbone. Mais l'oxyde de fer est mélangé de matières étrangères qui constituent la *gangue.* La gangue est généralement argileuse, et si on agissait sans précaution, elle se combinerait au fer pour former un silicate de fer fusible; il y aurait perte de fer. On ajoute au minerai un *fondant* calcaire; ce fondant forme avec la gangue un silicate double d'aluminium et de

Fig. 94. — Vue d'ensemble des hauts fourneaux du Creusot (Saône-et-Loire).

calcium-fusible, qui constitue les scories. Mais ce silicate fond à une température élevée, à laquelle le fer dissout du carbone et donne de la *fonte*.

L'opération s'effectue dans un *haut fourneau*.

La figure 94 représente une vue d'ensemble des hauts fourneaux du Creusot et la figure 95 le schéma d'un haut fourneau. Nous n'étudierons pas les réactions qui se produisent dans le haut fourneau; nous ne nous occuperons que des fontes et de leurs transformations.

Fontes.

213. La fonte est le produit brut du haut fourneau. Elle est formée de fer renfermant 2 à 5 pour 100 de carbone. Elle contient toujours

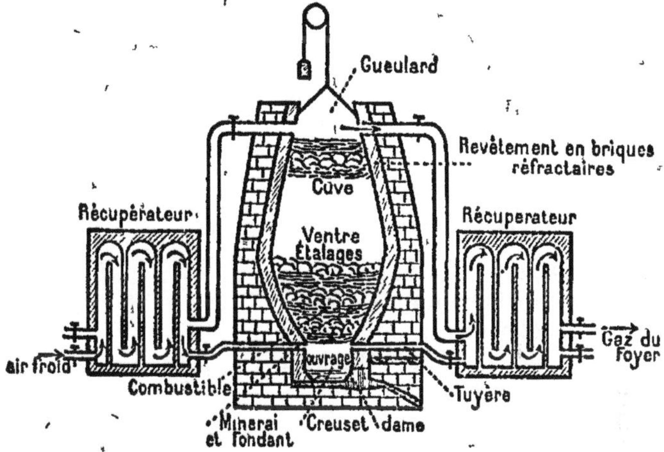

Fig. 95. — Schéma d'un haut fourneau avec les *récupérateurs* de chaleur. Les récupérateurs sont des chambres en briques qu'on fait traverser alternativement par les gaz s'échappant du gueulard. L'une des chambres (celle de droite dans la figure) s'échauffe. Dans l'autre, qui a été échauffée auparavant, on fait passer l'air froid qui va être envoyé dans le haut fourneau.

du silicium, et parfois du phosphore et du soufre. On y rencontre aussi du manganèse. La nature de la fonte et son aspect sont très variables, suivant la température à laquelle le fer a été porté. On divise les fontes en deux types : les *fontes blanches* et les *fontes grises*.

Fonte blanche. C'est la plus fusible (1 100°). Le carbone s'y trouve combiné (Fe^3C). C'est une véritable dissolution de ce carbure dans un excès de fer. Traitée par l'acide chlorhydrique, elle se dissout en donnant un dégagement d'hydrogène mélangé de carbure. La fonte blanche est utilisée pour la préparation du fer et de l'acier; elle se produit par *refroidissement brusque* de la fonte en fusion. Son poids spécifique est 7,6 environ.

Fonte grise. Elle se produit lorsqu'on laisse refroidir *lentement* la fonte du haut fourneau. Son poids spécifique est 6,9. Elle fond à 1200°. Traitée par les acides, elle laisse dégager de l'hydrogène, et la majeure partie de son carbone se dépose sous forme de graphite. La fonte grise *renferme donc du carbone non combiné*. Elle se laisse travailler à la lime et au burin; lorsqu'elle est fondue, elle est fluide et se prête au moulage. En se solidifiant, elle augmente de volume et prend fidèlement les empruntes du moule. La présence du silicium favorise la formation de la fonte grise.

La fonte grise est surtout employée pour le moulage. Le modèle est fait en creux dans un sable spécial. On construit d'abord en bois le modèle à reproduire, puis on place ce modèle dans un châssis où l'on tasse fortement le sable. On enlève ensuite le modèle, puis on coule la fonte liquide dans le moule. Celui-ci peut être formé soit d'une seule partie, soit de deux ou plusieurs parties. Quand la pièce à mouler est de grandes dimensions, on utilise pour le moulage la fonte à la sortie du haut fourneau; pour les objets délicats, on procède à une deuxième fusion de la fonte dans de petits fours verticaux ou *cubilots*.

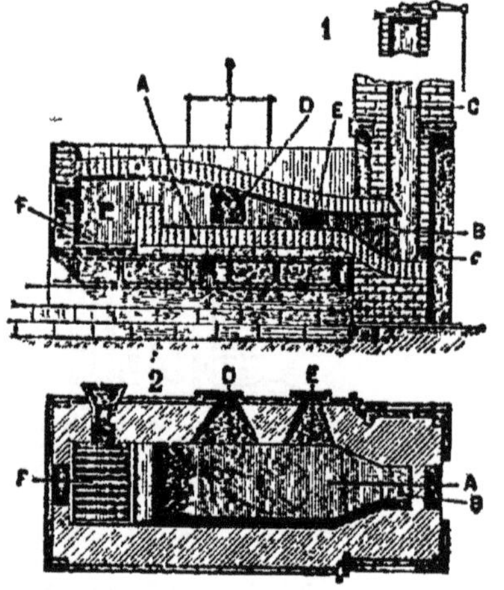

Fig. 96. — Puddlage : 1, coupe verticale d'un four à puddler. — 2, coupe horizontale : A, sole; B, plan incliné; C, cheminée; D, E, portes ou regards; F, grille; c, ouverture pour la sortie des scories.

Affinage de la fonte.
Fer (Fe = 56).

214. *Puddlage.* — L'affinage de la fonte et sa transformation en fer se nomment *puddlage;* ces opérations se font au *four à puddler.* C'est un four à réverbère (*fig.* 96) dont la sole A reçoit les matières à traiter; les matières sont chauffées par la flamme d'un foyer latéral F. On évite ainsi le contact du métal avec le combustible; la houille étant toujours plus ou moins pyriteuse, si on la mettait au contact de la fonte, on introduirait du soufre dans le métal. Sur la sole on place la fonte à traiter, à laquelle on ajoute des ferrailles et de l'oxyde de fer qui se détache lorsqu'on frappe avec le marteau le fer rouge : *oxyde des battitures.* On ajoute aussi un *fondant* calcaire. La fonte entre en fusion; le silicium s'oxyde d'abord et la silice se combine au fondant pour former un silicate fusible. Puis le charbon brûle aussi, réduisant l'oxyde des battitures. A mesure que la masse se décarbure, sa fluidité diminue. On brasse énergiquement par les portes latérales; on réunit le fer en masses spongieuses ou *loupes* qu'on porte sous le *marteau-pilon* pour chasser la scorie. Le fer obtenu est ensuite réduit en barres par le *laminoir*.

Aciers.

215. Les aciers sont des produits intermédiaires entre les fontes et le fer; leur teneur en carbone varie de 0,5 à 1,5 pour 100.

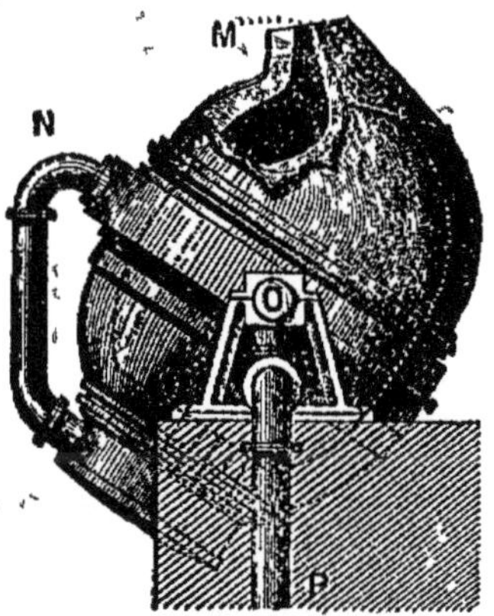

Fig. 97. — Cornue ou convertisseur Bessemer : M, col de la cornue; O, axe de rotation; P, conduit d'arrivée de l'air; N, tuyau amenant l'air dans la chambre à vent.

Pour préparer les aciers, on peut : 1° carburer le fer. C'est ce qu'on fait dans le procédé dit *cémentation*, qui consiste à chauffer au rouge des barres de fer séparées par du poussier de charbon.

2° Décarburer partiellement la fonte. Dans le procédé Bessemer, la fonte en fusion est traitée dans une cornue ou *convertisseur* (*fig.* 97). On fait traverser la masse fondue par un violent courant d'air qui brûle le carbone. Quand la fonte est décarburée, on ajoute de la fonte dont la teneur en carbone est connue. La quantité de fonte à ajouter est calculée d'après la proportion de carbone que l'on veut avoir dans l'acier.

Dans le procédé Siemens-Martin, on fond dans un four à réverbère chauffé par un gazogène des quantités convenables de fonte, de déchets de fer et d'oxyde de fer (*fig.* 98).

Les minerais de fer renferment fréquemment du phosphore : ce corps se retrouve dans les aciers, qu'il rend cassants. Aujourd'hui, on traite les fontes phosphoreuses dans des cornues ou des fours dont les parois sont des briques de chaux et de magnésie (fours basiques). La fonte à traiter est, de plus, additionnée de chaux. Le phosphore se combine à la chaux et à la magnésie et passe dans les scories à l'état

Fig. 98. — Four Siemens : La fonte est placée sur la sole S. On voit en A les récupérateurs de chaleur. Quand les récupérateurs de droite, par exemple, ont été échauffés par les gaz du foyer, on y fait passer l'air destiné à la combustion. Les gaz du foyer échauffent les récupérateurs de gauche et inversement. Le gaz combustible est fourni par des gazogènes.

de phosphates complexes. Ces scories pulvérisées sont utilisées par l'agriculture sous le nom de *scories de déphosphoration, scories Thomas,* du nom de l'inventeur du procédé.

Fig. 99. — Ouverture d'un haut fourneau et coulée de la fonte.

Fig. 100. — Déversement des scories en fusion du convertisseur Thomas dans le wagonnet transporteur.

Propriétés des fers et des aciers.

216. Le fer est un métal d'un blanc grisâtre lorsqu'il est poli. Il fond vers 1 500°. A une température inférieure à son point de fusion, il possède la propriété de se souder à lui-même (blanc soudant). Au rouge, il commence à se ramollir et on peut le forger.

Le fer est *malléable* et ductile.

A l'*air sec*, le fer ne s'oxyde pas à la température ordinaire, mais, porté au blanc, il brûle dans l'oxygène ou dans l'air avec de brillantes étincelles. Le produit de la combustion est l'oxyde magnétique Fe^3O^4.

A l'*air humide*, le fer s'oxyde facilement; il se recouvre d'une couche de rouille ou sesquioxyde hydraté. A la longue, l'oxydation peut être complète; tout le fer se transforme en rouille, d'où la nécessité de recouvrir le fer d'une substance qui le protège du contact de l'air. On emploie de la plombagine, de la vaseline, des matières grasses, des peintures, ou bien on dépose à la surface du fer une mince couche d'un métal peu oxydable : étain (fer étamé), zinc (fer galvanisé), nickel (fer nickelé), cuivre.

Le fer agit sur les acides en donnant le sel correspondant et un dégagement d'hydrogène. Le chlore gazeux ou l'eau régale le transforment en chlorure ferrique; le soufre donne du sulfure de fer à chaud (Voir *Acides, Soufre, Chlore*).

Il y a tous les intermédiaires entre les fers et les aciers. Les aciers ordinaires renferment du fer et du carbone. Lorsqu'ils renferment plus de 0,5 pour 100 de carbone, ce sont les aciers *durs*. Ceux-ci se distinguent par deux propriétés importantes :

1° *L'acier subit la trempe.* Casser en deux une aiguille à tricoter, chauffer les deux morceaux au rouge, en faire refroidir un lentement à l'air et jeter l'autre dans de l'eau. Le premier morceau se plie comme du fer, peut se travailler à la lime; le second est devenu dur : la lime ne mord plus sa surface; il est, par contre, cassant. Lorsque l'acier est en lame mince, par la trempe il devient très élastique (ressorts de montre, de pendule).

Par le recuit, on diminue la fragilité de l'acier. Le recuit consiste à réchauffer l'acier trempé jusqu'à une température de 200° à 300° et à le laisser refroidir lentement.

2° *L'acier est magnétique.* Placé dans un champ magnétique, l'acier s'aimante et conserve son aimantation quand le champ magnétique cesse d'agir.

Le fer s'aimante aussi dans un champ magnétique, mais son aimantation cesse quand on supprime le champ.

On verra, en physique, qu'on obtient un champ magnétique intense en faisant passer un courant électrique dans une bobine. Si, dans l'axe de cette bobine, on place un barreau ou une aiguille d'acier, ce barreau ou cette aiguille devient un aimant permanent.

Au contraire, si on place dans l'axe de la bobine un barreau de fer doux, on a un *électro-aimant*.

Expériences. I. Aimanter avec un aimant ordinaire un morceau de fer doux (clou ordinaire) ou un morceau d'acier (plume à écrire, couteau, aiguille à tricoter, etc.).

II. Faire passer le courant de deux ou trois piles dans une bobine. Placer dans l'axe de cette bobine : *a)* un clou, *b)* une demi-aiguille à tricoter. Constater que l'acier reste aimanté quand le courant cesse de passer; que le fer, aimanté quand le courant passe, cesse d'être aimanté quand le courant est interrompu.

Les aciers durs servent surtout pour faire les instruments tranchants destinés au travail du bois et des métaux. L'industrie utilise les aciers à faible teneur en carbone (aciers doux), dont les propriétés se rapprochent du fer. Ces aciers servent à fabriquer les rails de chemins de fer, les tôles des chaudières, les plaques de blindage, les canons, les fusils, les essieux des locomotives et des wagons, etc.

Aciers spéciaux. Ce sont des aciers dans lesquels, outre le carbone, on a incorporé d'autres métaux qui donnent à ces aciers des propriété spéciales. Citons les aciers au chrome, très durs. Ces aciers se préparent au four électrique.

PRINCIPAUX COMPOSÉS USUELS DES MÉTAUX
Sulfate de fer (SO^4Fe).

247. Préparation et propriétés. Le sulfate de fer s'obtient en faisant agir l'acide sulfurique sur des déchets de fer ou encore en exposant à l'air des pyrites préalablement grillées.

C'est un solide cristallisant en cristaux d'un beau vert, d'où le nom de *vitriol vert* qui lui est donné. La formule de ces cristaux est $SO^4Fe + 7H^2O$. Sous l'action de la chaleur, ces cristaux deviennent anhydres, blancs, puis se décomposent au rouge.

Le résidu Fe^2O^3 est une poudre rouge appelée *colcothar* ou rouge d'Angleterre, employée pour le polissage des métaux. Le sulfate ferreux s'oxyde à l'air, surtout lorsqu'il est en dissolution, et se transforme en sulfate ferrique $(SO^4)^3Fe^2$.

Le sulfate ferreux est un *antiseptique* et un *désinfectant*. (Voir, n° 132, l'action du sulfate ferreux sur l'hydrogène sulfuré.)

Expérience. Jeter dans de l'eau bouillante du tanin ou de la noix de galle concassée. Filtrer le liquide et y ajouter une solution de sulfate ferreux. Le liquide prend une teinte noire qui augmente par exposition à l'air.

Cette expérience montre pourquoi le sulfate ferreux est utilisé en teinture et pour la fabrication de l'encre ordinaire.

Sulfate de cuivre (SO^4Cu).

C'est le composé du cuivre le plus important dans la pratique.

248. Préparation. En faisant agir *à chaud* l'acide sulfurique concentré sur le cuivre, on obtient une solution de sulfate de cuivre; on utilise dans ce but les résidus du travail du cuivre. L'industrie prépare encore le sulfate de cuivre par grillage des pyrites cuivreuses, qui renferment du sulfure de cuivre CuS.

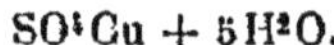

Fig. 101. — Pulvérisateur.

Le sulfate de cuivre cristallise en beaux cristaux bleus, de formule

$$SO^4Cu + 5H^2O.$$

Chauffés au delà de 200°, ces cristaux se déshydratent et deviennent blancs. Au contact de l'eau, le sulfate s'hydrate de nouveau et bleuit. Ce sel est soluble dans l'eau. On l'appelle encore *vitriol bleu*.

La solution de sulfate de cuivre, soumise à l'électrolyse, permet d'obtenir le cuivre électrolytique ou de recouvrir de cuivre un objet plongé dans cette solution. (Voir galvanoplastie, cuivrage galvanique.)

Le sulfate de cuivre est un antiseptique. Expérience. Dans une solution de sulfate de cuivre, verser une solution de potasse ou de soude; il se forme un précipité blanc bleuâtre d'hydrate cuivrique $Cu(OH)^2$.

Cet hydrate, projeté sur les feuilles de la vigne, empêche le développement des spores des champignons qui produisent la maladie connue sous le nom de *midew* ou mildiou (*fig.*101 et 102).

Quand on précipite l'hydrate cuivrique par la soude, on obtient la bouillie bourguignonne (au lieu de soude caustique, on emploie le carbonate de soude). Mais on peut prendre de la chaux au lieu de la soude : on a alors la bouillie bordelaise.

Ces bouillies sont aussi utilisées pour combattre un champignon qui produit la maladie de la pomme de terre.

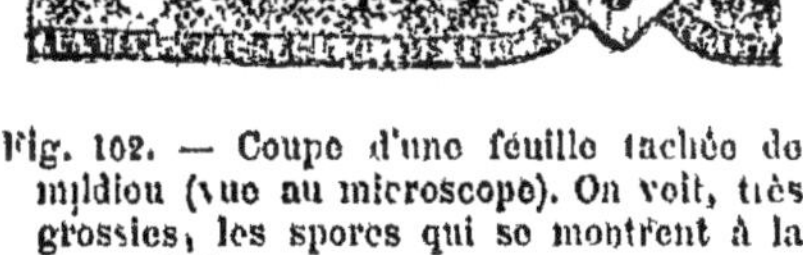

Fig. 102. — Coupe d'une feuille tachée de mildiou (vue au microscope). On voit, très grossies, les spores qui se montrent à la face inférieure.

Le sulfate de cuivre est un antiseptique. Il détruit les germes des fermentations et des maladies contagieuses.

Composés usuels du plomb.

219. Massicot ou litharge (PbO). Le plomb fondu maintenu dans un courant d'air s'oxyde et donne le *massicot*, oxyde de plomb pulvérulent et de couleur jaunâtre. Le massicot fondu se solidifie en aiguilles de couleur rougeâtre. Sous cette forme, l'oxyde de plomb porte le nom de *litharge*.

La litharge se dissout dans les acides pour donner le sel de plomb correspondant. En particulier, elle se combine à l'acide acétique pour donner l'acétate de plomb, qui sert à préparer la céruse.

Minium (Pb³O⁴). La litharge chauffée à 400° dans un courant d'air s'oxyde et se transforme en une poudre rouge écarlate très dense, insoluble dans l'eau. Cette poudre est le *minium*, Pb^3O^4.

Le minium est utilisé comme matière colorante rouge; broyé avec de l'huile, il constitue la peinture rouge dont on recouvre les objets en fer avant d'appliquer une autre couche de peinture de couleur différente.

Le minium sert aussi à la fabrication du *cristal*, des vernis ou couvertes de poteries.

Céruse. On désigne sous le nom de *céruse* un corps blanc constitué par l'union du carbonate de plomb CO_3Pb et de l'hydrate d'oxyde de plomb $Pb(OH)_2$. La céruse s'obtient en traitant par l'acide acétique un excès de litharge et en faisant passer dans le liquide obtenu un courant de gaz carbonique.

La céruse broyée avec de l'huile est utilisée en peinture. Elle *couvre* bien, mais elle noircit par l'hydrogène sulfuré (formation de sulfure de plomb). De plus, ses poussières, absorbées par les ouvriers, causent des intoxications. On la remplace par l'oxyde de zinc.

Oxyde de zinc (Zn O).

220. Préparation et propriétés. — EXPÉRIENCE. Dans un feu bien ardent, jeter une lame de zinc; on voit se produire des fumées blanches qui sont de l'*oxyde de zinc*.

Industriellement, on procède de même. On chauffe le zinc dans des cornues en terre réfractaire; le métal est volatilisé, et ses vapeurs s'enflamment dans l'air à la sortie des cornues. Les flocons d'oxyde de zinc traversent une série de chambres dans lesquelles ils se déposent.

L'oxyde de zinc ou *blanc de zinc* est un corps blanc, floconneux. Broyé avec de l'huile, il donne une peinture blanche qui peut remplacer la peinture à la *céruse*.

Le blanc de zinc n'est pas toxique pour les peintres comme la céruse; la peinture au blanc de zinc ne noircit pas sous l'action de l'hydrogène sulfuré.

Composés usuels de l'aluminium.

221. Alumine (Al_2O_3). L'*alumine* (Al_2O_3) est très répandue dans la nature. À l'état cristallisé, elle constitue des pierres précieuses très recherchées : c'est le *corindon*. Le corindon, coloré en jaune, s'appelle topaze orientale; en bleu, saphir; en rouge, rubis.

On a pu reconstituer des corindons, des saphirs, des rubis artificiels identiques aux pierres précieuses naturelles.

L'alumine pulvérisée sert à préparer l'*émeri*, qui est utilisé pour le polissage des métaux (papier, toile d'émeri), pour la gravure sur verre (moules à émeri).

La *bauxite*, qui forme un important filon en Provence, est de l'alumine hydratée impure.

Après avoir été purifiée, l'alumine provenant de la bauxite est employée comme matière première pour la fabrication de l'*aluminium*.

Alun ordinaire. L'alun ordinaire (*fig.* 103) est un sulfate double de potassium et d'aluminium.

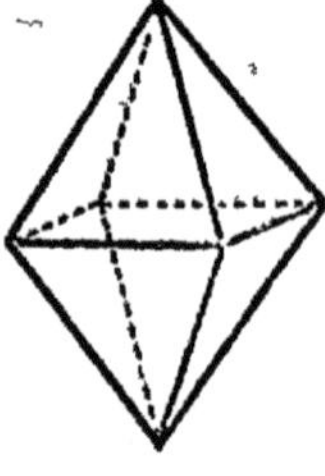

Fig. 103 — L'alun cristallise sous la forme d'un octaèdre régulier.

Chauffé, il perd son eau de cristallisation, se boursoufle et donne l'alun calciné, qu'on utilise en pulvérisations pour détruire les membranes qui se forment dans certaines maladies de la gorge.

L'alun est soluble dans l'eau, surtout à chaud. C'est un *astringent*, c'est-à-dire qu'il produit le resserrement des tissus. Il est employé en teinture.

L'alun forme avec les matières albuminoïdes des combinaisons imputrescibles : d'où son emploi pour la conservation des peaux.

Composés usuels des métaux précieux.

222. Composés usuels du mercure. Les deux composés usuels du mercure sont le chlorure mercureux ou *calomel* (Hg^2Cl^2) et le bichlorure ou *sublimé* ($HgCl^2$). Le premier est employé comme purgatif, à la dose de 30 à 60 centigrammes pour un adulte. A dose élevée, c'est un poison. *Le sublimé est un poison violent;* une dose de 15 centigrammes peut être mortelle pour un adulte. C'est un *antiseptique* puissant; une solution à 1/4000 (1 gramme dans 4 litres d'eau) détruit les germes des bactéries qui causent les maladies contagieuses.

223. Azotate d'argent (AzO^3Ag). L'azotate d'argent, appelé encore *pierre infernale,* est obtenu par action de l'acide azotique sur l'argent. C'est un *caustique* employé en médecine. Sa solution, traitée par le bromure de potassium, donne un composé insoluble, le bromure d'argent, qui, incorporé à la gélatine, sert à la préparation des plaques et de certains papiers photographiques.

224. Chlorure d'or ($AuCl^3$). Le chlorure d'or est obtenu en traitant l'or par *l'eau régale.* C'est un corps jaune, soluble dans l'eau, employé en photographie. Il sert à obtenir la plupart des autres composés de l'or.

RÉSUMÉ

1. Les principaux minerais de fer sont l'*oxyde magnétique* Fe^3O^4 (Suède, Algérie) ; le *sesquioxyde anhydre* Fe^2O^3 ou fer oligiste ou hématite rouge ; le *sesquioxyde hydraté* ou hématite brune; le *carbonate de fer* ou fer spathique, et accessoirement les pyrites.

2. Le minerai subit d'abord un traitement mécanique : il est trié, concassé, lavé pour séparer les parties les plus pauvres et les matières terreuses.

3. Le traitement chimique se fait au *haut fourneau.* Le minerai est réduit par le charbon ou mieux par l'oxyde de carbone qui provient de l'action de l'air sur le charbon en excès.

Le minerai a été additionné de *fondant,* généralement calcaire (les impuretés, gangue du minerai, étant constituées le plus souvent par de l'argile). Ce calcaire forme avec l'argile de la gangue un silicate double d'aluminium et de calcium; ce silicate fond et constitue les *scories.*

4. Le fer provenant de la réduction du minerai se combine à une petite quantité de charbon et donne la *fonte* qui coule dans le creuset.

Les fontes renferment 2 à 5 pour 100 de carbone. La *fonte blanche* est utilisée pour la production du fer et de l'acier. La *fonte grise* renferme du carbone non combiné; elle est utilisée pour le moulage.

Pour obtenir le *fer doux*, on décarbure la fonte dans un four à puddler.

5. Les *aciers* sont des intermédiaires entre le fer et la fonte; ils renferment de 0,50 à 1,5 de carbone.

On peut les préparer :

a) Par carburation du fer : aciers de cémentation;

b) Par le procédé Bessemer : on décarbure complètement la fonte traitée et on ajoute un poids déterminé de fonte dont la teneur en carbone est connue;

c) Par le procédé Martin : la fonte subit la fusion sur la sole d'un four spécial et est additionnée d'oxyde des battitures, de minerai et de vieilles ferrailles qui produisent une décarburation incomplète.

6. Les fontes phosphoreuses sont traitées dans des fours dont les parois sont en briques de chaux et de magnésie (fours basiques). Les scories obtenues sont les *scories de déphosphoration*, utilisées en agriculture.

7. Le fer fond vers 1 500°; il subit la fusion pâteuse. Au rouge, il se ramollit et peut être forgé; au blanc, il se soude à lui-même.

Il est *magnétique*, mais l'aimantation cesse lorsqu'il n'est plus soumis à l'action d'un champ magnétique.

Il brûle dans l'air sec au rouge blanc; il s'oxyde à l'air humide à la température ordinaire.

Le fer se combine au soufre, au chlore, aux acides.

8. Il y a tous les intermédiaires entre les fers et les aciers. Les aciers placés dans un champ magnétique s'aimantent et conservent l'aimantation quand ils sont soustraits à l'action du champ.

Les aciers subissent la *trempe*. Chauffés au rouge sombre et refroidis brusquement, ils deviennent très durs, mais cassants; on diminue leur fragilité par le *recuit*.

EXERCICES

Quels sont les principaux minerais de fer? — Quels sont les pays riches en minerai de fer? (Les classer par ordre d'importance de la production.) — Quelles sont en France les régions productrices de minerai de fer? — Principe de la fabrication de la fonte. — Différentes sortes de fontes. — Comment transforme-t-on la fonte en fer ? — Quelle différence y a-t-il entre la fonte, le fer, l'acier ? — Comment s'obtiennent les aciers du commerce : *a)* par cémentation; *b)* par le procédé Bessemer; *c)* par le procédé Siemens-Martin? — Comment s'obtiennent les scories de déphosphoration ?

20° LEÇON

PÉTROLES. — GAZ D'ÉCLAIRAGE. — ACÉTYLÈNE

Matériel : Huile de pétrole et essence. — Farine. — Sucre ordinaire. — Appareil (*fig.* 105). — Sciure de bois et appareil (*fig.* 108). La poudre de liège obtenue en râpant un bouchon donne de bons résultats pour cette expérience. — Houille grasse. — Coke. — Charbon des cornues. — Goudron. — Benzine. — Eaux ammoniacales provenant d'une usine à gaz. — Mélange pour l'épuration chimique et crud ammoniac. — Carbure de calcium. — Appareil (*fig.* 111) pour préparer l'acétylène. — Lanterne de bicyclette à acétylène. — Si une mare existe à proximité, on pourra recueillir le méthane, comme le montre la figure 112. — On visitera une usine à gaz s'il y en a une dans le voisinage. — Lampe à essence lampe Pigeon).

225. Constitution de la matière organisée. — Les matières qui constituent la substance des êtres vivants, ainsi que celles qui sont le produit de leur activité, sont des mélanges de corps ayant des propriétés bien définies et qu'on peut isoler assez facilement.

On sait, par exemple, que de la betterave, de la canne à sucre, on retire le sucre ordinaire. Dans les fruits sucrés existe un sucre particulier, le *glucose;* ce sucre forme la poudre blanche bien connue à la surface des pruneaux, des figues, des fruits secs.

Expérience. — Avec de la farine, faire une pâte assez ferme et homogène. Laisser reposer une heure, puis sur la masse qu'on triture avec les doigts, faire couler un filet d'eau (*fig.* 104). Recueillir l'eau de lavage dans un vase. Il se dépose une substance pulvérulente entraînée par l'eau: c'est l'amidon employé par les repasseuses, et il reste entre les doigts une substance grise appelée gluten.

Fig. 104. — Moyen de séparer le gluten de l'amidon.

226. La matière organique renferme du carbone et de l'hydrogène. — Expérience. Dans un tube à essais je chauffe un morceau de sucre (*fig.* 103). Je fais passer les gaz qui se dégagent dans un tube refroidi. De l'eau se condense dans le tube. Dans le tube à essais, il ne reste plus que du charbon brillant et poreux. Donc le sucre renfermait du charbon et de l'hydrogène.

Toutes les matières organiques renferment du carbone et de l'hydrogène. La plupart renferment de l'oxygène, et l'azote entre dans la constitution d'un certain nombre.

Divers produits retirés des végétaux ne sont composés que de carbone et d'hydrogène. Exemples : l'essence de térébenthine, le caoutchouc. Ce sont des *carbures d'hydrogène*. On connaît aussi des carbures d'hydrogène naturels, pétroles, dont on ignore l'origine et d'autres carbures obtenus industriellement. Parmi ceux-ci, nous parlerons seulement des produits de la distillation de la houille et de l'acétylène.

Pétroles.

227. *État naturel, composition.* — Aux États-Unis et en Russie, dans la région du Caucase, on trouve des liquides combustibles désignés sous le nom de *pétroles*. Ces liquides se rencontrent dans le sol à des profondeurs variables, enfermés dans des poches. Ils forment généralement une couche huileuse surmontant de

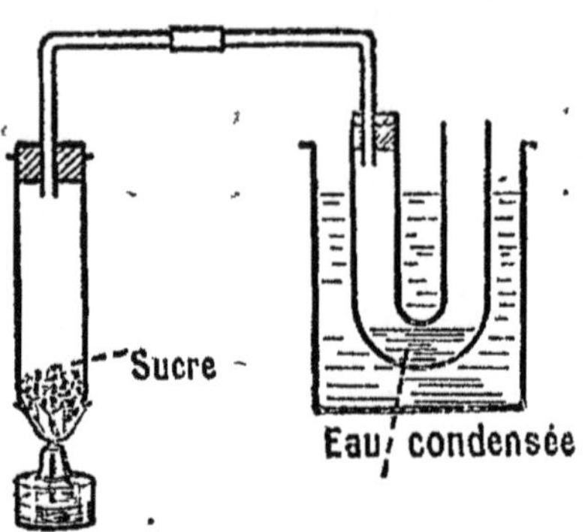

Fig. 105. — Le sucre chauffé laisse dégager de la vapeur d'eau.

l'eau salée ; au-dessus du pétrole, des gaz combustibles exercent une forte pression.

Pour extraire le pétrole, on fore des puits jusqu'à la couche liquide. Quelquefois, sous la pression des gaz, et lorsque le puits atteint la couche d'huile, le pétrole jaillit à la surface du sol, au moins dans les débuts (*fig.* 106). Le plus souvent, on est obligé de faire monter le liquide à l'aide de pompes. La profondeur des puits peut dépasser 600 mètres.

Tous les pétroles ne sont pas identiques ; leur composition est très variable ; mais, en définitive, ce sont des mélanges complexes de carbures d'hydrogène.

La production du pétrole brut atteint en moyenne 28 millions de tonnes, dont 17 millions pour les États-Unis et 7 millions pour la Russie.

228 *Distillation des pétroles.* — Les pétroles d'Amérique sont un mélange de carbures d'hydrogène à points d'ébullition différents. On les soumet à la distillation dans de grandes chaudières :

1° A une température inférieure à 70° distillent les carbures gazeux, utilisés pour le chauffage des appareils, et un liquide léger ($d = 0,65$), très volatif, appelé *éther de pétrole*. Cet éther difficilement solidifiable a permis à M. Claude de réaliser le graissage de ses appareils à liquéfier l'air. C'est un *dissolvant* employé dans l'industrie ;

2° L'*essence de pétrole* passe de 70° à 120°. Sa densité varie de 0,7 à 0,75. C'est un liquide mobile, très volatif et qu'il faut (comme l'éther d'ailleurs) manier loin de toute flamme.

EXPÉRIENCE. Dans une petite soucoupe, verser de l'essence de pétrole et approcher une allumette enflammée : l'essence s'enflamme avant que l'allumette touche le liquide.

L'essence est utilisée dans des lampes dont la flamme est assez éloignée du réservoir. Le réservoir est muni d'une éponge qui s'imbibe d'essence; lorsqu'on renverse la lampe, l'essence ne s'écoule que lentement du récipient.

Le mélange d'essence et d'air *détone ;* aussi la consommation la plus importante de ce liquide, à l'heure actuelle, est due à son emploi dans les *moteurs|à essence.* La vapeur d'essence, préalablement mélangée d'air dans un appareil spécial appelé *carburateur,* est admise dans un cylindre, où on l'enflamme. Les gaz provenant de l'explosion font mouvoir un piston.

Enfin, l'essence de pétrole est un *dissolvant* des graisses, du caoutchouc et des autres carbures solides.

Il est à remarquer que les carbures d'hydrogène, *insolubles dans l'eau,* se dissolvent réciproquement. Les pétroles bruts ne sont d'ailleurs qu'une dissolution complexe de tous ces carbures.

3° L'*huile de pétrole du commerce* passe à la distillation entre 120° et 300°. Sa densité varie de 0,75 à 0,82. C'est un liquide huileux, peu volatil, insoluble dans l'eau. Il est surtout utilisé pour l'éclairage dans des lampes dont la mèche est surmontée d'une cheminée de verre qui assure le tirage et le renouvellement de l'air.

L'huile de pétrole ne s'enflamme pas aussi facilement que l'essence.

Expériences. I. Dans une soucoupe, verser de l'huile de pétrole et approcher une allumette enflammée : le pétrole ne s'enflamme pas, même au contact de l'allumette. Chauffer légèrement la soucoupe : l'inflammation se produit même à quelque distance de la flamme de l'allumette.

II. Enflammer de l'essence dans une soucoupe, verser de l'eau, constater ce qui se passe. Éteindre l'essence en couvrant la soucoupe d'un morceau de drap.

Il faut être très prudent dans le maniement du pétrole. Quand on a mis le feu dans ce liquide, il faut se garder de jeter de l'eau pour l'éteindre; le pétrole, moins dense que l'eau, resterait à la surface; l'eau servirait même à propager l'incendie. Il faut jeter sur le feu des cendres, des matières terreuses et absorbantes, des couvertures épaisses qui interceptent l'arrivée de l'air. — La même remarque est à faire à propos de l'essence (*fig.* 107).

4° Les *huiles lourdes* passent de 300° à 400°. Leur densité est comprise entre 0,82 et 0,92. Abandonnées au refroidissement, elles laissent déposer la *paraffine,* mélange de carbures solides à la température ordinaire. C'est une belle substance blanche, qui a l'aspect de la cire. Sa composition n'est pas définie; son point d'ébullition varie entre 50° et 75°, suivant les carbures qui la constituent. C'est le meilleur isolant que l'on connaisse pour l'électricité.

La paraffine est séparée par compression; le liquide qui s'écoule constitue l'huile de graissage des machines. L'huile minérale ne rancit pas, n'attaque pas les organes en cuivre comme les huiles végé-

Fig. 106. — Puits de pétrole jaillissant, à Bakou.

tales; de plus, le point d'ébullition de l'huile à graisser étant élevé, cette huile est précieuse pour l'industrie, car les machines à vapeur modernes utilisent la vapeur saturée jusqu'à 193°, et la vapeur surchauffée à 350°. A ces températures, les huiles végétales seraient décomposées.

La *vaseline* est une graisse minérale semi-fluide à la température ordinaire; elle est formée d'un mélange de carbures solides et de

Fig. 107. — Extinction du feu par l'application d'un veston sur la flamme.

carbures liquides. Après décoloration par le noir animal, elle est utilisée en médecine comme lubréfiant.

8° Après avoir obtenu les huiles lourdes, il reste dans la chaudière des *goudrons* qu'on distille dans des cornues portées au rouge.

Par cette nouvelle distillation, on obtient des produits analogues aux précédents. Le résidu est une sorte de coke employé comme combustible.

Les *pétroles du Caucase* se traitent comme les pétroles d'Amérique, mais ils ne renferment pas de paraffine.

229. Bitumes. Schistes bitumeux. — Les bitumes sont des roches noires, molles, combustibles. Mélangés à des calcaires, les bitumes forment l'*asphalte* utilisé pour les trottoirs. Les *schistes bitumeux* se rencontrent en France dans le voisinage d'Autun, dans l'étage géologique appelé *permien*. Distillés, ils fournissent les mêmes produits que les pétroles.

Gaz d'éclairage.

230. *Produits retirés de la distillation de la houille.* — EXPÉRIENCE. Dans un tube à essais (*fig.* 108), chauffer de la sciure de bois. On voit se dégager des vapeurs à odeur pénétrante ; elles sont surtout constituées par de la vapeur d'eau, comme on s'en assure en les recevant sur une assiette froide. Au bout de quelque temps, les produits qui se dégagent par le tube effilé brûlent avec une flamme éclairante : ce sont des gaz combustibles. Au fond du tube, quand le dégagement cesse, on a un charbon poreux : c'est du charbon de bois. Enfin, contre les parois du tube qui n'ont pas été chauffées, se sont déposées des gouttelettes rousses de goudron.

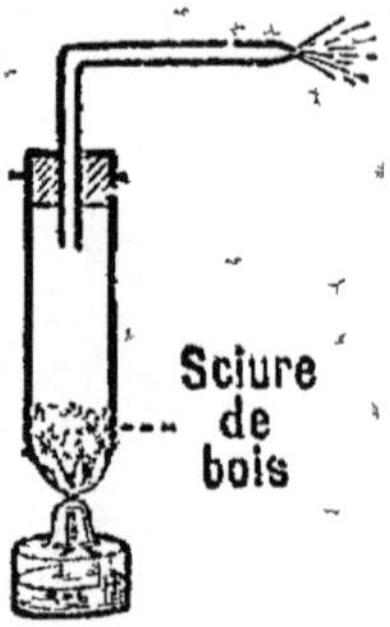

La distillation du bois en vase clos a donc donné des produits gazeux combustibles, des produits liquides (goudron) et du charbon de bois.

Industrie. Dans l'industrie, on se propose d'obtenir et de recueillir les gaz combustibles qui constituent le gaz d'éclairage. On distille, non du bois, mais de la houille. On utilise la *houille grasse*, qu'on place dans des *cornues* en terre réfractaire. Comme dans l'expérience précédente, les produits de la distillation comprennent :

Sciure de bois

Fig. 108. — Appareil de laboratoire pour la fabrication du gaz d'éclairage.

a) Des gaz combustibles dont le mélange constitue le gaz d'éclairage ;

b) Des produits gazeux à la température de distillation, mais qui sont liquides à la température ordinaire. La constitution de ces produits est fort complexe.

On peut les partager en deux groupes :

1° Les *goudrons*, noirs, visqueux, que nous étudierons plus tard ;

2° Les *eaux ammoniacales*, d'où l'on retire actuellement la presque totalité de l'ammoniaque du commerce.

c) Dans la cornue, il reste du *coke*, et sur les parois de la cornue se dépose un charbon dur, compact : le *charbon des cornues*.

231. *Épuration du gaz.* — Au sortir des cornues, le gaz combustible entraîne les goudrons, les eaux ammoniacales. Il renferme aussi de l'hydrogène sulfuré provenant de la combinaison de l'hydrogène et du soufre qui se trouve toujours dans la houille, en quantité plus ou moins grande. L'épuration physique débarrasse le gaz des goudrons et des eaux ammoniacales ; l'épuration chimique enlève l'hydrogène sulfuré.

232. *Composition et usages du gaz.* — La composition du gaz d'éclairage est très variable, suivant la nature de la houille, la température, la durée du chauffage. On trouve en moyenne, dans 100 volumes de gaz, 50 volumes d'hydrogène, 8 d'oxyde de carbone, 1 à 2 d'anhydride carbonique, 35 de *méthane;* 4 à 5 volumes sont formés par le mélange de divers *carbures d'hydrogène,* éthylène C^2H^4, acétylène C^2H^2, benzène C^6H^6. La densité moyenne du gaz d'éclairage est 0,4. *En raison de l'oxyde de carbone qu'il renferme, il est dangereux à respirer et peut causer des asphyxies.* 1 volume de gaz exige, pour sa combustion complète, environ 6 volumes d'air; 1 gramme de gaz en brûlant dégage 10500 calories.

Lorsque le gaz est mélangé d'une quantité d'air suffisante, il brûle avec explosion, tout comme l'hydrogène. *Quand on s'aperçoit d'une fuite de gaz dans un appartement, il faut éviter d'y pénétrer avec une flamme;* on doit aérer énergiquement, jusqu'à ce que l'odeur caractéristique du gaz ait disparu.

EXPÉRIENCE. Remplir une éprouvette de gaz d'éclairage et approcher une allumette à l'orifice. Le gaz brûle et il y a dépôt de charbon dans l'éprouvette. Ceci est un fait général. Chaque

Fig. 109. — Becs à éclairage par le gaz. — A, bec papillon. Le gaz s'échappe par une fente étroite et donne une flamme étalée ayant la forme du papillon. — B, bec Auer.

fois qu'on fait brûler un carbure d'hydrogène en présence d'une quantité d'air insuffisante, l'hydrogène brûle d'abord, et il y a dépôt de carbone. Dans les appareils à éclairage, le gaz s'échappe par des trous fins ou par une fente étroite (*fig.* 109); le jet gazeux se trouve ainsi en contact avec l'air par sa surface extérieure. Dans cette région, la combustion est complète et, à l'intérieur du jet, les particules de charbon sont portées à l'incandescence : d'où une flamme éclairante. Dans le bec Bengel, le gaz s'échappe par une série de trous disposés suivant une couronne circulaire. Pour activer le renouvellement de l'air, on surmonte le bec d'une sorte de cheminée en verre. Quand on veut obtenir une flamme *très chaude,* mais *non éclairante,* on mélange le gaz et l'air nécessaire à la combustion; alors, pour éviter les explosions dangereuses, le mélange est fait tout près de l'endroit où se produit la flamme. C'est ce qu'on réalise dans le bec Bunsen.

Dans tous les appareils de chauffage au gaz, on brûle le gaz dans des brûleurs plus ou moins analogues au bec Bunsen des laboratoires.

En bouchant l'orifice par lequel entre l'air, on passe de la flamme chaude à la flamme éclairante.

Dans l'*éclairage par incandescence* (*fig.* 110), on fait arriver la flamme d'un bec Bunsen sur un manchon en fil de coton imprégné de sels de métaux rares. Dans les manchons primitifs, inventés par l'Allemand Auer, le manchon était imprégné d'oxyde de thorium (99 pour 100) et de cérium (1 pour 100). Le support brûle, mais les matières solides conservent assez de rigidité pour maintenir la forme du tissu. Ces matières solides sont portées à l'incandescence par la flamme chaude du gaz, et on obtient une lumière plus économique que dans les becs Bengel.

Enfin, en produisant dans un cylindre où se meut un piston l'explosion d'un mélange convenable de gaz et d'air, les gaz provenant de la combustion poussent le piston dans le corps de la pompe. C'est là le principe des moteurs à explosion.

233. *Goudrons de houille.* — Les *goudrons de houille* sont des liquides noirs, visqueux, à odeur aromatique spéciale, insolubles dans l'eau. On les retire de la distillation de la houille dans la préparation du gaz d'éclairage.

Ces goudrons sont un mélange complexe de carbures d'hydrogène, de corps appelées *phénols*, et de dérivés ammoniacaux.

Les goudrons sont employés tels quels pour enduire les bois qui servent de clôture, pour préparer des cartons imperméables, pour fabriquer de l'asphalte.

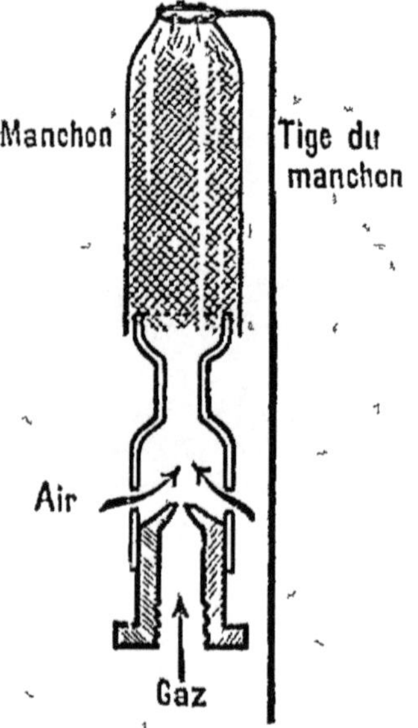

Fig. 110. — Schéma d'un brûleur pour bec à incandescence.

Mais la plus grande partie des goudrons est soumise à la distillation dans de grandes chaudières en tôle chauffées à feu nu. On fait trois fractionnements :

1º A une température inférieure à 140º passent les *huiles légères;*

2º De 140º à 200º, on a les *huiles moyennes;*

3º Au-dessus de 200º, passent les *huiles lourdes;*

4º On chauffe jusqu'à 350º; le résidu de la distillation est le *brai,* de consistance pâteuse. Mélangé à du poussier de charbon, il sert à faire les agglomérés ou *briquettes,* utilisés principalement pour le chauffage industriel et les locomotives. Mélangé à du sable, il donne l'asphalte artificiel, utilisé pour faire des trottoirs dans les villes.

Les produits les plus importants provenant de la distillation du goudron sont les suivants :

— La benzine, le phénol, la naphtaline, l'anthracène.

La *benzine* C⁶H⁶ est un liquide combustible employé dans l'industrie pour dissoudre les corps gras, le caoutchouc. L'acide azotique fumant la transforme en *nitrobenzine*, point de départ d'une foule de matières colorantes artificielles.

Le *phénol*, ou *acide phénique*, est un *antiseptique*.

La *naphtaline* et l'*anthracène* sont surtout utilisés dans l'industrie des matières colorantes artificielles. La naphtaline sert à obtenir l'*indigo*, belle matière colorante bleue, autrefois fournie par un arbre de la famille des légumineuses, l'indigotier, qui croît dans les régions tropicales de l'Asie. La couleur rouge, extraite jadis de la racine de garance, est aujourd'hui préparée à partir de l'anthracène.

L'acétylène (C² H²).

234. *Préparation et propriétés. Usages.* — Dans le *four électrique*, quand on fait agir l'arc électrique sur un mélange de chaux et de coke en excès, le coke *réduit* la chaux et l'excès de charbon se combine au calcium pour donner le *carbure de calcium* C² Ca. L'eau réagit sur ce corps, en régénérant la chaux ; il y a dégagement d'un gaz incolore, à odeur d'ail ; ce gaz est un carbure d'hydrogène, l'*acétylène*, employé pour l'éclairage.

EXPÉRIENCES. I. Au moyen de l'appareil à dégagement (*fig.* 111), remplir d'acétylène une éprouvette. Enflammer le gaz. Un épais dépôt de charbon se forme sur les parois de l'éprouvette. La quantité d'oxygène étant insuffisante pour la combustion complète, l'hydrogène brûle et le charbon se dépose. — On peut procéder plus simplement en jetant dans un verre d'eau un morceau de carbure de calcium et en allumant le gaz qui se dégage ; on obtient une flamme fuligineuse.

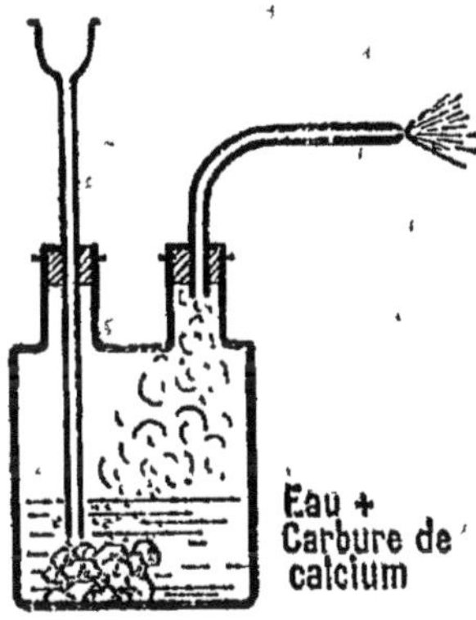

Fig. 111. — Appareil à produire l'acétylène.

Écrire la formule de la combustion complète de l'acétylène, et déterminer le volume d'oxygène et le volume d'air nécessaires pour la combustion complète d'un volume de ce gaz.

II. Remplir un flacon d'oxygène et d'acétylène dans les proportions précédentes, soit un 1/3 d'acétylène et le reste d'oxygène. Envelopper le flacon d'un linge et l'approcher d'une flamme. Une formidable explosion se produit et le flacon vole en éclats. — (Avec l'air et l'acétylène, l'explosion est moins forte. On peut prendre un flacon plus grand ; l'expérience, dans ce cas, réussit avec 1/10 d'acétylène et 9/10 d'air.)

Ceci nous explique le danger de l'acétylène et les accidents nombreux qui se sont produits au commencement de l'emploi de ce gaz.

III. Allumer le jet d'acétylène à l'extrémité d'un tube effilé ; on obtient une flamme brillante, blanche, extrêmement éclairante. Seule, la lumière de l'arc électrique peut rivaliser avec la lumière de l'acétylène pour l'éclairage artificiel.

L'acétylène est employé dans des lanternes pour bicyclettes, les phares pour automobiles, pour l'éclairage, dans les hôtels et habitations particulières où on ne peut disposer ni du gaz ni de l'électricité. De petites villes ont même préféré à l'installation d'une usine à gaz celle d'une usine à acétylène.

Mélangé à l'oxygène dans un chalumeau analogue au chalumeau oxhydrique, l'acétylène donne une flamme non éclairante, mais à température très élevée et au moyen de laquelle on découpe des plaques de tôle d'acier avec la plus grande facilité (chalumeau oxy-acétylénique).

Méthane ou formène (CH^4).

135. Les matières organiques en décomposition (vase des marais) produisent un carbure d'hydrogène gazeux appelé *méthane* ou *formène*. La figure 112 montre le moyen de recueillir ce gaz.

Le méthane forme le tiers environ du volume du gaz d'éclairage; il brûle avec une flamme bleue peu éclairante.

Le méthane pur n'a pas d'application, mais ce gaz a en chimie une grande importance théorique, car il est le plus simple

Fig. 112. — Moyen de recueillir le méthane qui existe dans la vase des marais.

d'une série de carbures qu'on appelle pour cette raison *carbures forméniques*. C'est un mélange complexe de ces carbures qui constitue les pétroles.

RÉSUMÉ

1. La matière des êtres vivants est formée du mélange de substances ayant une constitution et des propriétés bien définies : amidon, sucre, gluten, etc.

Les matières organiques renferment *toutes* du carbone et de l'hydrogène. La plupart renferment de l'oxygène; un certain nombre contiennent en outre de l'azote. Celles qui sont formées exclusivement de carbone et d'hydrogène sont des *carbures d'hydrogène* ou *hydrocarbures*.

2. Les *pétroles* sont des liquides combustibles que l'on trouve dans le sol, surtout aux États-Unis et, en Russie, dans la région du Caucase.

Ce sont des mélanges de carbures d'hydrogène liquides à points d'ébullition variables.

3. Par distillation des pétroles bruts, on peut retirer :

a) L'*éther de pétrole*, qui distille à une température inférieure à 70° ;

b) L'*essence de pétrole*, qui passe entre 70° et 120° ; liquide utilisé comme dissolvant des corps gras. On l'emploie aussi dans les moteurs à explosion ;

c) L'*huile de pétrole* du commerce, employée pour l'éclairage, passe entre 120° et 300°. On l'utilise aussi pour le chauffage et pour produire la force motrice dans les moteurs à pétrole ;

d) Les *huiles lourdes* passent entre 300° et 400°. Elles sont utilisées pour le graissage des machines ; on en retire par refroidissement la *paraffine* et la *vaseline* ;

e) Le résidu de la distillation est une sorte de coke utilisé pour le chauffage.

Les *bitumes* sont des roches noires, combustibles. On les utilise pour faire l'*asphalte* des trottoirs. Les schistes bitumeux distillés donnent les mêmes produits que les pétroles.

4. La distillation de la houille en vase clos donne :

a) Des gaz combustibles dont le mélange constitue le gaz d'éclairage ;

b) Des produits liquides, comprenant les goudrons et les eaux ammoniacales ;

c) Des produits solides : coke et charbon des cornues.

L'épuration physique du gaz a pour but de le débarrasser des goudrons et des eaux ammoniacales ; l'épuration chimique enlève l'hydrogène sulfuré provenant de l'action de l'hydrogène sur le soufre des pyrites que renferme toujours la houille.

5. Le gaz d'éclairage renferme surtout de l'hydrogène (50 pour 100) et du méthane (35 pour 100). Il contient aussi 7 à 8 pour 100 d'oxyde de carbone et divers carbures d'hydrogène en petite quantité.

Le gaz de houille brûle avec une flamme éclairante ; mélangé à une quantité d'air convenable, un peu avant son inflammation, il donne une flamme bleu pâle peu éclairante, mais très chaude. C'est cette flamme qui est utilisée pour le chauffage au gaz et pour l'éclairage par incandescence.

Le mélange de gaz d'éclairage et d'air est employé dans des moteurs à explosion pour produire la force motrice.

La distillation des goudrons de houille donne des *huiles légères*, des *huiles moyennes* et des *huiles lourdes*. De ces huiles, on retire la benzine, le phénol, la naphtaline, l'anthracène.

6. L'*acétylène* (C^2H^2) se prépare par l'action de l'eau sur le

carbure de calcium (C^2Ca). C'est un gaz à odeur d'ail, incolore. Quand il brûle en présence d'une quantité d'air insuffisante, il donne une flamme fuligineuse; quand on l'allume à l'extrémité d'un orifice étroit, il produit une belle flamme blanche très éclairante.

Le mélange d'acétylène et d'air ou d'oxygène produit lorsqu'on l'enflamme de redoutables explosions. — Le chalumeau oxy-acétylénique, analogue au chalumeau oxhydrique, permet d'obtenir des températures très élevées.

7. Le *méthane* ou *formène* est le plus simple des carbures d'hydrogène gazeux; il existe dans la vase des marais et dans le gaz d'éclairage. C'est le type d'une série de carbures dont le mélange constitue les pétroles.

EXERCICES

Quelles substances peut-on retirer de la farine? — Quels sont les principaux corps simples qui entrent dans la constitution de la matière organique? — Citez des carbures d'hydrogène. — Quels sont les principaux centres de production des pétroles? — Divers produits qui résultent de la distillation des pétroles bruts. — Différence entre le pétrole ordinaire et l'essence au point de vue de l'inflammabilité. — Est-il prudent de manier la nuit, au voisinage d'une lampe allumée, le pétrole ou l'essence? — Faites la coupe d'une lampe à essence. Quel est le rôle du corps poreux qu'on trouve à l'intérieur du réservoir? — Que pourrait il se produire si, par mégarde, on versait de l'essence dans une lampe à pétrole? — Comment faut-il éteindre le pétrole ou l'essence enflammée? — A quoi servent les huiles lourdes? — Qu'est-ce que la vaseline, la paraffine? A quoi servent ces corps? — Comment fabrique-t-on le gaz d'éclairage? — Quelle houille utilise-t-on dans l'industrie du gaz? — Quels sont les produits de la distillation de la houille? — En quoi consistent: l'épuration physique, l'épuration chimique? — Dans quelles conditions le gaz de houille donne-t-il une flamme éclairante, non fuligineuse? — Dans quelles conditions donne-t-il une flamme bleue et chaude? — Examinez un brûleur de Bunsen, un brûleur de réchaud à gaz, un brûleur de bec à incandescence, faites une coupe schématique de ces appareils. — En quoi consiste l'éclairage par incandescence? — Quels sont les produits de la distillation des goudrons? — D'où se retirent la benzine, le phénol, la naphtaline?

21° LEÇON

LA CELLULOSE. — L'AMIDON ET LA FÉCULE

MATÉRIEL: Papier à filtrer blanc, moelle de sureau, coton. — Parchemin végétal. — Celluloïd. — Collodion. — Coton-poudre. (En préparer. — On en trouve d'ailleurs en cordon dans les grands bazars pour l'allumage rapide dans les illuminations publiques.) — Farine, pomme de terre et râpe. — Fécule, amidon. — Eau iodée (à défaut d'iode, il suffit de verser dans l'eau quelques gouttes de teinture d'iode). — Diastase amylacée ou malt. — Dextrine. — Gomme arabique. — On trouvera de la soie artificielle dans les merceries bien achalandées. On peut aussi demander des échantillons à la maison de Chardonnet, à Besançon (Les Prés de-Vaux).

La cellulose ($C^6 H^{10} O^5$).

236. État naturel. — On sait que les êtres organisés sont constitués par l'agglomération d'éléments microscopiques généralement désignés sous le nom de *cellules*. Ces cellules jeunes sont remplies d'une matière azotée appelée protoplasma, et elles sont enveloppées d'une membrane. Chez les végétaux, la membrane est imprégnée de *cellulose*, substance que l'on peut considérer comme une combinaison de carbone et d'eau : c'est un *hydrate de carbone*.

Quand la cellule vieillit, le protoplasma disparaît, il ne reste plus que la membrane de cellulose. Ainsi, la moelle de sureau est de la cellulose presque pure ; il en est de même du papier à filtrer blanc, des vieux chiffons blancs.

237. Propriétés. — La cellulose pure est un solide blanc, de densité 1,4 environ. Elle est insoluble dans l'eau, l'alcool, l'éther, etc... Elle se dissout dans la liqueur de Schweitzer (solution d'oxyde de cuivre dans l'ammoniaque).

La cellulose brûle ; chauffée en vase clos, elle se décompose en donnant un résidu de charbon ; le chlore et les hypochlorites en solution concentrée la détruisent, d'où nécessité d'opérer le blanchiment au chlore en solution très étendue.

Action de l'acide sulfurique. EXPÉRIENCE. Tremper quelques secondes une feuille de papier filtre dans de l'acide sulfurique étendu de moitié de son volume d'eau, laver à grande eau et sécher. Le papier est devenu très résistant, translucide. C'est le *parchemin végétal*.

Action de l'acide azotique. EXPÉRIENCE. *a)* Laisser pendant un quart d'heure du coton ordinaire (ouate) dans un mélange de 1 volume d'acide azotique concentré et de 3 volumes d'acide sulfurique ; retirer, laver et sécher. Le coton n'a pas changé d'aspect, mais il est devenu plus rugueux. Si on l'enflamme, il brûle avec une extrême rapidité ; on peut enflammer une mèche placée sur le dos de la main : la combustion est tellement rapide que l'on n'est pas brûlé. Ce produit est du coton-poudre, ou fulmicoton, ou *pyroxyle;* c'est une combinaison de l'acide azotique et de la cellulose, une *nitro-cellulose*, soluble dans l'éther. Les *poudres sans fumée* sont à base de fulmicoton.

b) Si on laisse pendant 24 heures le coton dans un mélange à volumes égaux d'acide azotique concentré et d'acide sulfurique, on obtient une autre nitro-cellulose, soluble dans un mélange d'alcool et d'éther. Cette solution est le *collodion*. Abandonné à l'air, le collodion perd rapidement le dissolvant par évaporation, et il reste une

couche mince et transparente de coton-poudre. En médecine, on se
sert du collodion pour mettre les plaies à l'abri de l'air.

Broyé avec du camphre, le collodion donne le *celluloïd*, employé
dans la bimbeloterie grossière pour remplacer le corail, la corne,
l'écaille, etc. Le celluloïd est éminemment combustible.

238. Soie artificielle. — Il existe maintenant plusieurs procédés de
fabrication des soies artificielles; dans tous les cas, on cherche à

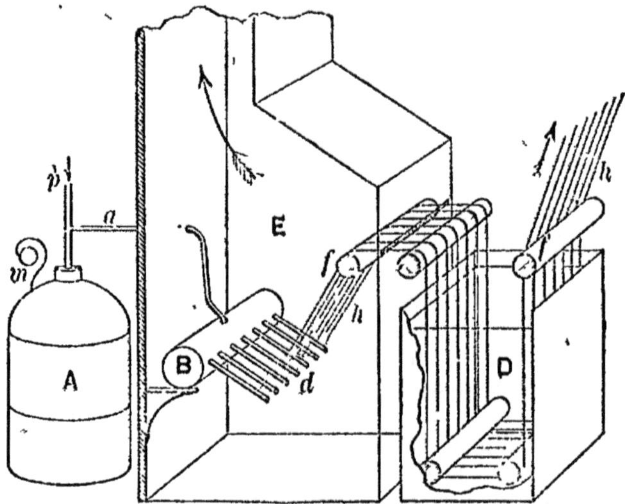

Fig. 113. — Fabrication de la soie artificielle (schéma). — A, récipient
renfermant sous pression le collodion nitré; *m*, manomètre; *p*, tuyau
de refoulement de l'air. Le collodion se rend par le tuyau *a* dans le
cylindre B, puis sort par les filières *d*; les fils *h* passent sur une
série de rouleaux *f* dans la caisse D où s'opère la dénitrification.

obtenir une dissolution de cellulose qu'on fait passer à travers des
tubes fins (*fig.* 113). En éliminant le dissolvant, on obtient un fil résistant de cellulose qui peut remplacer la soie naturelle.

Le procédé le plus ancien est celui que M. de Chardonnet a imaginé dans
ses usines de Besançon : il fait passer à travers des tubes capillaires en verre
un collodion épais. Au sortir des filières, les fils de cellulose nitrée sont rapidement desséchés, puis on procède à la *dénitrification* pour diminuer la rapidité de combustion du produit. Il est à remarquer que la soie naturelle est une
substance renfermant de l'azote; la soie artificielle est de la cellulose pure. Elle
est moins solide et moins résistante au lavage que la soie naturelle, mais elle
se teint tout aussi bien et les étoffes en soie artificielle peuvent rivaliser pour
le brillant avec la soie naturelle.

La production de la soie artificielle dépasse 3 millions de kilogrammes contre
50 millions de kilogrammes de soie naturelle. La soie Chardonnet se vend
environ la moitié du prix de la soie naturelle.

Papier.

239. Le papier est constitué par des brins de cellulose enchevêtrés et entre-croisés de façon à former un feutrage.

Autrefois, le papier était fabriqué avec des chiffons; aujourd'hui, le papier de luxe seul utilise cette matière première; le papier courant est préparé au moyen du bois des conifères, de la paille, de l'alfa, qui croît en Algérie.

Nous nous bornerons à examiner sommairement la fabrication du papier de luxe.

Les chiffons sont triés, puis dégraissés. On les place ensuite dans un appareil appelé *pile*, qui les effiloche. La pile est une cuve dans laquelle tourne un cylindre garni de lames. On obtient ainsi une pâte grossière qu'on blanchit au chlore. La pâte blanche est *raffinée* dans une nouvelle pile à lames plus rapprochées que la première.

Quand le papier ne doit pas absorber l'eau, il est *collé*. On ajoute à la pâte une matière qui réunit les fibres et bouche les pores. Chaque fabrique a ses procédés d'encollage.

La pâte est mise à la *forme*. C'est un cadre en bois au fond duquel est placé un tamis métallique à mailles très fines. L'eau s'écoule à travers le tamis et il reste sur celui-ci une mince couche de cellulose que l'on dépose sur une étoffe de feutre. On forme une pile de feuilles séparées par une couche d'étoffe. On comprime cette pile et on fait sécher les feuilles.

Amidon. Fécule.

240. Extraction de l'amidon. Expérience. On fait avec de la bonne farine de froment une pâte qu'on laisse reposer une heure environ : on malaxe ensuite cette pâte sous un mince filet d'eau (*fig.* 114). Il reste dans la main une matière azotée grisâtre, élastique : c'est le *gluten*. L'eau entraînée a pris une couleur laiteuse : recueillie dans une assiette, elle laisse déposer une substance blanche pulvérulente : c'est l'*amidon*.

Extraction de la fécule. Expérience. On râpe une pomme de terre sous un filet d'eau, on reçoit la pulpe sur un tamis (*fig.* 115). L'eau de lavage est de couleur laiteuse et laisse déposer une substance pulvérulente blanche, la *fécule*.

Industriellement, l'extraction de l'amidon et de la fécule est basée sur les expériences simples précédentes. L'amidon se retire des farine de céréales; la fécule, de la pomme de terre.

241. Propriétés. — L'amidon et la fécule sont des matériaux de réserve accumulés dans divers tissus végétaux : on les trouve en grains de dimensions variables. Les grains de fécule ont jusqu'à 185 microns de longueur; les grains d'amidon du blé atteignent

50 microns; enfin chez certaines plantes ces grains ne dépassent pas 2 microns. (Le micron est une longueur de 1 millième de millimètre.)

Examinés au microscope, ces grains ont un aspect variable ; ceux de fécule sont ovoïdes et semblent formés de couches concentriques disposées autour d'une cavité centrale appelée *hile*.

Les diverses variétés d'amidon et de fécule sont souvent réunies sous l'appellation de *matière amylacée*. La composition de la matière amylacée est comme celle de la cellulose $C^6 H^{10} O^5$.

EXPÉRIENCES. I. Jeter quelques pincées d'amidon dans l'eau froide ; l'amidon ne se dissout pas dans l'eau ; il reste en suspension dans le liquide. Chauffer l'eau. Lorsque la température est supérieure à 70°,

<table>
<tr><td>Fig. 114. — L'eau entraîne
l'amidon de la farine.</td><td>Fig. 115. — L'eau entraîne la
fécule de pomme de terre.</td></tr>
</table>

les grains se gonflent ; leur volume peut devenir trente fois plus considérable, et il se produit une masse gluante, connue sous le nom d'*empois*.

II. Dans un tube à essais, mettre de l'empois d'amidon, ajouter de l'eau iodée. L'iode est très peu soluble dans l'eau ; cependant, l'eau iodée donne avec l'empois d'amidon une coloration bleu intense. En chauffant vers 70°, la coloration disparaît et revient par refroidissement. Cette réaction, extrêmement sensible, est utilisée pour reconnaître des traces d'iode et aussi pour déceler la présence de l'amidon dans certaines denrées alimentaires.

242. *Transformation de l'amidon en glucose.* — 1° Par les acides étendus. En maintenant à l'ébullition de l'eau additionnée d'acide sulfurique (5 pour 100 environ) et dans laquelle on a délayé de l'amidon ou de la fécule, la matière amylacée se transforme d'abord en *dextrine*, puis en *glucose*.

2° Par la diastase de l'orge germée. Les graines des céréales renferment de notables quantités d'amidon. Cette substance est une *réserve nutritive*. Lorsque la graine germe, la plantule utilise cette réserve pour se développer dans la première période de son existence, jusqu'au moment où elle peut puiser dans la terre et dans l'air les éléments qui lui sont nécessaires. Mais cet amidon doit subir une transformation pour être absorbé par la plante; il doit être digéré. Cette digestion est opérée par une substance que sécrète le cotylédon de la graine et qu'on appelle *diastase* ou *enzyme*. Le phénomène est surtout facile à observer pendant la germination de l'orge.

EXPÉRIENCE. On prend du malt sec et pulvérisé (voir *Bière*) et on le met dans un ballon avec de l'eau à 60°. On a une infusion de malt qu'on filtre et qu'on traite par l'alcool. La diastase précipite.

On maintient le ballon pendant deux heures environ à une température de 60°. On prend de temps en temps du liquide dans le ballon et on ajoute à cette liqueur d'essai de l'eau iodée. La coloration bleu intense de l'amidon fait place d'abord à une coloration rouge vineux, enfin on n'obtient plus de coloration. L'amidon a été transformé en dextrine, puis en glucose.

Cette transformation est opérée par la diastase; c'est une substance azotée, capable d'agir sur une quantité d'amidon bien supérieure à celle que contient le grain.

On peut recommencer l'expérience précédente avec quelques grammes de malt seulement, et faire agir ce malt sur 20 grammes d'amidon ou de fécule transformée au préalable en empois. En maintenant le mélange à une température d'environ 60°, l'empois sera transformée en glucose.

Dans ces expériences, il ne faut pas dépasser 70°, car l'action de la diastase serait arrêtée.

Ces deux expériences ont une importance pratique considérable :

1° Dans la fabrication industrielle des alcools de grains ou de pommes de terre, on commence par transformer en glucose la matière amylacée avant de la soumettre à la fermentation;

2° Dans la germentation des céréales, l'amidon que contient la graine constitue une réserve nutritive, réserve digérée par l'embryon. Dans la fabrication de la bière, on fait germer l'orge, et on arrête la germination quand une grande partie de l'amidon a été transformée en glucose. On a alors le *malt;*

3° Dans la nutrition des animaux, la matière amylacée est transformée en glucose sous l'action de diastases identiques à celles de l'orge germée. L'une de ces diastases (ptyaline) se trouve dans la salive; l'autre, qui joue le rôle prépondérant dans la digestion, est sécrétée par le suc pancréatique (amylopsine).

243. *Usages de la matière amylacée.* — L'amidon sert à faire l'empois, utilisé pour donner de l'apprêt au linge et aux tissus neufs. Le blanchissage fait aussi une importante consommation d'amidon.

La fécule sert à fabriquer les dextrines et les glucoses.

Les grains et les pommes de terre sont utilisés dans la fabrication de l'alcool.

On retire aussi de la matière amylacée comestible de certains arbres des pays chauds.

Le *tapioca* est produit par le *manioc*.

L'*arrow-root* se retire d'une plante des Antilles.

Le *sagou* provient de la moelle de certains palmiers.

L'*inuline* est une espèce d'amidon qui provient des tubercules de topinambour.

244. Dextrine ($C^6 A^{10} O^5$). — Dans l'action de la diastase de l'orge germée ou des acides étendus sur la matière amylacée, si l'on arrête la réaction au moment où une prise de liquide donne avec l'eau iodée une coloration rouge vineux, on a une solution de *dextrine*, substance qu'on peut précipiter par l'alcool.

La dextrine est une poudre d'un blanc jaunâtre ; elle se transforme en glucose sous l'action des acides étendus ; elle est soluble dans l'eau. Cette solution, de consistance visqueuse, sert dans bien des cas pour remplacer la colle. C'est avec la dextrine que sont encollés les papiers, les timbres-poste, les bandes dites *gommées*. On utilise aussi la dextrine pour apprêter les tissus.

245. Glycogène. — C'est une sorte de dextrine animale découverte dans le foie par Claude Bernard. Le foie (V. *Histoire naturelle*) fabrique et met en réserve dans ses cellules du glycogène aux dépens du glucose provenant de la digestion. Quand la proportion de sucre dans le sang est insuffisante, le glycogène est à nouveau transformé en glucose et rentre dans la circulation.

246. Gommes. — Ce sont des substances voisines des dextrines, sécrétées par les végétaux. Dans nos régions on connaît la gomme sécrétée par le cerisier, le prunier. La gomme la plus importante est la *gomme arabique*, produite par divers acacias des pays chauds. Elle sert aux mêmes usages que la dextrine. La *gomme adragante* est insoluble dans l'eau, mais elle se gonfle au contact de ce liquide ; elle est employée comme épaississant dans certaines industries.

247. Mucilages. — Les mucilages sont analogues aux gommes, mais ces produits sont insolubles ; ils se gonflent sous l'action de l'eau en formant une *gelée*. Les mucilages sont abondants dans la graine de lin, dans le coing, la racine de guimauve. En médecine, on utilise leurs propriétés émollientes (cataplasmes de graine ou de farine de lin) ou adoucissantes (pâtes de guimauve contre le rhume), etc.

RÉSUMÉ

1. La *cellulose* est un *hydrate de carbone*. C'est la substance qui imprègne la membrane des cellules des tissus végétaux. C'est un solide blanc (coton, chiffons blancs, moelle de sureau), inso-

luble dans les dissolvants ordinaires (eau, benzine, etc.); elle se dissout dans la liqueur de Schweitzer (dissolution de CuO dans l'ammoniaque).

2. La cellulose est combustible, se décompose par la chaleur; l'acide sulfurique étendu la transforme en *parchemin végétal*.

L'*acide azotique fumant* agit sur la cellulose et donne des composés appelés *nitro-celluloses*, solubles dans l'éther, et dont les principaux sont :

Le *fulmicoton*, coton-poudre ou *pyroxyle*, employé dans la préparation des poudres sans fumée ;

Le *collodion*, utilisé pour la préparation du *celluloïd* et la fabrication de la *soie artificielle*.

3. Le *papier* est formé de brins de cellulose entre-croisés. Le papier de luxe est fabriqué avec de vieux chiffons; la matière première du papier ordinaire est la pâte de bois.

4. L'*amidon* ($C^{12}H^{10}O^{5}$) est un hydrate de carbone que l'on retire de la farine des céréales; il suffit de malaxer la farine sur un tamis et de faire couler sur la pâte un mince filet d'eau. L'eau entraîne l'amidon, le *gluten* reste sur le tamis.

La *fécule* se retire de la pomme de terre; elle a la même composition et les mêmes propriétés que l'amidon.

L'amidon est insoluble dans l'eau ; délayé dans l'eau et maintenu à 70° pendant quelque temps, il se transforme en *empois*.

Sous l'action des acides minéraux étendus et à la température d'ébullition, l'amidon se transforme en *dextrine*, puis en *glucose*. Cette transformation se produit aussi sous l'action d'une substance appelée *diastase* et qui se développe pendant la germination des graines de céréales, de l'orge en particulier.

EXERCICES

Où trouve-t-on de la cellulose? — Citez des corps qui sont constitués par de la cellulose presque pure. — Comment obtient-on le parchemin végétal, le coton-poudre, le collodion? — Idée de la fabrication de la soie artificielle. — Quelles sont les matières premières utilisées dans la fabrication du papier? — Principales phases de la fabrication du papier de chiffons. — Citez des papiers collés, des papiers non collés. Comment pouvez-vous reconnaître qu'un papier n'est pas collé? — D'où provient l'amidon? — Quelle substance, outre l'amidon, renferme la farine des céréales? — Comment s'obtient la fécule? — Comment pouvez-vous faire pour obtenir de l'empois d'amidon? — Comment peut-on transformer l'amidon ou la fécule en glucose? — Quelle est l'action de l'eau iodée sur l'empois d'amidon?

22ᵉ LEÇON

GLUCOSE. — SUCRE ORDINAIRE. — ALCOOL

MATÉRIEL : Amidon. — Eau iodée. — Glucose. — Ammoniaque. — Liqueur cupro-potassique. — Comme on ne se propose pas de doser le glucose, mais de constater ses propriétés réductrices, on obtient une bonne liqueur cupro-potassique en opérant comme suit : dissoudre séparément, dans 100 grammes d'eau, 10 grammes de sulfate de cuivre, 25 grammes d'acide tartrique, 50 grammes de soude caustique. Mélanger dans l'ordre précédent les trois solutions. — Appareil (*fig.* 116). Dans l'éprouvette, mettre 200 grammes d'eau, 10 grammes de SO⁴H⁴, 40 grammes de fécule. — Solution de soude caustique. — Sucre ordinaire et sucre candi. — Levure de bière. — Solution de glucose à 20 pour 100. — 3 ballons de 250 grammes.

Glucose ou sucre de raisin ($C^6 H^{12} O^6$).

248. Préparation. — Quand on fait sécher des prunes, des raisins, des figues, on remarque souvent à la surface de ces fruits secs une poudre blanche de saveur sucrée : c'est du *glucose*.

Industriellement, on prépare le glucose en faisant agir à l'ébullition les acides étendus sur l'amidon ou la fécule.

EXPÉRIENCE. Dans un vase, mettre de l'eau acidulée à 1/20 d'acide sulfurique. Ajouter de la fécule et chauffer par un courant de vapeur (*fig.* 116). De temps en temps, faire une prise de liquide à l'aide d'une pipette, et ajouter de l'eau iodée. La coloration bleue caractéristique de l'amidon fait d'abord place à la coloration rouge vineux de la dextrine. Puis l'eau iodée ne donne plus de coloration ; la transformation de la fécule en glucose est alors complète.

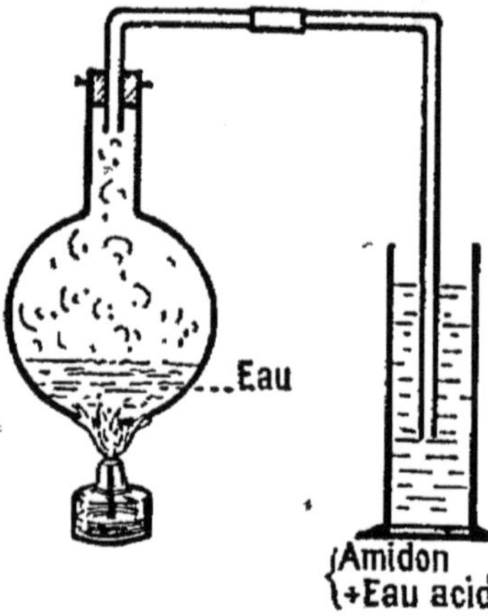

On sature le liquide par la craie en poudre jusqu'à ce qu'il n'y ait plus d'effervescence ; l'acide sulfurique a donné du sulfate de calcium qui précipite. On filtre et on concentre dans une capsule en porcelaine jusqu'à consistance de sirop. Par refroidissement le glucose cristallise.

Fig. 116. — Transformation de l'amidon en dextrine, puis en glucose, sous l'action des acides.

Industriellement, la préparation du glucose n'est que la reproduction en grand de l'expérience précédente.

Le glucose a pour formule moléculaire $C^6H^{12}O^6$. Il dérive donc de l'amidon ou de la fécule par hydratation :

$$C^6H^{10}O^5 + H^2O = C^6H^{12}O^6.$$

Tous les hydrates de carbone, cellulose, dextrine, etc., peuvent donner du glucose sous l'action des acides étendus.

Saccharose ($C^{12}H^{22}O^{11}$).

249. État naturel et extraction. — Le sucre ordinaire, appelé en chimie *saccharose*, est encore un hydrate de carbone que diverses plantes accumulent dans leurs tissus. Ce corps constitue une réserve nutritive. On l'extrait pratiquement de la tige de canne à sucre, plante de la famille des graminées qui croît dans les régions tropicales, et de la betterave à sucre.

La production du sucre est évaluée pour le monde entier à 14 millions de tonnes, provenant par parties égales, ou à peu près, de la canne à sucre et de la betterave. La production française de la betterave à sucre est d'environ 700 000 tonnes. L'Allemagne produit 2 millions de tonnes ; l'Autriche-Hongrie, la Russie, 1 400 000 tonnes. Le prix moyen du sucre en gros oscille autour de 30 francs les 100 kilogrammes. En France, cette denrée alimentaire est frappée d'un droit de 27 francs par 100 kilogrammes, ce qui en augmente considérablement le prix de revient.

Nous n'entrerons pas dans le détail de la fabrication du sucre. Cette fabrication s'effectue en deux phases, en ce qui concerne le sucre de betterave.

1° Les *sucreries*, placées à proximité des plantations de betteraves, donnent le *sucre brut*.

2° Le sucre brut est traité dans les *raffineries*, pour obtenir le *sucre blanc*, qui est livré en pains ou débité en morceaux.

Deux sous-produits de la fabrication sont intéressants à signaler : ce sont les *mélasses*, utilisées surtout pour obtenir l'alcool industriel, et le *noir de raffinerie*, ou noir animal, qui après épuisement est employé comme engrais phosphaté.

Propriétés du glucose.

250. Le glucose se présente en masse blanche, opaque, formée d'aiguilles ou de cristaux mal définis. Il est soluble dans l'eau ; sa solution a une saveur sucrée. Pour obtenir une saveur sucrée à peu près identique à celle que donnerait le sucre ordinaire, il faut un poids de glucose environ trois fois plus considérable.

Sous l'action de la chaleur, le glucose fond, puis se décompose au-dessus de 170°, en donnant d'abord des produits bruns (caramel), puis noirs ; il ne reste finalement que du charbon poreux.

EXPÉRIENCE. Voici une belle liqueur bleue qu'on appelle liqueur *cupro-potassique.* On l'obtient en ajoutant de l'acide tartrique puis de la potasse (ou de la soude) caustique à une solution de sulfate de cuivre. L'alcali précipite de l'hydrate cuivrique, qui reste dissous dans le liquide.

Verser quelques centimètres cubes de cette liqueur dans un tube à essais, chauffer. La coloration bleue fait place à une teinte rouge brique. C'est que le glucose a *réduit* l'hydrate cuivrique, c'est-à-dire lui a enlevé de l'oxygène ; le cuivre a donc été précipité, et ce métal très divisé donne au liquide la teinte rouge brique que nous avons constatée.

Cette réaction permet de reconnaître le glucose dans une solution sucrée ou dans un sirop.

Propriété du saccharose.

251. Le sucre ordinaire est un solide incolore, qu'on peut obtenir en gros cristaux, comme le *sucre candi*, par exemple. Il se dissout dans l'eau : 100 grammes d'eau peuvent dissoudre jusqu'à 200 grammes de sucre à froid, 500 grammes à 100°. Sa densité est 1,6 ; sa saveur est bien connue.

Il est insoluble dans l'alcool absolu, peu soluble dans l'alcool étendu.

EXPÉRIENCE. I. Mettre un morceau de sucre dans un tube à essais et chauffer : le sucre fond d'abord, puis le liquide incolore prend une teinte brune, en même temps qu'il répand une odeur spéciale. Le sucre s'est transformé en *caramel* sous l'action de la chaleur. Ensuite la masse se boursoufle, devient noire, et finalement il ne reste plus qu'un charbon noir poreux, très pur (charbon de sucre).

II. Dans un tube à essais renfermant de l'acide sulfurique concentré, jeter un morceau de sucre et chauffer légèrement : le sucre est *carbonisé*.

III. Chauffer à l'ébullition une solution de sucre avec la liqueur cupro-potassique : cette dernière n'est pas réduite.

Cette dernière expérience sert à distinguer le sirop de sucre du sirop de glucose.

IV. Chauffer quelques minutes une solution de sucre additionnée d'acide sulfurique (5 pour 100 environ). Ajouter ensuite la liqueur cupro-potassique : il y a réduction de celle-ci. Donc le sucre s'est transformé en glucose. On dit qu'il s'est *interverti* :

$$C^{12}H^{22}O^{11} + H^2O = 2C^6H^{12}O^6.$$
Saccharose.   Glucose.

Cette interversion du sucre se produit lors de l'ébullition prolongée des solutions de sucre, même sans addition d'acide. *Dans l'industrie du sucre, on évite cette interversion en opérant la concentration à des températures de plus en plus basses.* L'ébullition a lieu sous pression réduite.

L'interversion de saccharose est encore produite par une diastase appelée *invertine* et sécrétée par les glandes intestinales des mammifères. Le saccharose n'est pas assimilable directement par l'organisme; il faut qu'il soit au préalable transformé en glucose.

Fermentation alcoolique.

252. Fermentation du glucose. — EXPÉRIENCE. Dans un flacon (*fig.* 117), faisons une solution de 50 grammes de glucose dans 250 grammes d'eau; ajoutons 5 grammes de levure de bière qu'on trouve chez les brasseurs. Fermons le flacon par un bouchon qui porte un tube de dégagement aboutissant sous une éprouvette.

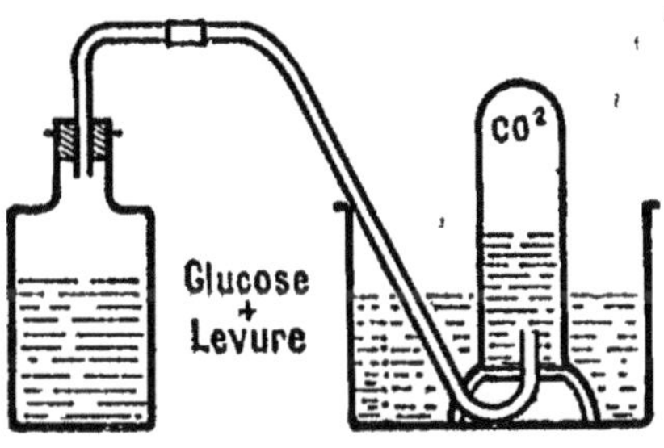

Fig. 117. — Fermentation alcoolique. — La levure, en se développant, transforme le glucose en alcool et anhydre carbonique.

Au bout de quelques jours, nous voyons d'abondantes bulles se former et monter dans le liquide. Ce liquide semble bouillir, et le nom de *fermentation* a été donné au phénomène précédent (de *fermere*, bouillir). Le gaz qui se dégage se rend sous l'éprouvette. On peut constater que c'est du gaz carbonique.

Quand la fermentation cesse, le glucose a disparu dans le flacon et on reconnaît qu'il s'est formé de l'alcool.

La levure se dépose au fond du flacon.

Que s'est-il passé dans le flacon? Le glucose a été transformé en alcool et anhydride carbonique sous l'action de la levure de bière.

C'est ce que traduit la réaction suivante:

$$C^6H^{12}O^6 \;=\; 2\,CO^2 \;+\; 2\,C^2H^5OH.$$
Glucose.   Alcool.

Nous avons admis que le dédoublement du glucose en alcool et gaz carbonique est intégral. En réalité, la réaction est assez complexe; il y a formation de glycérine, de divers acides organiques, etc., qu'on trouve toujours associés à l'alcool de fermentation. Il se forme aussi des alcools qui renferment plus de carbone que l'alcool éthylique: alcools propylique, butylique, amylique, etc. — Alcools et acides donnent des éthers qui contribuent à donner aux alcools de fruits leur bouquet spécial.

Il y a d'ailleurs plusieurs levures distinctes, chacune d'elles provoquant de préférence la fermentation d'un jus sucré de nature déterminée. La levure de la bière (*fig.* 118, A) n'est pas la même que la levure de la fermentation du jus de raisin (*fig.* 118, B) et, pour la bière, nous trouverons aussi deux levures qui agissent dans des conditions de température différente.

253. Fermentation du saccharose. — *Le saccharose ne fermente pas directement sous l'action de la levure de bière, mais celle-ci sécrète une diastase qui intervertit le sucre et le transforme en glucose fermentescible.*

EXPÉRIENCE. Laver à l'eau tiède 10 grammes de levure de bière, filtrer. Partager le liquide filtré en deux parties : additionner d'alcool concentré l'une des parties; il précipite un corps blanc : c'est l'*invertine* ou *sucrase*.

Additionner de la deuxième partie une solution sucrée : au bout de quelques minutes, cette solution réduit la liqueur cupro-potassique; il y a donc eu interversion du sucre.

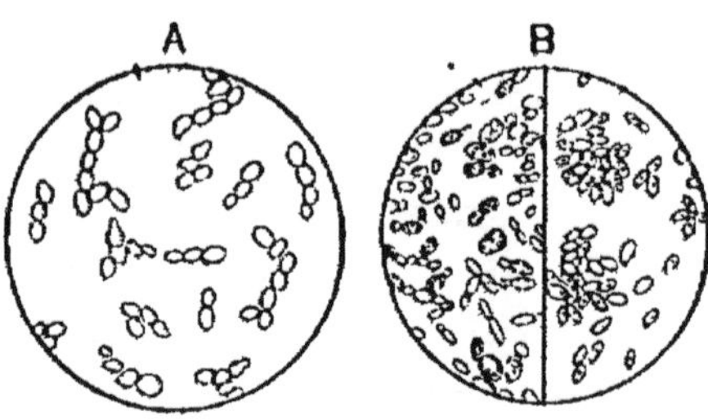

Fig. 118. — Levures : A, de bière (8 microns); B, de vin (6 microns).

254. Conditions favorables ou défavorables à la fermentation.

— Considérons la fermentation du jus de raisin. Elle se produit spontanément à l'air à la température ordinaire. Depuis les travaux de Pasteur, on sait que les germes ou *spores* de levure existent dans l'air, à la surface des grains de raisin, et sont apportés dans la cuve avec la vendange.

Le développement de la levure est très rapide à une température de 25° à 30°.

A basse température, la fermentation ne se produit pas; elle ne se produirait pas non plus à température élevée.

La température la plus favorable à la fermentation varie d'ailleurs suivant la levure considérée.

Quand la proportion d'alcool devient trop forte, supérieure à 20 pour 100, par exemple, la fermentation s'arrête. L'alcool est un poison pour la levure. Il en est de même pour certaines substances dites *antiseptiques* qui empêchent la fermentation en tuant les organismes qui la produisent. Malheureusement, ces substances sont également des poisons redoutables pour l'homme.

EXPÉRIENCE. Prendre 3 ballons de 250 grammes environ remplis à moitié d'une solution de glucose à 20 pour 100. Dans chaque ballon, ajouter 1 gramme de levure de bière.

a) L'un des ballons est abandonné à la température ordinaire : la solution de glucose fermente.

b) Le deuxième ballon est porté pendant quelques minutes à l'ébullition, puis bouché avec un bouchon qui lui-même a été passé à l'eau bouillante : sa solution se conserve inaltérée.

c) Le troisième ballon est additionné d'un antiseptique (2 centigrammes de sublimé ou 1 gramme de phénol, ou 1 cm³ de formol du commerce, par exemple), sa solution ne fermente pas.

Cette expérience met nettement en évidence quelques-unes des circonstances favorables à la fermentation.

Alcool ordinaire (C²H⁵OH).

255. *Notions sommaires sur l'industrie de l'alcool.* — Tous les liquides sucrés peuvent subir la fermentation alcoolique. Dans la pratique, on retire l'alcool :

1° Des boissons fermentées (vin, cidre), ou des fruits sucrés (cerises, prunes, figues, pommes, etc.) ayant subi au préalable la fermentation alcoolique (250000 hectolitres par an environ);

2° Des *mélasses* ou des *betteraves* (1 600 000 hectolitres);

3° Des *grains* et des *pommes de terre* (400 000 hectolitres). Dans ce dernier cas, la matière amylacée a dû être au préalable saccharifiée, c'est-à-dire transformée en glucose.

Le liquide alcoolique est ensuite soumis à la *distillation*. La figure 119 représente un alambic employé dans les petites exploitations.

La distillation repose sur le principe suivant: l'alcool bout à 78°, l'eau à 100°. Portons à l'ébullition un mélange d'eau et d'alcool : les vapeurs sont plus riches en alcool que le mélange initial. Condensons ces vapeurs : nous obtenons encore un mélange d'eau et d'alcool, mais où l'alcool est plus concentré que dans le

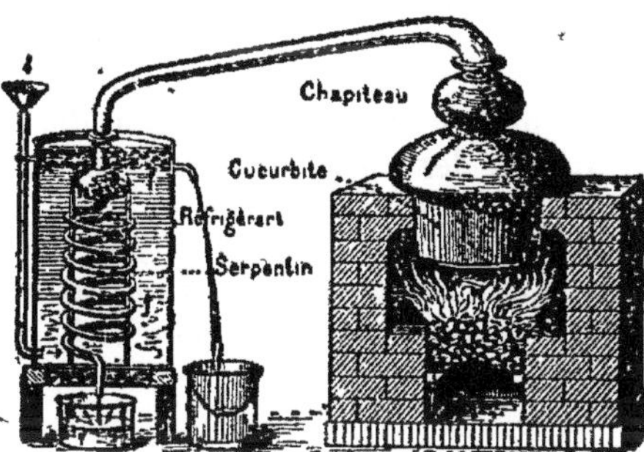

Fig. 119. — Alambic pour la distillation dans la petite industrie.

liquide d'où l'on est parti. Les eaux-de-vie naturelles, par exemple, renferment en volume 50 à 55 centièmes d'alcool pur; on les obtient directement en utilisant des liquides qui titrent en moyenne 10 pour 100 d'alcool.

L'industrie a des appareils spéciaux qui permettent d'obtenir d'emblée des alcools titrant de 90 à 96 pour 100 d'alcool pur.

Les alcools industriels, mélangés d'impuretés, doivent être *rectifiés*. On les soumet à une nouvelle distillation qui les partage en 3 parties:

a) Les alcools mauvais goût de tête;

b) Les alcools bon goût;

c) Les alcools mauvais goût de queue.

Les alcools bon goût seuls peuvent être utilisés pour la consommation, les autres servent aux usages industriels.

Propriétés de l'alcool.

256. L'alcool est un liquide incolore, à odeur caractéristique; il bout à 78 degrés et se solidifie à très basse température (vers —130°).

Il se mélange en toutes proportions à l'eau, mais ce mélange se fait avec contraction.

EXPÉRIENCES. I. Prendre 50 centimètres cubes d'alcool absolu qu'on mélange à 50 centimètres cubes d'eau distillée; agiter: le volume du mélange n'est que de 97 centimètres cubes environ. On a donc une contraction de 3 pour 100 : c'est la contraction maximum. On a vu en physique l'application de cette contraction à propos de la graduation de l'alcoomètre centésimal.

La température d'ébullition du mélange d'eau et d'alcool est d'autant plus voisine de 78° que la proportion d'alcool est plus grande. On peut concevoir la possibilité d'obtenir le degré alcoolique d'un mélange d'eau et d'alcool en déterminant la température d'ébullition de ce mélange. C'est sur ce principe que reposent les *ébullioscopes* dont le type le plus connu est celui de Malligand.

II. *L'alcool est un dissolvant.* L'iode, très peu soluble dans l'eau, est soluble dans l'alcool. La solution à 10 pour 100 est la *teinture d'iode* des pharmaciens. Le camphre, insoluble dans l'eau, est soluble dans l'alcool. Les essences se dissolvent dans l'alcool; la dissolution de certaines essences dans l'alcool donne les liqueurs dites apéritives (absinthe, anisette, etc...). Certaines *résines* dissoutes dans l'alcool constituent les *vernis* à l'alcool.

III. Dans du tournesol bleu, puis dans du tournesol rougi par un acide, verser de l'alcool; on ne remarque aucun changement de coloration.

L'alcool est un corps neutre.

L'alcool est un combustible. EXPÉRIENCES. 1. Enflammer de l'alcool dans une soucoupe; il brûle avec une flamme chaude, bleuâtre, peu éclairante.

Dans les lampes à alcool, les fourneaux à alcool, on utilise de l'alcool *dénaturé*. On sait que l'alcool de consommation est frappé de droits énormes: 220 francs par hectolitre d'alcool pur, alors que le prix de vente de l'alcool industriel n'est que de 45 à 50 fr. l'hectolitre (alcool à 95-96). Le dénaturant est un mélange de substances à odeur désagréable, et qu'il est extrêmement difficile de séparer de l'alcool ordinaire.

Actuellement, ce dénaturant est constitué par de l'esprit de bois additionné de benzol.

Le mélange de vapeur d'alcool et d'air constitue un gaz détonant. L'alcool peut remplacer le pétrole dans les moteurs à explosion.

II. Recouvrir d'un verre sec et froid la flamme d'une lampe à alcool : de la vapeur d'eau se condense sur le verre. Retourner le verre et y verser un peu d'eau de chaux, agiter: l'eau de chaux se trouble. On voit donc que la combustion de l'alcool produit de la vapeur d'eau et du gaz carbonique : c'est ce qu'exprime la réaction :

$$C^2H^5OH \ + \ O \ = \ 2CO^2 \ + \ 3H^2O.$$

Alcool.   Oxygène.   Anhydride   Eau.
                               carbonique.

257. *Fermentation acétique.* — Du vin laissé à l'air à une température de 25° à 30° se couvre d'un voile gluant; l'alcool disparaît et, au bout de quelques jours, on perçoit l'odeur caractéristique du vinaigre.

L'alcool du vin a été transformé en *acide acétique*. L'agent de cette transformation est un organisme microscopique, appelé *mycoderma aceti*, qui vit à la surface du vin, dont l'agglomération forme le voile gluant appelé «mère du vinaigre» par les ménagères. Ce mycoderme *oxyde* l'alcool, comme l'indique la réaction suivante :

$$C^2H^5OH \quad + \quad 2O \quad = \quad H^2O \quad + \quad C^2H^4O^2$$

Alcool.   Oxygène.   Eau.   Acide acétique.

Fabrication du vinaigre dans les ménages. Dans les ménages on peut obtenir le vinaigre nécessaire à la consommation familiale en utilisant les fonds de tonneaux, les vins piqués, etc. On a alors d'excellent *vinaigre de vin*, le vinaigre du commerce étant trop souvent préparé avec de l'alcool étendu.

Voici la façon de procéder :

Prendre un fût de 25 à 30 litres, le nettoyer à l'eau bouillante. Adapter à la partie inférieure un robinet en bois, et, en

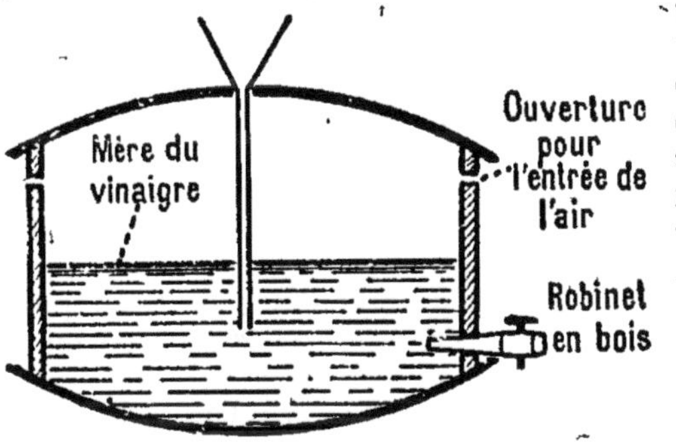

Fig. 120. — Fût pour la fabrication du vinaigre dans les ménages.

haut, percer les deux fonds de quelques orifices de 3 centimètres de diamètre environ, qui serviront à l'entrée de l'air (*fig.* 120). Placer le fût au grenier en été, à la cuisine en hiver.

Verser dans le fût 5 à 6 litres de vinaigre bouillant; le lendemain, ajouter 3 litres de vin. Les germes apportés par l'air suffisent pour produire la fermentation, mais il est préférable d'amorcer celle-ci avec un peu de voile provenant d'une autre opération.

Tous les huit jours, on ajoute 2 ou 3 litres de vin par un entonnoir plongeant jusqu'au fond du fût, pour ne pas briser le mycoderme. Au bout de six semaines, on peut tirer du vinaigre qu'on remplace par une quantité de vin équivalente.

En raison de l'acide acétique qu'il contient (10 pour 100 environ), le vinaigre ne doit pas être mis au contact d'ustensiles en cuivre ou en plomb.

258. *Action des acides.* — *Éthers.* — EXPÉRIENCE. Versons goutte à goutte de l'acide sulfurique concentré sur de l'alcool, le mélange s'échauffe et le vase dans lequel on le fait devient brûlant : Il y a eu combinaison de l'alcool et de l'acide.

Le produit de cette combinaison s'appelle un *éther* : c'est l'acide sulfovinique.

Cet acide chauffé à une température de 140° laisse dégager un gaz d'odeur caractéristique : c'est l'*éther ordinaire*, qu'on peut considérer comme formé par la combinaison de deux molécules d'alcool :

$$2\,C^2H^5OH \;=\; C^4H^{10}O \;+\; H^2O.$$

Alcool.   Éther.   Eau.

Une molécule d'eau est éliminée.

Usages de l'alcool.

259. *Boissons alcooliques et liqueurs.* — ALCOOLISME. Sans compter les boissons fermentées, la consommation d'alcool en France est d'environ 2 millions d'hectolitres par an, soit, en chiffres ronds, 5 litres d'alcool par habitant. Dans certains départements de l'Ouest et du Nord, la consommation varie de 10 à 15 litres par habitant.

L'alcool est absorbé sous forme d'eau-de-vie titrant de 45° à 55° centésimaux, mais aussi sous forme de liqueurs dites *apéritives*. Dans ces liqueurs, l'alcool dont la concentration atteint 75° est aromatisé par diverses essences dissoutes. La plus redoutable de ces liqueurs est l'*absinthe*, dont la fabrication absorbe par an 200000 hectolitres d'alcool pur.

L'alcool est un *excitant* capable de donner momentanément un *coup de fouet* à l'organisme, mais cette excitation est suivie d'une dépression qui fait recourir de nouveau au funeste poison.

Les expériences de Gréhant ont montré que l'alcool passe rapidement dans le sang. Quelques heures après l'ingestion d'alcool, on peut doser ce corps dans tous les tissus de l'organisme, dans les muscles, dans le cerveau, dans le lait s'il s'agit des nourrices; cet alcool ne s'élimine que lentement.

Pris sous forme de *boissons fermentées*, et à la dose *maxima* correspondant à $0^l,1$ d'alcool pur par jour, soit 1 litre de vin ordinaire, l'alcool ne paraît pas exercer d'action nocive sur l'organisme; il peut même dans ces conditions être considéré comme un véritable aliment et il n'y a pas lieu d'en proscrire l'usage.

Mais sous forme de boissons alcooliques, eaux-de-vie et liqueurs, l'alcool exerce sur tous les tissus de l'organisme une influence désastreuse; le système nerveux est tout particulièrement sensible à son action.

Dans les liqueurs dites *apéritives*, les essences dissoutes ajoutent leur action nocive à l'effet propre de l'alcool. Diverses expériences faites dans des conditions différentes ont montré que l'absinthe a un pouvoir toxique 7 fois plus considérable que l'alcool ordinaire.

L'*abus* des boissons fermentées causerait les mêmes accidents que l'*usage habituel* des boissons alcooliques. Cette question de l'alcoolisme sera étudiée plus à fond en hygiène, mais ici nous pouvons poser la règle pratique suivante:

User sobrement des boissons fermentées (vin, bière, cidre), mais ne consommer jamais d'alcool sous forme d'eau-de-vie, et surtout sous forme de liqueurs apéritives, particulièrement sous forme d'absinthe.

260. Usages industriels. — L'alcool *dénaturé* est utilisé pour le chauffage, pour la fabrication des vernis. 500000 hectolitres d'alcool sont employés annuellement par l'industrie française. En Allemagne, la consommation de l'alcool industriel atteint 1500000 hectolitres.

L'alcool dénaturé pourrait être utilisé dans les moteurs à explosion pour produire la force motrice; mais, à l'heure actuelle, le prix de revient de l'alcool rend ce produit moins économique que l'essence.

Il y a lieu de chercher des débouchés à l'alcool industriel et de réduire l'effrayante consommation d'alcool de bouche, l'alcoolisme étant l'une des plaies sociales les plus inquiétantes de notre époque.

Autres alcools.

261. On connaît un nombre assez considérable de corps ayant comme l'alcool ordinaire les propriétés suivantes :

1º Ils sont formés de carbone, d'hydrogène et d'oxygène;
2º Ils sont *neutres* au tournesol;
3º Ils s'oxydent en donnant des acides;
4º Ils se combinent aux acides pour former des composés appelés *éthers*.
Ces corps s'appellent des alcools.

En dehors de l'alcool ordinaire, le plus connu est le corps appelé *esprit de bois*, qu'on obtient dans la distillation du bois. C'est l'*alcool méthylique*.

La glycérine est aussi un alcool et les corps gras sont des mélanges d'éthers que forme la glycérine avec les acides stéarique, palmitique, margarique.

RÉSUMÉ

1. Le *glucose* ($C^6H^{12}O^6$) ou sucre de raisin existe naturellement dans les fruits sucrés.

On l'obtient industriellement en faisant agir à l'ébullition les acides minéraux étendus sur l'amidon ou la fécule.

La diastase de l'orge germée produit aussi cette transformation.

Le glucose est un solide blanc, opaque, de saveur sucrée, soluble dans l'eau. Il fond à 170º et se décompose à température plus élevée en donnant du *caramel*, puis du charbon.

Il *réduit* la liqueur cupro-potassique.

2. Le sucre ordinaire ou *saccharose* ($C^{12}H^{22}O^{11}$) a pour origine industrielle la tige de canne à sucre et la racine de la betterave. On obtient le sucre brut dans les *sucreries*; ce sucre est ensuite raffiné.

Le sucre est un solide blanc, cristallisé, très soluble dans l'eau. Il fond sous l'action de la chaleur, puis se décompose en donnant du *caramel*, et finalement un résidu de charbon très pur, le charbon de sucre.

Le saccharose ne réduit pas la liqueur cupro-potassique.

A l'ébullition et sous l'action des acides minéraux étendus, le saccharose s'*intervertit* et se transforme en glucose.

3. Le glucose en solution fermente directement sous l'action de la levure de bière; il est dédoublé en *alcool* et anhydride carbonique.

Le saccharose ne fermente pas directement, mais la levure de bière sécrète une diastase qui *intervertit* le sucre et le transforme en glucose fermentescible.

La fermentation alcoolique se produit à une température de 20° à 30°. Le froid la ralentit ou la supprime, mais ne tue pas la levure. A une température supérieure à 30°, la fermentation se ralentit, et la levure est tuée par l'ébullition.

Les acides *étendus* n'entravent pas la fermentation; les *antiseptiques* (sublimé, phénol, etc.) sont des poisons pour la levure.

4. L'*alcool* est obtenu industriellement par distillation de liquides ayant subi la fermentation alcoolique. Ces liquides ou moûts proviennent :

a) Des boissons fermentées (vin, cidre) ou des fruits sucrés (cerises, prunes, figues) ayant subi la fermentation ;

b) Des betteraves ou des mélasses de sucreries;

c) Des matières amylacées : grains, pommes de terre. Avant fermentation, l'amidon est transformé en glucose.

5. L'alcool est un liquide incolore, très mobile, de densité 0,9. Il bout à 78° et se solidifie à très basse température. Il se mélange à l'eau en toute proportion et avec *contraction*. C'est un *dissolvant :* il dissout l'iode, le camphre, les résines, les essences végétales.

L'alcool est *combustible;* sa combustion donne de la vapeur d'eau et du gaz carbonique.

Sous l'action d'un ferment, l'alcool est *oxydé* et transformé en *acide acétique.*

L'alcool se combine aux acides pour former des *éthers.* L'éther ordinaire peut être considéré comme formé de la combinaison de deux molécules d'alcool.

6. L'alcool entre dans la consommation sous forme, soit d'eau-de-vie, soit de liqueurs, soit de boissons fermentées.

L'alcool agit surtout comme excitant du système nerveux.

Sous forme de boissons fermentées, et à dose modérée, l'alcool est inoffensif. Sous forme de boissons distillées (eaux-de-vie et liqueurs), il est toujours nocif.

L'*abus* des boissons fermentées, l'*usage habituel* des boissons distillées et des liqueurs produit de graves désordres dans l'organisme.

L'*alcool dénaturé* est utilisé dans l'industrie pour le chauffage et la fabrication des vernis.

7. Il existe de nombreux corps ayant des propriétés analogues à celles de l'alcool ordinaire, et qu'on appelle encore des alcools. Les plus connus sont l' « esprit de bois », ou *alcool méthylique*, et la *glycérine*.

EXERCICES

Où trouve-t-on du glucose à l'état naturel? — Comment obtient-on industriellement le glucose? — Comment reconnaît-on que la transformation de l'amidon en glucose est complète? — Comment s'obtient le caramel? — Pourriez-vous reconnaître du sirop de sucre et du sirop de glucose? Comment vous y prendriez-vous? — D'où provient le sucre ordinaire? — En quoi consiste la fermentation alcoolique? — Quelle différence y a-t-il, au point de vue de la fermentation alcoolique, entre une solution de sucre et une solution de glucose? — Quelles sont les principales conditions favorables à la fermentation? Quelles sont celles qui lui sont défavorables?. — Quelles sont les matières premières utilisées pour la fabrication de l'alcool industriel? — Quelles sont les principales propriétés physiques de l'alcool? — Quelle particularité présente le mélange d'alcool et d'eau? — Application au mode de graduation de l'alcoomètre. — Quelle relation y a-t-il entre la température d'ébullition d'un mélange d'eau et d'alcool et la richesse alcoolique du mélange? — Quels sont les produits de la combustion de l'alcool? — Citez des applications pratiques du pouvoir dissolvant de l'alcool. — Comment, à partir de l'alcool, peut-on obtenir l'acide acétique? — Quelle est l'action de l'acide sulfurique sur l'alcool ordinaire? — Serait-il prudent de verser de l'alcool dans de l'acide sulfurique concentré? — Comment doit-on faire le mélange d'alcool et d'acide sulfurique? — Comment peut-on fabriquer du vinaigre dans un ménage?

23ᵉ LEÇON

NOTIONS SUR LES BOISSONS FERMENTÉES

MATÉRIEL: Vin ordinaire. — Vin ayant été laissé à l'air et présentant des fleurs à sa surface. — Appareil distillatoire simple (*fig.* 122). — Petit alcoomètre Salleron et table de correction. Chlorure de baryum en solution. — Levure de bière de brasserie ou levure sèche. — Orge, malt, houblon.

Observation. — Selon la région, on développera davantage l'une ou l'autre partie de cet exposé: on insistera sur les procédés de fabrication locaux. Dans les régions viticoles, on indiquera la composition des vins du pays, leurs maladies les plus communes, leur mode de conservation, ainsi que le laboratoire régional d'analyses. S'il y a lieu, on visitera une brasserie.

Si l'on possède un microscope donnant un grossissement de 300 diamètres au moins, on pourra faire observer des cellules de levure de bière et de *mycoderma vini*.

Vin.

262. *Le vin est le liquide obtenu par la fermentation du jus de raisins frais.* — Nous allons examiner rapidement les principales phases de la fabrication du vin rouge.

Les raisins rouges sont écrasés dans de grandes cuves, puis abandonnés dans des celliers bien aérés, à la température de 20° à 25°. A la surface des grains se trouvaient les germes de fermentation; ces germes se développent dans le jus et la fermentation commence. Elle est d'abord tumultueuse et donne un abondant dégagement de gaz carbonique. A la surface de la cuve se réunissent les pellicules des grains, les grappes formant une croûte appelée *chapeau*. Quand la fermentation se ralentit, on enfonce cette croûte dans le liquide, le bouillonnement recommence et cesse tout à fait au bout de quelques jours.

On soutire le liquide et on le met dans des tonneaux. Le vin s'éclaircit dans les tonneaux en formant un dépôt ou *lie*. Ce dépôt est surtout constitué par du tartre (bitartrate de potassim) peu soluble.

Pour que le vin s'éclaircisse plus rapidement, on le *colle*. Pour le collage, on utilise le blanc d'œuf, le sang frais, l'albumine sèche, la gélatine, etc.

Supposons qu'on veuille coller au blanc d'œuf. On prend deux ou trois blancs d'œufs par hectolitre de vin, on les ajoute au vin et on agite. L'albumine se coagule sous l'action de l'alcool et du tanin, et forme dans le liquide un réseau qui entraîne les matières en suspension.

263. *Vin blanc.* — Le vin blanc est fait avec des raisins blancs. On sépare les pellicules et la grappe avant la fermentation. Pour obtenir ce résultat, on soumet le raisin au pressoir; le jus est mis en tonneaux dont on laisse la bonde ouverte. La fermentation se produit, l'anhydride carbonique s'échappe par la bonde, entraînant la levure.

En pressurant les raisins rouges, avant fermentation, on peut obtenir un vin présentant une coloration rosée ou pelure d'oignon (vin rosé, vin gris). La matière colorante est concentrée dans la pellicule et se dissout dans l'alcool à mesure que celui-ci se produit durant la fermentation du vin rouge. En enlevant les pellicules avant la fermentation, le vin est donc peu coloré.

Les *vins mousseux* peuvent être obtenus en dissolvant de l'anhydride carbonique sous pression dans des vins blancs ou dans des vins rouges, comme on fait de l'eau de Seltz.

Le *vin de Champagne* est obtenu autrement. On met le vin en bouteilles, on ajoute du sucre candi et on bouche. Le vin, même clarifié, renferme toujours de la levure. Le sucre fermente et donne du gaz carbonique qui reste dissous sous pression dans le liquide. La préparation des grands vins de Champagne exige plusieurs années.

264. *Composition du vin.* — La composition du vin est variable suivant les régions, suivant l'état de maturité du raisin lors de la vendange, etc.

Les vins ordinaires de table renferment en moyenne 10 pour 100 d'alcool; les vins d'Espagne peuvent doser 15 pour 100 d'alcool et même davantage, tandis que les vins de nos régions de l'Est n'en renferment guère que 6 pour 100.

La glycérine, l'acide succinique, produits normaux de la fermentation alcoolique, se rencontrent dans le vin.

Le vin renferme encore des substances qui proviennent du raisin : ce sont l'acide tartrique libre, le tartre (bitartrate de potassium), le tanin, la matière colorante s'il s'agit des vins rouges.

Quand on fait évaporer le vin, les substances non volatiles constituent l'*extrait sec* : 20 à 25 grammes par litre environ.

265. *Plâtrage.* — Dans le Midi, les vins rouges sont riches en tartre. Ce corps peu soluble reste en suspension dans le vin et retarde la clarification. On précipite le tartre par addition de sulfate de calcium; il se produit du tartrate de calcium insoluble qui précipite et du sulfate de potassium qui reste en dissolution. La loi tolère dans le vin 2 grammes de sulfate de potassium par litre, mais, à cette dose, la présence de ce corps n'est pas sans inconvénient.

On reconnaît qu'un vin a été plâtré par addition d'une solution de chlorure de baryum; si le vin renferme du sulfate de potassium, il y a formation d'un précipité blanc insoluble de sulfate de baryum.

Expérience. Mettre quelques centimètres cubes de vin dans un tube à essais. Ajouter une solution de chlorure de baryum et agiter. Si le vin se trouble, il a été plâtré. Dans ce cas, par le repos on obtient au fond du tube un dépôt de sulfate de baryum.

266. *Dosage de l'alcool des vins.* — On ne peut pas doser l'alcool du vin en plongeant un alcoomètre (*fig.* 121) dans le liquide, car le vin n'est pas seulement un mélange d'eau et d'alcool, il renferme d'autres substances dissoutes; il faut retirer l'alcool pour effectuer ce dosage.

Expérience. Dans un ballon de 250 grammes (*fig.* 122), mettre 100 centimètres cubes de vin. Le bouchon du ballon est traversé par un tube qui passe dans un réfrigérant. Chauffer le ballon pour porter son contenu à l'ébullition. Les vapeurs alcooliques se condensent en passant dans le réfrigérant et sont recueillies dans un flacon gradué.

Quand il est passé 50 centimètres cubes à la distillation, tout l'alcool du vin est entraîné. On ajoute de l'eau de façon à ramener le volume du liquide condensé à 100 cm³. L'alcoomètre de Gay-Lussac plongé dans le liquide ainsi obtenu donne la teneur du vin en alcool.

Ne pas oublier que l'alcoomètre de Gay-Lussac est gradué pour la température de 15°. Si la température du liquide alcoolique est différente de 15°, on fait une correction. Cette correction est indiquée dans une table livrée avec l'appareil.

267. *Maladies des vins. — Conservation des vins.* — Les vins sont sujets à de nombreuses altérations. Ces altérations sont dues au développement d'organismes microscopiques appartenant à la classe des algues ou à celle des champignons.

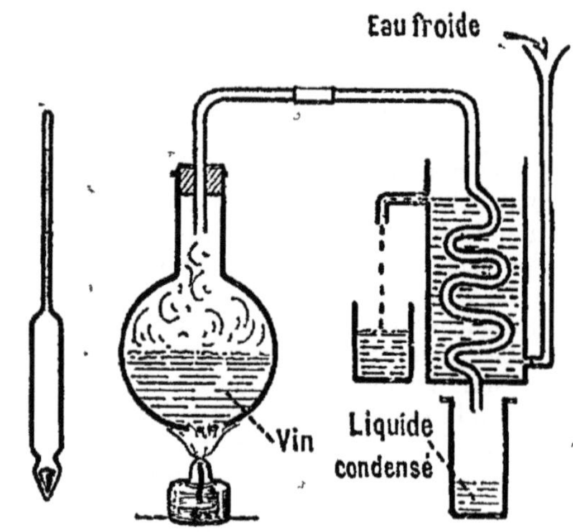

Fig. 121.
Alcoomètre.

Fig. 122.
Dosage de l'alcool des vins.

Quand on abandonne le vin à l'air, on le voit se couvrir de petits flocons blanchâtres (fleurs du vin). Ces flocons, examinés au microscope à un fort grossissement, se montrent formés de petites cellules rondes. On a affaire à un organisme appelé *mycoderma vini*, qui vit au contact de l'air et détruit l'alcool par oxydation en produisant de l'eau et du gaz carbonique.

Le vin peut aussi subir la fermentation acétique. A sa surface se développe un organisme appelé *mycoderma aceti*, qui oxyde l'alcool et le transforme en acide acétique.

Ces deux altérations du vin sont les plus fréquentes, mais d'autres encore : la *casse*, altération de la matière colorante; la *pousse*, résultant de la fermentation du tartre; la *graisse*, la *tourne*, peuvent atteindre les vins.

Ces altérations peuvent être évitées en mettant les vins dans des fûts où l'on a fait brûler une mèche soufrée. Les tonneaux sont ainsi remplis de gaz sulfureux qui détruit les germes d'altération existant dans le vin.

Un autre procédé consiste à chauffer le vin à une température de 60°; ce mode de traitement, résultant des travaux et des découvertes de Pasteur, a été appelé *pasteurisation;* il ne peut être réalisé qu'avec des appareils spéciaux et dans les grandes exploitations.

268. *Utilisation des sous-produits*. — Les *marcs*, résidus de la préparation du vin, sont ensuite utilisés pour la fabrication de l'alcool (eau-de-vie de marc). Parfois, on jette de l'eau sur les marcs, on ajoute du sucre et on laisse fermenter. On obtient alors un vin de 2ᵉ cuvée utilisé pour la consommation familiale. Après épuisement, ces marcs, riches en potasse et en acide phosphorique, peuvent être employés comme engrais. Des lies qui se déposent dans les tonneaux ou résidus de distillation, on retire l'*acide tartrique*.

Les vins de mauvaise qualité, impropres à la consommation, sont distillés en vue de la production de l'eau-de-vie. Cette distillation est peu rémunératrice en raison du bas prix des alcools industriels.

269. Production du vin en France. — Les grandes régions vinicoles françaises sont le Midi (Pyrénées-Orientales, Aude, Hérault, Gard), les Charentes, la Gironde, la Bourgogne, la Champagne. La production annuelle oscille autour de 60 millions d'hectolitres, dont plus de moitié pour les quatre départements du Midi. L'Algérie est également une région de grande production vinicole (8 à 10 millions d'hectolitres).

Pris à dose modérée (au maximum, 1 litre de vin ordinaire à 10° pour un travailleur manuel), le vin est une boisson inoffensive qu'on peut considérer comme un aliment et surtout comme un stimulant. La production suffit à peu près à la consommation.

Malgré la répression des fraudes, le vin est l'objet de nombreuses sophistications. Les laboratoires régionaux d'analyse examinent pour une somme minime les vins qui leur sont adressés en vue de les analyser.

Cidre et poiré.

270. Le cidre est préparé avec des pommes, le poiré avec des poires. Les régions productrices de cidre et de poiré sont surtout les départements de l'Ouest : Normandie et Bretagne.

Fig. 123. — Broyeur et pressoir à pommes.

Après la cueillette, les fruits sont abandonnés en tas : la maturation s'achève. On écrase ces fruits sous une meule ou dans un broyeur (*fig.* 123) et on les soumet à une forte pression pour en extraire le jus. Le jus est mis dans des tonneaux dont la bonde reste ouverte. La fermentation se produit et dure environ deux mois. On bouche alors la bonde et le liquide s'éclaircit peu à peu.

En mettant le cidre en bouteilles avant que la fermentation soit achevée, la fermentation se poursuit dans les bouteilles et on obtient le *cidre mousseux*.

Le cidre renferme 4 à 6 pour 100 d'alcool et 20 à 25 grammes d'extrait sec par litre ; il ne contient pas d'acide tartrique, mais de l'acide citrique et de l'acide malique (acides qui existent dans les fruits employés).

Le cidre est de conservation plus difficile que le vin.

La distillation du cidre donne de l'eau-de-vie dite *calvados*. (Production annuelle : environ 115 000 hectolitres.) Cette eau-de-vie est très nocive.

La production du cidre est assez difficile à évaluer; elle dépasse probablement 10 millions d'hectolitres en moyenne. En 1907, elle a atteint 16 millions d'hectolitres.

Bière.

271. La bière est la boisson fabriquée par fermentation d'une infusion d'orge germée (*fig.* 124); le liquide est additionné de houblon

Fig. 124. — A gauche, un pied d'orge : à droite, un épi; au dessous, de droite à gauche, un grain d'orge normal et un grain dont la germination a commencé.

Fig. 125. — Tige de houblon. — Les cônes sont les fleurs femelles A la base des écailles, qui constituent ces cônes, on trouve une poussière jaune d'odeur spéciale, de saveur très amère, la *lupuline*, principe actif du houblon.

(*fig.* 125) qui lui donne sa saveur spéciale et en assure la conservation. La fabrication de la bière comprend plusieurs phases :

1° Préparation de l'orge germée ou *maltage;*

2° Préparation de l'infusion de malt (brassage);

3° Addition de houblon (houblonnage);

4° Fermentation.

272. Maltage. — Le maltage consiste dans la préparation de l'orge germée ou *malt*. Les grandes brasseries préparent elles-mêmes le malt qu'elles utilisent, mais il existe des fabriques de malt ou *malteries*.

Pour obtenir le malt, on fait tremper l'orge dans l'eau; lorsque les grains sont gonflés, on les met germer dans des caves peu éclairées. On les dispose sur une aire dallée en couches de 15 à 20 centimètres. La germination se produit; l'embryon en se développant sécrète la *diastase* qui transforme partiellement l'amidon en glucose.

Quand le germe a une longueur égale à environ deux tiers de la longueur du grain, on arrête la germination; pour cela on dessèche le grain dans des *tourailles*. Le grain est disposé sur des claies dont le fond est constitué par une toile métallique. On envoie sur les claies un courant d'air chaud.

Les germes sont enlevés dans un moulin spécial, puis les grains sont grossièrement concassés; on a alors le *malt*.

273. Préparation du moût. Brassage. — Le brassage a pour but d'achever la transformation de l'amidon en glucose sous l'action de la diastase du malt.

On procède par *infusion* (Belgique, Angleterre, Nord de la France), ou par *décoction* (régions de l'Est).

Dans le brassage par infusion, on fait arriver sur le malt de l'eau chaude de façon à porter la température aux environs de 70°. Le mélange d'eau et de malt n'est jamais porté à l'ébullition; on brasse énergiquement au moyen d'un agitateur mécanique.

Dans le brassage par décoction, on fait bouillir *par portions* la bouillie de malt, et cette portion portée à l'ébullition sert à amener le reste de la masse à la température convenable.

274. Cuisson du moût. Houblonnage. — Le moût est porté à l'ébullition dans une grande chaudière pendant trois ou quatre heures. On ajoute au liquide 500 grammes de cônes de houblon par hectolitre. Lorsque la concentration est suffisante, on refroidit le moût rapidement pour éviter l'introduction des germes d'altération véhiculés par l'air.

275. Fermentation. — Dans la région du Nord, on met le moût dans des fûts légèrement inclinés dont la bonde est ouverte, puis on ajoute de la levure.

La fermentation se produit à la température de 20° environ. La levure déborde et s'échappe par la bonde. On la recueille; elle est utilisée pour une autre opération ou pour la fabrication du pain. Cette méthode est celle de la *fermentation haute.*

Dans les régions de l'Est, on procède par *fermentation basse*. Le moût est placé dans de grandes cuves. On abaisse la température aux environs de 0° avec de la glace ou au moyen de serpentins parcourus par une solution frigorifique. La fermentation s'opère lentement, la levure descend au fond de la cuve.

Après clarification, le liquide est envoyé dans de grands foudres où la fermentation continue encore plusieurs mois. La bière est alors livrée à la consommation.

276. *Composition de la bière. Conservation. Sous-produits.* — La bière contient 4 à 7 pour 100 d'alcool; de la dextrine, du glucose, des matières albuminoïdes constituent l'extrait solide (30 à 80 grammes par litre, suivant le procédé de fabrication).

La production française atteint 13 millions d'hectolitres, dont les deux tiers pour les brasseries du Nord et du Pas-de-Calais. La consommation moyenne annuelle en France est de 35 litres par tête; mais, dans les villes du Nord, cette consommation varie de 250 à 300 litres par habitant.

La Belgique, l'Angleterre, l'Allemagne sont des pays grands producteurs de bière; la consommation moyenne y est de 200, 150, 125 litres par habitant.

La bière *brune* est obtenue en grillant une partie du malt, qui se trouve transformé en caramel.

La bière fabriquée avec de l'orge et du houblon est une excellente boisson; malheureusement, pour en abaisser le prix de revient, on remplace les matières premières coûteuses par d'autres de qualité souvent inférieure. Ainsi, au malt, on substitue du glucose; au houblon, on substitue divers antiseptiques ou divers corps à saveur amère : alun, acide salicylique, acide picrique, strychnine, buis, etc.

La consommation de ces bières peut présenter des inconvénients au point de vue hygiénique. Nous avons vu, par exemple, que le glucose est préparé en saccharifiant la matière amylacée par l'acide sulfurique étendu. Or, l'acide sulfurique fabriqué à partir des pyrites contient souvent de l'arsenic. Il est facile de débarrasser le glucose de l'acide sulfurique, mais l'arsenic reste. La bière fabriquée avec du glucose arsenical est susceptible de produire des empoisonnements. C'est ce qui est arrivé en 1900 en Angleterre, où l'on a pu relever 4 000 cas d'empoisonnement, dont 300 mortels, par des bières arsenicales.

La bière est un excellent milieu de culture pour les germes de toute nature; aussi la conservation de ce liquide est-elle difficile. Pour conserver la bière, on lui fait subir la *pasteurisation*.

Les sous-produits de la fabrication de la bière sont les *touraillons*, germes desséchés de l'orge germée, et les *drèches*, constituant la partie non soluble du malt après brassage. Ces déchets sont utilisés dans l'alimentation du bétail; ils servent aussi comme engrais.

RÉSUMÉ

1. Le vin est la boisson obtenue par la fermentation du jus de raisin frais.

Pour obtenir le *vin rouge*, on écrase dans la cuve de fermentation la grappe entière de raisin; la matière colorante contenue dans la pellicule se dissout dans l'alcool formé au cours de la fermentation.

Pour obtenir le *vin blanc*, on soumet les grappes au pressoir et on ne fait fermenter que le jus du raisin.

Les *vins mousseux* renferment de l'anhydride carbonique. Le *vin de Champagne* est préparé en additionnant de sucre candi le vin mis en bouteilles. Le sucre subit la fermentation et produit du gaz carbonique qui rend le vin mousseux.

2. Le vin renferme de l'alcool, de la glycérine, du tanin, des acides libres, surtout de l'acide tartrique, du tartre (bitartrate de potassium), des matières colorantes.

Quand le vin a été plâtré, il renferme du sulfate de potassium dissous, qu'on met en évidence au moyen d'une solution de chlorure de baryum.

3. Le *cidre* s'obtient en faisant fermenter le jus de pommes, le *poiré* est fabriqué avec le jus de poires.

4. La *bière* s'obtient en faisant une infusion d'orge germée, en additionnant cette infusion de houblon et en soumettant le liquide obtenu à la fermentation.

a) La préparation de l'orge germée constitue le *maltage;*

b) Le *brassage* consiste à obtenir le moût par infusion ou par décoction du malt;

c) Le moût additionné de houblon est soumis à la cuisson jusqu'à concentration suffisante;

d) Le liquide obtenu subit la fermentation. Dans le Nord, la bière subit la fermentation haute; dans l'Est, on opère par fermentation basse.

EXERCICES

Comment obtient-on le vin rouge, le vin blanc, le vin mousseux, le vin de Champagne? — Peut-on faire du vin blanc avec des raisins rouges? — Quelles sont les grandes régions vinicoles de France? — Quelles sont les principales substances que l'on trouve dans le vin? — Pourquoi plâtre-t-on le vin? — Quelle substance rencontre-t-on dans le vin plâtré? — Comment peut on reconnaître qu'un vin est plâtré? — Comment s'obtient le cidre, le poiré? — Quelles sont les principales phases de la fabrication de la bière? — En quoi consiste le maltage? — Quel est le rôle du brassage? — A quoi sert le houblon dans la fabrication de la bière? — Quelle différence y a-t-il entre les procédés de fermentation usités dans le Nord et dans l'Est?

24° LEÇON

CORPS GRAS. — BOUGIES. — SAVONS

Matériel : Suif, huile d'olive, huiles diverses. — Bougies. — Graines oléagineuses diverses : colza, navette, arachides (cacahuètes), noix de coco (coprah). — Olives. — Tourteaux.

On peut, en hiver, séparer l'oléine et la palmitine de l'huile d'olive figée. Cette séparation ne peut guère se faire avec les huiles blanches ordinaires. — Eau de chaux. — Ammoniaque. — Savon blanc. — Savon mou. — Savon de toilette. — Solution de savon blanc dans l'eau de pluie. — Eau de pluie, eau calcaire (v. 2° leçon). — La préparation de l'emplâtre est assez longue; elle pourra être faite en dehors de la classe.

277. *Propriétés générales des corps gras.* — L'huile d'olive, le beurre de vache, le suif de bœuf ou de mouton, la graisse de porc ou saindoux, sont des substances que tout le monde connaît. Ce sont les types d'un grand nombre de corps qui existent naturellement chez les animaux ou les végétaux et qui possèdent les propriétés générales suivantes :

Ces corps sont *neutres* aux réactifs colorés; au toucher ils laissent une impression spéciale dite *onctueuse;* on les appelle *corps gras neutres.*

Expériences : I. Agiter de l'huile d'olive avec de l'eau : les deux liquides restent distincts; il en serait de même de tout autre corps gras. Ces corps sont *insolubles* dans l'eau.

II. Prendre trois tubes à essais, renfermant de l'éther, de la benzine et du sulfure de carbone. Placer dans chaque tube un petit morceau de suif. Chauffer un bain-marie (loin de toute flamme, car les liquides employés sont très volatils et leurs vapeurs sont éminemment combustibles). Le suif se dissout.

Ainsi, *la benzine, le sulfure de carbone, l'éther, sont les dissolvants des corps gras.* Cette propriété est utilisée pour enlever les taches de corps gras sur les vêtements et pour l'extraction industrielle de certains de ces corps. Il faut joindre à ces dissolvants l'alcool bouillant.

III. Laisser tomber une goutte d'huile sur une feuille de papier blanc; elle forme une tache translucide qui ne disparaît pas quand on chauffe. (Le pétrole fait aussi tache sur le papier, mais cette tache disparaît par la chaleur.)

IV. Chauffer dans un tube à essais un morceau de suif : il fond, puis le liquide bout en se décomposant; on enflamme ses vapeurs à l'extrémité du tube, mais on ne peut les condenser sur une assiette froide; la décomposition du suif a donné des produits gazeux *combustibles.* C'est ce qui se produit lorsqu'on enflamme ces corps.

V. Allumons une bougie, par exemple : la substance de la bougie fond, mais ce n'est pas la vapeur du liquide qui brûle; il y a décomposition de ce liquide dans le voisinage de la mèche, et ce sont les gaz provenant de cette décomposition qui brûlent avec une flamme éclairante. Soufflons la bougie et approchons de la mèche une allumette enflammée : la bougie se rallume alors que la flamme de l'allumette est encore à plus de 1 centimètre de la mèche.

VI. Chauffons de l'huile ou du suif sur une lame métallique : le corps gras brûle en répandant une odeur désagréable, âcre, due à la formation d'un produit d'oxydation appelé *acroléine*.

Abandonnés à l'air, les corps gras subissent une oxydation lente et prennent une odeur et une saveur désagréables : on dit qu'il *rancissent*. Chacun connaît l'odeur de graisse brûlée, l'odeur et la saveur du beurre, de l'huile rance. Le rancissement rend les corps gras impropres à l'alimentation.

278. Classification des corps gras. — On classe les corps gras d'après leur état physique. On distingue :

1° Les *huiles*, liquides à la température ordinaire ;
2° Les *beurres*, solides, mais à point de fusion peu élevé (20° à 30°);
3° Les *graisses*, à point de fusion dépassant 40°.

279. Extraction des corps gras. — **Huiles.** En France, l'huile indigène qui a la plus grande importance est huile d'olive contenue dans les *fruits* de l'olivier (*fig.* 126, 127). On retire aussi de l'huile des

Fig. 126. — Olivier.

Fig. 127. — Branche d'olivier.
a, fleur; *b*, fruits.

graines de diverses plantes : colza, navette, lin, chanvre, noix, pavot (huile d'œillette), amandes, ricin, hêtre (huile de faîne), moutarde.

On retire une grande quantité d'huile des graines de sésame, d'arachide et des fruits du cocotier (*fig.* 128, 129) [huile de palme], plantes des pays tropicaux. L'importation des graines oléagineuses atteint 800 000 tonnes. L'importation des huiles dépasse en France 300 000 tonnes, dont 120 000 pour la seule ville de Marseille.

Enfin, on retire de l'huile du corps de certains animaux : citons l'*huile de baleine*, l'*huile de foie de morue*, bien connue en médecine, et qui renferme des iodures; *l'huile de pied de bœuf*, utilisée pour le graissage des machines.

Nous ne nous occuperons que de l'extraction des huiles végétales et nous prendrons pour type l'extraction de l'huile d'olive :

a) Les fruits sont écrasés sous des meules verticales représentées par la figure 130. La bouillie ainsi obtenue est introduite dans des sortes de sacs formés d'un tissu résistant et soumise à l'action d'une presse hydraulique. On obtient ainsi l'*huile vierge*.

b) Les *tourteaux* qui restent dans les sacs sont broyés à nouveau et pressés à chaud. On obtient alors l'huile ordinaire de table.

c) Les tourteaux provenant de cette seconde opération renferment encore 10 à 12 pour 100 d'huile; on peut extraire une partie de cette huile par une troisième pression à chaud, mais on obtient de meilleurs résultats en épuisant ces tourteaux par le sulfure de carbone. On emploie maintenant dans l'industrie le tétrachlorure de carbone (CCl^4).

Fig. 128. — Cocotier.

Beurres. Quand nous étudierons le lait, nous indiquerons comment on prépare le beurre ordinaire ou de vache.

Suifs et graisses. Le suif est la matière grasse des herbivores (bœuf, mouton); c'est un corps gras qui se dépose dans les cellules de divers tissus. Pour obtenir le suif, on chauffe la graisse : les enveloppes des cellules se déchirent et le suif s'écoule.

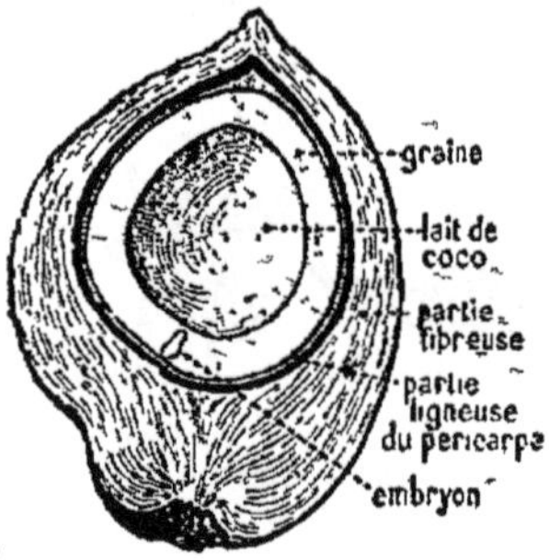

Les débris des cellules sont soumis à une pression et réunis en pains ou *cretons* utilisés pour la nourriture des chiens et des porcs.

Les *chandelles* de jadis étaient faites avec du suif. La graisse de porc, même celle du bœuf, sont employées dans diverses régions pour remplacer le beurre ou l'huile dans les préparations culinaires.

Les graines d'arachide constituent le tiers environ de l'importation des graines oléagineuses : ces graines sont les *cacahuètes*, si recherchées par les enfants.

Fig. 129. — Noix de coco (coupe longitudinale).

Les amandes de noix de cocotier renferment aussi de l'huile. Ces amandes sont expédiées en Europe sous le nom de *coprah;* leur importation atteint 80 000 tonnes.

Les graines de sésame entrent pour 100000 tonnes, celles de lin pour 150000 tonnes dans l'importation.

L'huile d'arachide est comestible.

Du coprah on retire une graisse végétale solide appelée *végétaline* ou *coccosine*, utilisée comme succédané du beurre pour les usages de la cuisine.

La plus grande partie des graines oléagineuses provenant de l'importation donne des huiles utilisées dans la fabrication des savons.

Les résidus de la fabrication des huiles sont les *tourteaux*, utilisés pour la nourriture du bétail. La production française des tourteaux atteint 400 000 tonnes et la production des huiles 300 000 tonnes.

L'industrie de la matière grasse et les industries annexes (bougies, savons) représentent pour la France un chiffre d'affaires de *un milliard* de francs, dont le tiers pour la ville de Marseille.

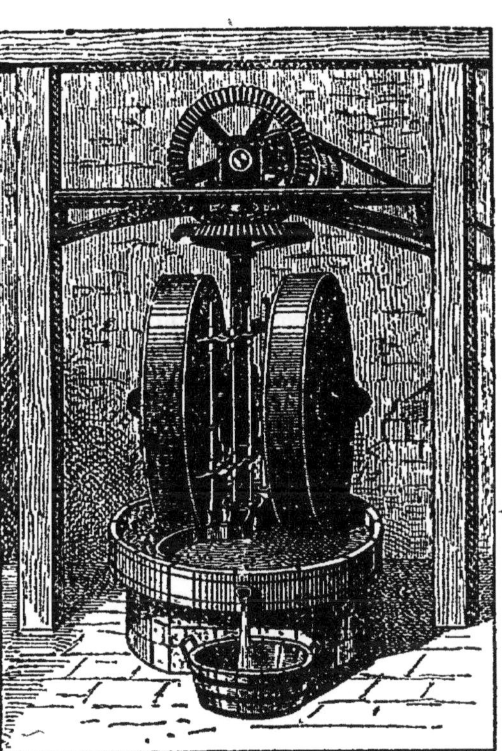

Fig. 130. — Moulin pour écraser les olives et autres graines oléagineuses.

Constitution des corps gras.

280. EXPÉRIENCE. Dans un tube à essais ou dans un petit flacon, verser quelques centimètres cubes d'huile d'olive; plonger le tube dans un mélange réfrigérant. L'huile prend la consistance solide; elle se fige. Ce fait se produit en hiver pour l'huile de commerce.

Retirer l'huile figée, la presser avec une feuille de buvard; on enlève une matière qui tache le papier : c'est l'*oléine*, liquide à la température ordinaire; il reste une matière solide, fondant à 61° : c'est la *palmitine*, ainsi appelée parce qu'elle forme la majeure partie de l'huile de palme. La palmitine est insoluble dans l'eau, soluble dans l'alcool bouillant; en la faisant dissoudre dans l'alcool, on peut l'obtenir en beaux cristaux nacrés.

Ainsi, nous voyons que *l'huile d'olive est un mélange d'oléine* (72 pour 100) *et de palmitine* (28 pour 100).

La palmitine est parfois appelée *margarine;* mais comme il peut y avoir confusion entre la margarine, substance chimique bien définie, et le produit complexe vendu dans le commerce sous le nom de margarine, nous n'emploierons dans ce qui va suivre que le terme palmitine.

Outre la palmitine et l'oléine, le suif renferme encore un autre corps appelé *stéarine*, insoluble dans l'eau, soluble dans l'éther bouillant, cristallisant en paillettes et fondant à 71°.

EXPÉRIENCE. Dans un tube à essais contenant de l'huile d'olive, verser de l'eau de chaux. Il se forme un précipité blanc qui donne à la masse un aspect laiteux. On obtient ainsi le liniment oléo-calcaire des pharmaciens, utilisé pour le pansement des brûlures

Le précipité est dû à la combinaison de la chaux avec des acides qui existent dans les corps gras. Dans le cas de l'huile d'olive, ces acides sont l'*acide oléique* et l'*acide palmitique*. Ces acides sont combinés à un corps de saveur sucrée, 3 fois alcool, la *glycérine*. La glycérine étant 3 fois alcool, une molécule de glycérine s'unit à 3 molécules d'un acide monobasique, et cette combinaison est un *éther* de la glycérine. L'oléine est l'éther de la glycérine correspondant à l'acide oléique; la palmitine correspond à l'acide palmitique; la stéarine correspond à l'acide stéarique.

EXPÉRIENCE. Dans une capsule en porcelaine, on chauffe de la graisse de porc avec de la litharge (oxyde de plomb); on ajoute de l'eau et on agite constamment. On voit se former une masse pâteuse, grisâtre ; c'est l'*emplâtre simple* des pharmaciens. La partie liquide renferme la glycérine.

Quant à l'emplâtre, c'est une combinaison de l'oxyde de plomb avec les acides gras de la graisse : acides oléique, palmitique, margarique.

En définitive, nous voyons que :

1° Les corps gras sont un mélange en proportions diverses de stéarine, de palmitine et d'oléine;

2° La stéarine, la palmitine, l'oléine, résultent de la combinaison de glycérine et d'acide stéarique, palmitique, oléique, appelés acides des corps gras;

3° Les bases décomposent les corps gras en mettant la glycérine en liberté; cette décomposition s'appelle *saponification*. La combinaison d'une base et d'un acide des corps gras porte le nom de *savon*.

Ainsi, le liniment oléo-calcaire renferme des savons de chaux; l'emplâtre simple est un mélange de savons de plomb; nous verrons prochainement que les savons du commerce sont obtenus en saponifiant les corps gras par la potasse ou la soude caustique.

Les savons de potasse et de soude seuls sont solubles, les autres sont insolubles.

Bougies.

281. La substance des bougies est un mélange d'acide stéarique et d'acide palmitique ; cette substance est obtenue par saponification des suifs et des graisses; on obtient comme sous-produit de l'acide oléique, liquide à la température ordinaire et que l'on sépare par compression.

En définitive, la fabrication des bougies comprend deux opérations principales :

1° Saponification des corps gras;

2° Séparation de l'acide oléique.

Le mélange d'acides gras solides est fondu, puis coulé dans des moules métalliques dans l'axe desquels est tendue une mèche de coton tressée et imbibée d'acide borique.

L'acide borique donne avec les matières minérales constituant les cendres de la mèche un petit globule de verre qui perle à l'extrémité de la mèche; celle-ci se recourbe et son extrémité arrive dans la région externe de la flamme, là où l'air est en quantité suffisante et la combustion complète. Le coton qui forme la mèche subit ainsi une combustion complète, tandis que, dans les anciennes chandelles de suif, la mèche restant dans la partie centrale de la flamme était seulement charbonnée, ce qui obligeait à *moucher la mèche.* Après le moulage, les bougies subissent une préparation mécanique; elles sont blanchies, polies, coupées à la longueur convenable et empaquetées.

Industrie des savons.

Comme nous l'avons vu, *les savons sont les sels métalliques correspondant aux acides oléique, palmitique, stéarique.*

Les savons alcalins seuls sont solubles et présentent un intérêt pratique; les savons de soude sont durs : ce sont les savons ordinaires; les savons de potasse sont mous.

282. *Principe de la préparation industrielle.* — EXPÉRIENCE. Dans un tube à essais, verser quelques centimètres cube d'huile d'olive, puis 10 centimètres cubes environ d'ammoniaque. Agiter; chauffer légèrement. Il s'est formé un savon d'ammoniaque soluble. Ajouter de l'eau salée; le savon *insoluble dans l'eau salée* se réunit à la partie supérieure du tube.

Les diverses opérations industrielles que nécessite la fabrication des savons ne sont que la reproduction en grand de l'expérience précédente. Le détail des opérations varie avec les usines et avec les matières premières traitées.

En général la fabrication comporte les différentes phases suivantes :

1° Saponification des corps gras au moyen de lessives de soude caustique;

2° Évacuation des lessives chargées de glycérine;

3° Précipitation du savon par des lessives salées.

Le savon est ensuite coulé dans des cadres rectangulaires, puis débité en pains et en morceaux.

Propriétés des savons.

283. Nous ne considérerons que les savons durs ou à base de soude.

EXPÉRIENCES. I. Dissoudre 1 gramme de savon râpé dans 100 grammes d'eau de pluie. Verser quelques centimètres cubes de cette solution dans un tube à essais, ajouter de l'eau salée; le savon précipite en grumeaux. Ainsi, le savon, soluble dans l'eau pure, n'est pas soluble dans l'eau salée. Cette propriété est utilisée dans l'industrie des savons.

II. Mettre dans trois tubes à essais la même quantité (10 centimètres cubes par exemple) : *a*) d'eau de pluie; *b*) d'eau chargée de calcaire; *c*) d'eau séléniteuse. Dans chacun des tubes verser 1 centimètre cube de la solution précédente, agiter. Avec l'eau de pluie, on obtient une mousse persistante. Avec les eaux calcaires et séléniteuses, on n'obtient pas de mousse et on remarque la formation de grumeaux. Ces grumeaux sont un savon calcaire, résultant de la double décomposition qui se produit entre le savon de soude et les sels calcaires. Cela explique pourquoi les eaux chargées de calcaire et les eaux séléniteuses sont impropres au savonnage. Avec ces eaux, on n'obtient une mousse persistante qu'après précipitation des sels calcaires par le savon. Cette expérience nous donne encore le principe du dosage rapide des sels calcaires que renferme une eau (hydrotimétrie).

Glycérine [$C^3H^5(OH)^3$].

284. La *glycérine* est un résidu de la fabrication des savons et des bougies. Après purification, c'est un liquide incolore, inodore, de saveur sucrée, de consistance sirupeuse. Sa densité est 1,26. La glycérine se mélange à l'eau et à l'alcool en toutes proportions; elle absorbe la vapeur d'eau et sert à maintenir humides certaines substances.

En médecine, on utilise des composés de la glycérine et de l'acide phosphorique, appelés *glycérophosphates*. Le jaune d'œuf renferme un composé azoté voisin des précédents.

La glycérine se combine à l'acide azotique pour donner la nitroglycérine, explosif extrêmement dangereux. Absorbée par certaines substances siliceuses, la nitroglycérine donne la *dynamite;* mélangée au coton-poudre, elle constitue la base de diverses poudres sans fumée.

RÉSUMÉ

1. Les graisses, les suifs, les beurres, les huiles sont des *corps gras;* les huiles sont liquides, les graisses et les suifs sont solides à la température ordinaire. Les corps gras existent tout formés chez les animaux ou chez les végétaux.

Les corps gras sont *neutres, insolubles* dans l'eau; ils sont solubles dans la benzine, le sulfure de carbone, l'éther, l'alcool bouillant. Ceux qui sont solides fondent à une température qui ne dépasse pas 70°; la chaleur les décompose avec formation d'une substance d'odeur âcre, désagréable, l'*acroléine;* les produits gazeux provenant de leur décomposition sont combustibles. A l'air, les corps gras s'oxydent et *rancissent.*

2. Les fruits de l'olivier sont la source la plus importante de l'huile indigène; on fait aussi de l'huile de noix, de faîne, de colza, d'œillette, de navette. Les principales matières oléagineuses importées sont les graines d'arachides (cacahuètes), les amandes de coco (coprah), les graines de sésame, de coton, de lin, etc.

Pour extraire les huiles, on broie sous des meules les fruits ou les graines oléagineuses; la bouillie obtenue est soumise à la presse hydraulique à froid; les résidus solides ou *tourteaux* sont broyés à nouveau et soumis à une pression à chaud.

Les tourteaux provenant de cette deuxième pression sont utilisés pour la nourriture du bétail; on peut encore les épuiser en principes oléagineux par l'action du sulfure de carbone ou du tétrachlorure de carbone.

Les suifs se retirent par fusion de la graisse des herbivores. Les enveloppes des cellules du tissu adipeux (ou tissu graisseux) se déchirent et on obtient le suif.

3. Les corps gras sont un mélange en proportions diverses d'*oléine*, de *palmitine* et de *stéarine*. L'huile d'olive ne renferme que de l'oléine et de la palmitine; le suif, la graisse de porc renferment en outre de la stéarine.

L'oléine, la palmitine, la stéarine résultent de la combinaison de *glycérine* et d'acide oléique, d'acide palmitique ou d'acide stéarique.

Les bases décomposent les corps gras; elles se combinent aux acides pour former des *savons;* la glycérine est mise en liberté. Cette décomposition s'appelle *saponification.*

Les savons de potasse et de soude sont seuls solubles; les autres sont insolubles.

4. La substance des *bougies* est un mélange d'acide stéarique et d'acide palmitique; cette substance est obtenue par la saponification des suifs et des graisses.

La saponification s'opère au moyen de la chaux; outre les acides précédents, on obtient de l'acide oléique, qu'on sépare par compression d'abord à froid, puis à chaud.

Le mélange d'acides gras est ensuite versé dans des moules où on a placé une mèche en coton tressé imbibée d'acide borique.

5. Les *savons* sont les sels métalliques correspondant aux acides des corps gras. Les savons à base de soude sont durs, ceux à base de potasse sont mous.

Pour préparer les savons durs, on saponifie les corps gras (huiles) par des lessives de soude caustique de plus en plus concentrées; on opère à la température d'ébullition.

Le savon formé, insoluble dans l'eau salée, précipite par une lessive salée; on le débarrasse du sel entraîné par des lavages à l'eau, puis on le coule dans les *mises*, où il se solidifie.

Les savons *mous* sont à base de potasse et d'acide oléique.

Le savon est soluble dans l'eau pure; il forme avec les eaux chargées de sels de chaux un précipité insoluble de savon de chaux.

6. La *glycérine* $C^3 H^5 (OH)^3$ est un résidu de la fabrication des bougies et des savons; c'est un liquide sirupeux, incolore, inodore, de saveur sucrée, soluble dans l'eau et l'alcool; elle est hygroscopique, c'est-à-dire qu'elle absorbe la vapeur d'eau.

La *nitroglycérine*, explosif dangereux, est obtenue par l'action de l'acide azotique fumant sur la glycérine. La nitroglycérine, absorbée par une substance siliceuse pulvérulente (kieselguhr), donne la *dynamite*.

EXERCICES

Citez des corps gras. — Quels sont les dissolvants des corps gras? — Action de la chaleur sur les corps gras? — Pourquoi le beurre prend-il à l'air une odeur et une saveur désagréables? — Quelles sont les plantes oléagineuses indigènes, exotiques? — Comment obtient-on l'huile d'olive? — Qu'est-ce que les tourteaux? — Quelle est l'utilisation des tourteaux? — Comment obtient-on le suif? — Qu'arrive-t-il en hiver à l'huile soumise à un froid intense? Quelle est la constitution des huiles, des suifs? — Quelle est la constitution de l'oléine, de la palmitine, de la stéarine? — Quelle est l'action des bases sur les corps gras? — Qu'appelle-t-on savon? — Qu'est-ce que le liniment oléo-calcaire employé contre les brûlures? — Qu'est-ce que la glycérine? — Comment obtient-on la nitroglycérine? — Qu'est-ce que la dynamite? — Quelle est la constitution de la substance des bougies? — Quelles matières premières sont utilisées dans la fabrication des bougies? — Quelles sont les principales opérations de la fabrication des bougies? — Quelle est la constitution du savon ordinaire? — Quelles sont les principales opérations de la fabrication du savon ordinaire? — Quelle différence y a-t-il entre le savon ordinaire et le savon mou? — Quelle est l'action du savon ordinaire sur les eaux chargées de calcaire ou de plâtre? — Quelle est l'action du savon sur l'eau salée?

25° LEÇON

PRINCIPAUX ALIMENTS. — PAIN, LAIT, ŒUFS, VIANDE

MATÉRIEL : OEuf. Séparer le blanc et le jaune. Délayer le blanc dans 250 grammes d'eau environ. — Alcool à 95°. — Acide chlorhydrique. — Solution de tanin. — Solution de sulfate de cuivre. — Pepsine. La pepsine agit en milieu *faiblement* acide. La proportion d'HCl pur dans la solution ne doit pas dépasser 5 pour 1 000. 20 gouttes dans 100 cm³ d'eau suffisent. On peut employer le blanc d'œuf coagulé ou le blanc d'œuf non coagulé. Dans ce dernier cas, il suffit de montrer à la classe suivante que le liquide ne coagule plus. — Lait. — Éprouvette cylindrique de 20 à 30 centimètres de haut. — Pèse-lait. — Farine. — Amidon. — Gluten.

Notions sommaires sur l'alimentation.

285. L'organisme de l'homme est comparable à une machine thermique; il produit de la chaleur qui est utilisée :

1° A compenser les déperditions calorifiques qui se produisent par rayonnement et à maintenir constante la température interne;

2° A fournir l'énergie nécessaire aux contractions musculaires et aussi au travail intellectuel. Quand on parle des contractions musculaires, il faut avoir en vue non seulement les muscles externes du corps, muscles des membres, du tronc, etc., mais encore les muscles qui interviennent dans les fonctions de nutrition : contractions du cœur, du diaphragme, mouvements péristaltiques du tube digestif, etc.

Nous pouvons donc évaluer en *calories* la quantité de chaleur dépensée en un jour sous les deux formes précédentes. Rappelons qu'on appelle calorie la quantité de chaleur nécessaire pour élever de 1° la température de 1 kilogramme d'eau.

D'autre part, dans le fonctionnement de l'organisme, il y a usure des tissus et destruction de matière azotée. Cette matière azotée est transformée en urée, en acide urique, puis éliminée par les reins et les glandes sudoripares.

Enfin, il y a élimination également par l'urine et la sueur d'une certaine quantité de matières minérales : chlorures, phosphates, sulfates, etc.

En définitive, il faut fournir à l'organisme les substances capables de réparer les pertes et de lui procurer la chaleur et l'énergie nécessaires à son fonctionnement. Ces substances sont des *aliments*.

Ces aliments comprendront donc :

a) Des substances minérales : chlorures, phosphates, etc.; il faut y joindre l'eau et l'oxygène nécessaires aux oxydations internes. Ce dernier corps, qu'on peut appeler aliment gazeux, est introduit dans l'organisme par la respiration, dont nous n'avons pas à nous occuper ici;

b) Des substances organiques renfermant de l'azote. Ces substances sont surtout des albumines : fibrine, caséine, etc. Il faut y ajouter la gélatine;

c) Des substances organiques non azotées, ne renfermant que du carbone, de l'hydrogène et de l'oxygène. Ces aliments dits *ternaires* sont la principale source de chaleur et d'énergie de l'organisme. On les divise en deux groupes :

1° Les hydrates de carbone, dans lesquels le carbone et l'hydrogène se rencontrent dans les mêmes proportions que dans l'eau : matière amylacée, amidon et fécule ($C^{12}H^{10}O^5$), glucoses ($C^6H^{12}O^6$), sucre de canne ou de betterave ($C^{12}H^{22}O^{11}$);

2° Les graisses ou corps gras : huiles, beurres, graisses, combinaison de glycérine et d'acides gras (stéarique, palmitique, oléique, etc.).

Les aliments subissent dans le tube digestif diverses transformations, puis la partie utile à l'organisme, les éléments nutritifs que renferment les aliments passent dans le sang et sont véhiculés par ce liquide dans toutes les parties du corps. Le plasma sanguin transsude à travers la paroi des capillaires et constitue la *lymphe* qui baigne les cellules. Cette lymphe renferme les éléments nutritifs; les cellules y puisent directement ce qui leur est nécessaire. Les cellules prennent d'autre part à travers la paroi des capillaires l'oxygène apporté par les globules rouges du sang. Au niveau des cellules se produit une série de phénomènes d'hydratation et d'oxydation, phénomènes mal connus dans le détail, mais dont le résultat est la production de gaz carbonique et de vapeur d'eau, aux dépens surtout du glucose et des graisses, production d'urée aux dépens des matières albuminoïdes. Le gaz carbonique s'élimine par les poumons, l'urée s'élimine par l'urine et par la sueur.

Ration alimentaire.

286. *Pertes de l'organisme.* — Il est possible de déterminer les pertes de l'organisme pour une période donnée. Connaissant le poids des excrétions (urine et sueur) par vingt-quatre heures, on peut trouver en analysant ces liquides le poids de matière minérale et d'azote éliminé.

On a pu, d'autre part, déterminer la quantité de chaleur nécessaire à l'organisme en vingt-quatre heures.

Il faut, par l'alimentation, apporter à l'organisme l'énergie calorifique, les matières minérales, l'azote, en quantité suffisante pour
réparer les pertes journalières.

Déterminer la *ration alimentaire* d'un individu, c'est indiquer la
nature et la quantité des aliments qui lui sont nécessaires pour une
période de vingt-quatre heures.

Pour un adulte, du poids moyen de 70 kilogrammes, au repos, les
pertes de l'organisme peuvent se décomposer ainsi :

Sels minéraux	20 à 25 grammes.
Azote.	15 grammes.
Dépense de chaleur	2.500 calories.

Un aliment qui renferme en proportions convenables les matières
nécessaires à l'alimentation constitue un aliment complet.

Nous allons examiner la constitution des matières alimentaires
suivantes : œufs, lait, pain, viande.

Œufs.

287. Nous n'avons pas ici à considérer l'œuf de poule au point de
vue physiologique, mais seulement au point de vue alimentaire.
L'œuf de poule comprend :

1° Une coquille externe formée surtout de calcaire;

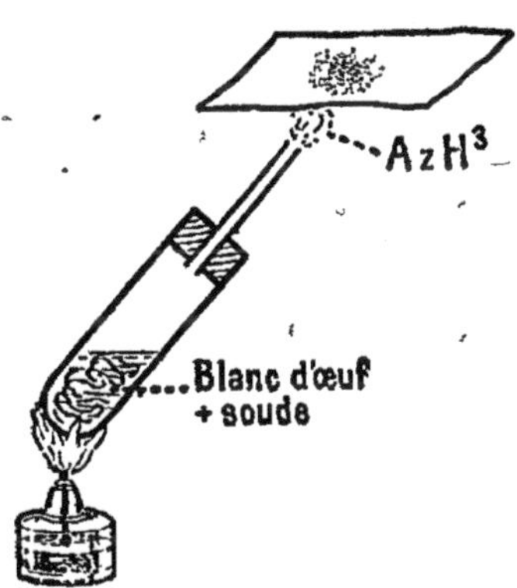

Fig. 131. — Le blanc d'œuf, chauffé avec
un alcali, dégage du gaz ammoniac
qui bleuit le papier de tournesol rouge.

2° Des membranes qui tapissent
intérieurement la coquille et qui
sont de nature albuminoïde;

3° Un liquide incolore, le blanc
d'œuf, renfermant surtout de l'albumine;

4° Une partie jaune ou *vitellus*,
riche en albumine, en corps gras,
en lécithine et en sels minéraux
(phosphates et chlorures).

Sur le jaune, on remarque une
tache blanche : c'est une vésicule
contenant le germe. Ce germe est
l'œuf physiologique; c'est une cellule qui se multiplie quand elle est
placée dans des conditions favorables. La multiplication de cette cellule donne naissance au jeune pou-
let. La masse du jaune et du blanc est destinée à assurer le développement de l'embryon jusqu'au moment de l'éclosion.

288. Albumine. — Le blanc d'œuf, type des matières azotées, va
nous servir pour faire l'étude des matières dites albuminoïdes.

L'albumine renferme de l'azote. Expérience. Chauffer dans un tube
à essais du blanc d'œuf avec de la potasse ou de la soude caustique,

ou mieux avec de la chaux sodée (*fig.* 131). On sent l'odeur piquante caractéristique du gaz ammoniac qui se dégage; ce gaz bleuit un papier de tournesol rougi par un acide. Or, l'ammoniaque est formée d'azote et d'hydrogène, ce qui montre la présence d'azote dans le blanc d'œuf.

Quand on laisse tomber le blanc d'œuf sur le poêle chaud, cette substance se calcine en répandant une odeur désagréable de corne brûlée. Le lait, le pain, la viande brûlés répandent également cette odeur, qui peut même servir à caractériser la substance azotée. La caséine du lait, le gluten que nous avons trouvé dans la farine, la *fibrine* qui existe dans la viande sont, en effet, des matières azotées.

La composition de l'albumine *sèche* est donnée par le tableau suivant :

Carbone.	Hydrogène.	Azote.	Soufre.	Oxygène.
52,7	7,1	16,5	1,8	21,9

Action de la chaleur. EXPÉRIENCE. Chauffer dans un tube à essais de l'eau albumineuse (eau dans laquelle on a délayé un blanc d'œuf) : l'albumine *coagule.*

Cette coagulation se produit à une température supérieure à 70°; elle a lieu en quelques minutes quand on plonge les œufs dans l'eau bouillante.

Action des acides, de l'alcool, du tanin. EXPÉRIENCES. Prendre de l'eau albumineuse dans trois tubes à essais; verser :

1° De l'alcool concentré : coagulation;

2° Quelques gouttes d'acide chlorhydrique : coagulation. Tous les acides produiraient le même résultat;

3° Une solution de tanin : il se forme un précipité résultant de la combinaison de l'albumine et du tanin, composé *imputrescible.* Le tannage des peaux est basé sur cette dernière réaction.

Dans le *collage des vins*, on peut admettre que l'on utilise à la fois les trois réactions précédentes, car le vin renferme à la fois de l'alcool, des acides, du tanin. Lorsqu'un vin est trouble, il renferme de fines particules solides en suspension; on le clarifie en le collant. Pour un hectolitre de vin, on prend deux ou trois blancs d'œuf qu'on délaye dans deux litres de vin. On introduit le liquide dans le vin à coller, on agite violemment.

L'albumine se coagule lentement, formant un réseau à mailles fines qui entraîne au fond du fût les matières en suspension.

Action des sels métalliques. EXPÉRIENCE. Dans un tube à essais renfermant de l'eau albumineuse, verser quelques gouttes d'une solution de sulfate de cuivre : il se forme un précipité insoluble.

Il en serait de même avec une solution d'un sel de plomb, d'argent, de mercure, d'où l'emploi de l'eau albumineuse dans les empoisonnements par les corps précédents.

Action de la pepsine. Dans un ballon, mettre 100 grammes d'eau à 50° et 10 grammes de blanc d'œuf coagulé par la chaleur, additionner de *quelques gouttes* d'acide chlorhydrique, puis de quelques pincées de pepsine en poudre. En maintenant la température à 50°, on obtient au bout de quelques heures la disparition de l'albumine. La pepsine a transformé l'albumine en une substance soluble, né coagulant plus par les réactifs qui coagulent l'albumine : cette substance est une *peptone*. A la température ordinaire, la transformation est plus lente et s'effectue en plusieurs jours. Cette transformation de l'albumine en peptone se fait dans notre organisme sous l'action du suc gastrique et du suc pancréatique.

Putréfaction de l'albumine. Abandonnons à l'air de l'eau-albumineuse. Au bout de quelques jours, le liquide dégage une odeur nauséabonde. C'est que l'albumine est entrée en putréfaction. Parmi les produits de sa décomposition figurent l'ammoniaque et l'hydrogène sulfuré.

289. *Valeur alimentaire des œufs.* — Un œuf de poule pèse de 50 à 70 grammes; on peut, sans grosse erreur, prendre 50 grammes pour poids moyen de la partie alimentaire. Ces 50 grammes sont constitués par 30 grammes de blanc et 20 grammes de jaune environ.

Les œufs forment un aliment précieux, de digestion facile et s'accommodant de façons très variées.

Un œuf fournit 7 grammes de matière albuminoïde et 70 calories environ. Le jaune renferme en outre des graisses phosphorées (lécithine), que l'organisme assimile facilement.

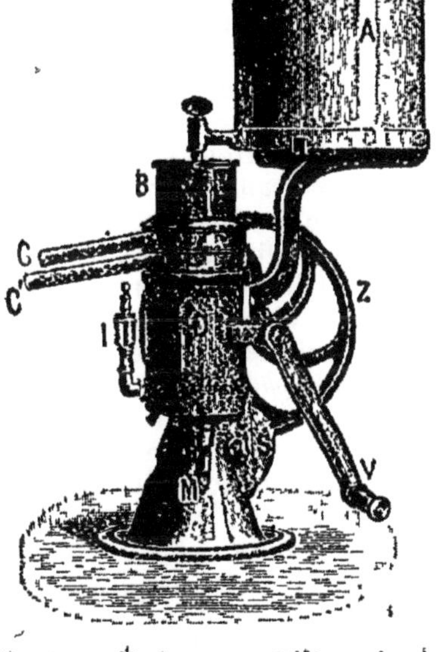

Fig. 132. — Écrémeuse centrifuge : A, récipient pour le lait non écrémé; B, vis à crème; C, conduit de la crème; C', conduit du lait écrémé; D, bol; I, boîte à huile; M, pied en fonte; V, manivelle; Z, volant.

Lait et ses dérivés.

290. Le lait constitue un aliment complet pour les jeunes mammifères. Les expériences suivantes vont nous faire connaître les substances qui entrent dans la composition du lait de vache.

EXPÉRIENCES. I. Dans une éprouvette (*fig.* 133), verser du lait frais sur une hauteur de 20 centimètres. Laisser cette éprouvette en repos dans un local à une température de 20° à 30°. Au bout de 24 heures, on voit que le liquide s'est partagé en deux couches : la couche supérieure est la *crème*, d'une épaisseur de 20 à 30 millimètres; la crème renferme la matière grasse du lait.

Dans l'industrie laitière, on retire la crème du lait frais immédiatement après la traite par l'écrémage centrifuge (*fig.* 132).

La crème, battue dans une baratte (*fig.* 134), donne le *beurre*.

II. Dans du lait écrémé, verser un peu de *présure*. Au bout de quelques heures, le liquide est *caillé*. Par le repos, le lait caillé se sépare en deux couches : la couche inférieure, formée d'une substance solide, est la *caséine;* la partie supérieure liquide est le *petit-lait*.

La même expérience répétée sur le lait non écrémé donne, pour la partie solide, un mélange de caséine et de matière grasse.

III. Chauffer dans un tube à essais quelques centimètres cubes de petit-lait avec la liqueur cupro-potassique; cette dernière est réduite. Le petit-lait renferme donc un suc réducteur : c'est le lactose.

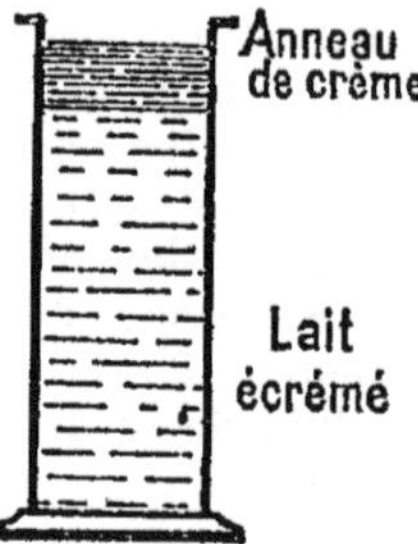

Fig. 133. — Quand on laisse reposer le lait frais à crème monte à la surface.

IV. Abandonner à l'air du lait écrémé; au bout d'un certain temps, un à deux jours, suivant la température, le lait s'est caillé spontanément; il a maintenant une saveur acide : c'est que le lactose s'est transformé en *acide lactique* sous l'action d'un ferment. C'est cet acide lactique qui a provoqué la coagulation de la caséine.

Enfin, le lait renferme encore divers sels minéraux, principalement des *chlorures* et des *phosphates*.

La proportion de ces diverses substances est variable suivant les animaux, l'âge de ceux-ci, leur mode d'alimentation.

Dans un concours agricole relatif à la race de Salers (Cantal), le poids de matière grasse pour 1 000 grammes de lait a varié de 30 grammes à 86 grammes; le poids de toutes les autres matières dissoutes était sensiblement constant et compris entre 85 et 95 grammes par litre. La moyenne fut de 90 grammes.

Fig. 134. — Baratte normande.

On peut admettre pour le lait de vache de bonne qualité les chiffres moyens suivants, par litre :

Beurre	40 grammes	Lactose	50 grammes
Caséine	35 —	Sels minéraux	6 —

D'après la composition précédente, 1 litre de lait fournirait 700 calories environ. On voit donc que 3 à 4 litres de lait constitueraient pour un adulte une ration alimentaire suffisante.

Le *beurre* est la matière grasse du lait; il renferme environ 85 p. 100 de matière grasse; le reste est constitué par de l'eau, une petite quantité d'albuminoïdes et d'autres substances contenues dans le lait; la valeur alimentaire du beurre peut pratiquement se réduire à la valeur de la matière grasse. 1 kilogramme de beurre fournit à l'organisme 7500 calories.

Les *fromages* sont obtenus par fermentation du coagulum produit par l'action de la présure sur le lait frais.

Quand le lait n'est pas écrémé, on a des fromages gras; quand le lait a été écrémé partiellement avant la coagulation, on a des fromages maigres.

Le fromage renferme la plus grande partie des albuminoïdes et des sels minéraux du lait; quant à la matière grasse, sa proportion est très différente dans les fromages gras et dans les fromages maigres. Dans les fromages gras même, la quantité de matière grasse varie suivant la richesse du lait utilisé.

Il y a lieu aussi de distinguer les fromages à pâte molle (brie, camembert, etc.) et les fromages à pâte dure (gruyère, hollande, cantal); ces derniers renferment moins d'eau que les autres et sont plus riches en matières nutritives sous un même poids. Pour fixer les idées, voici un tableau donnant la composition moyenne de deux sortes de fromages pour 100 grammes :

	Albuminoïdes.	Graisses.	Sels minéraux.
Brie	19 grammes.	26 grammes.	4 g., 5
Gruyère	30 —	36 —	5 grammes.

On voit que les fromages sont des aliments azotés de premier ordre.

Les fromages gras sont aussi des producteurs d'énergie; en effet, d'après la composition ci-dessus, 100 grammes de gruyère pourraient fournir 390 calories.

Pain.

291. Le pain est obtenu avec de la farine de céréales, farine que l'on a pétrie avec de l'eau pour en faire une pâte. Cette pâte a subi un commencement de fermentation, puis a été soumise à la cuisson.

Nous n'examinerons ici que le pain fabriqué avec la farine de froment.

Rappeler la composition de la farine (n° 240).

La farine est additionnée d'eau, d'un peu de sel, de levure de bière ou de *levain*, provenant d'une opération antérieure.

Le pétrissage est une opération pénible qui se fait le plus souvent avec les bras. Depuis quelques années, le pétrissage au moyen de pétrins mécaniques (*fig.* 135) prend de plus en plus d'extension.

Lorsque le pétrissage est achevé, on met la pâte dans des corbeilles et on l'abandonne à une température de 40° environ. Il se produit un commencement de fermentation avec dégagement de gaz carbonique qui forme des bulles dans la masse et fait lever la pâte.

La cuisson se fait dans des fours en briques, portés à une température de 200° à 250°. Au centre du pain, la température ne dépasse guère 70°. La cuisson n'est donc pas suffisante pour assurer la destruction des germes pathogènes qui peuvent exister dans la pâte au centre du pain, soit que ces germes aient été apportés par l'eau, soit qu'ils proviennent d'un ouvrier malade qui contamine la pâte pendant le pétrissage.

Pendant la fermentation et la cuisson, une partie de l'amidon que renfermait la farine a été transformée en dextrine. Cette transformation est surtout importante dans la croûte.

Le pain est une matière alimentaire de première nécessité : 1 kilogramme de pain blanc renferme 80 grammes environ de matière albuminoïde et peut fournir à l'organisme 2500 calories. Il est à remar-

Fig 135. — Pétrin mécanique Doliry : A, auge circulaire; B, pétrisseur; C, C, allongeurs.

quer que la croûte est plus nourrissante que la mie. La croûte renferme environ 13 pour 100 de son poids de matière azotée, la mie n'en contient que 7 pour 100 environ. La croûte est plus riche aussi que la mie en hydrates de carbone (68 pour 100 au lieu de 48). Cette remarque justifie l'emploi de la croûte de pain pour préparer les soupes destinées aux nourrissons. Dans la croûte, la matière amylacée a subi un commencement de transformation en glucose; l'action de la salive et des sucs digestifs est donc facilitée.

La farine ne renferme qu'une partie de la matière azotée et de l'acide phosphorique contenus dans le grain; on a prétendu que le *pain complet*, c'est-à-dire préparé avec une farine renfermant tous les éléments du grain, est plus nourrissant que le pain blanc. La question est bien discutée. Ce qu'il faudrait établir, c'est que l'azote du pain complet est assimilé intégralement par l'organisme. L'assimilation d'un aliment dépend de la façon dont il réagit sur l'organisme. Or, l'observation courante montre que le pain blanc est plus digestif que le pain complet.

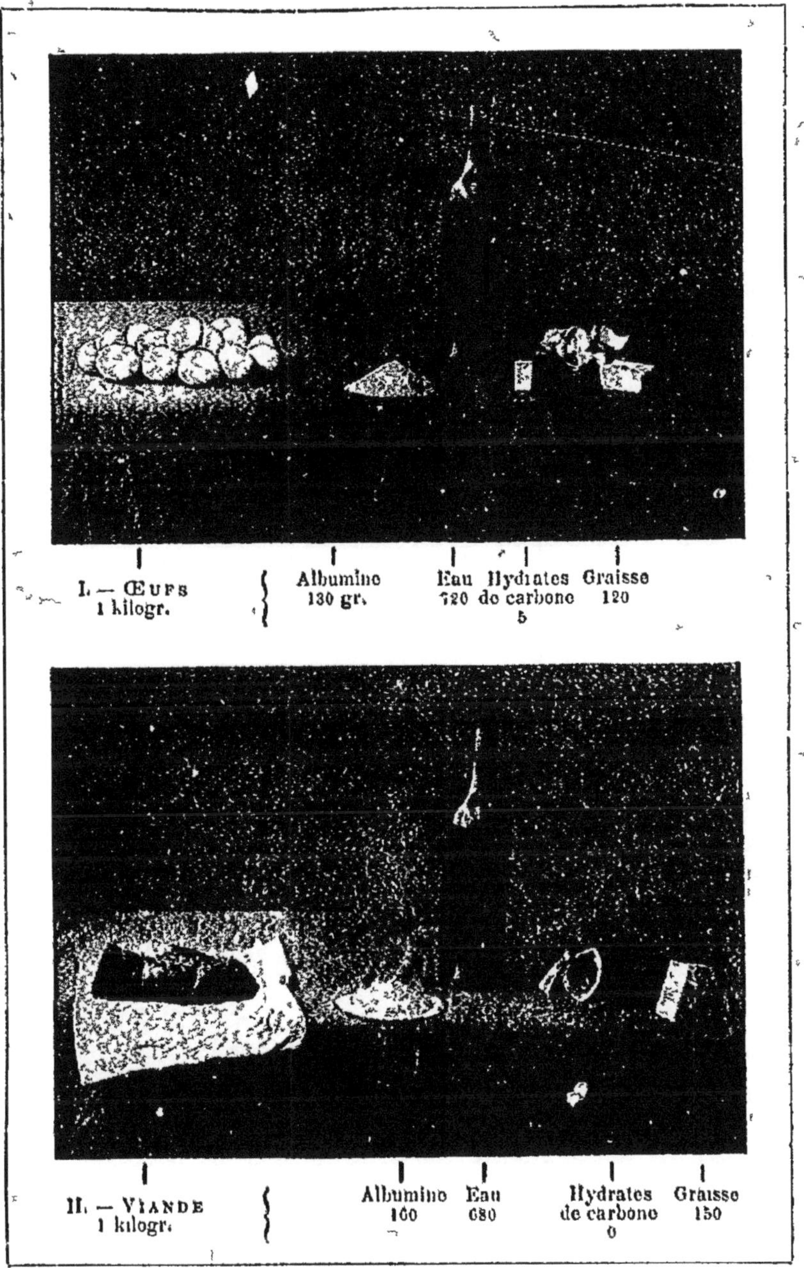

Fig. 136. — Proportion relative des substances nutritives (exception faite des sels, dont la proportion varie entre 10 et 15 gr. par kilogr.) dans les œufs (I) et la viande (II).
(D'après M. Mahout; Vitry, édit.)

Fig. 137. — Proportion relative des substances nutritives (exception faite des sels)
dans le pain (III) et les légumes (IV).
(D'après M. Mahout; Vitry, édit.)

Viande.

292. La viande est constituée par le tissu musculaire des animaux; elle renferme tous les principes nécessaires à la ration de l'homme, mais les proportions ne sont pas celles qui conviennent pour notre alimentation.

La viande fournit surtout de l'albumine; la quantité de matière grasse qu'elle renferme est très variable suivant les animaux dont elle provient, et pour un même animal suivant les régions du corps d'où elle a été tirée. Le filet, par exemple, est presque exclusivement formé de matières azotées. Si nous considérons la viande utilisée pour le pot-au-feu, nous pouvons donner comme moyenne pour 1 kilogramme : 180 grammes d'albuminoïdes, 50 grammes de matière grasse; dans ces conditions, 1 kilogramme de viande de bœuf correspond à 1 200 calories environ.

On voit qu'une alimentation exclusivement carnée exigerait par jour la consommation de 2 kilogrammes au moins de viande de bœuf pour obtenir les calories nécessaires, mais il y aurait suralimentation azotée : 360 grammes d'albuminoïdes.

La viande de porc est plus riche en matière grasse que celle du bœuf.

Le mode de préparation de la viande influe sur sa valeur alimentaire. Quand les viandes sont *rôties*, la surface extérieure est soumise brusquement à une température élevée; les matières albuminoïdes s'y coagulent et forment une sorte de croûte qui empêche les sucs de la viande de s'échapper.

Dans le pot-au-feu, au contraire, on met la viande dans l'eau froide et l'on porte cette eau à l'ébullition; une partie des matières albuminoïdes se dissout ainsi que divers sucs de la viande. On enlève aussi une partie des matières grasses. Les albumines dissoutes se coagulent à l'ébullition et forment l'écume du pot-au-feu. Le bouilli a donc une valeur nutritive moindre que les viandes rôties. Quant au bouillon, après avoir été écumé et dégraissé, sa valeur nutritive est faible, mais il renferme un certain nombre de substances dissoutes, voisines des alcaloïdes végétaux tels que la caféine, et qui lui donnent des propriétés stimulantes sur les fonctions digestives. Il paraît exciter la sécrétion gastrique.

La viande, même rôtie, n'a pas, au point de vue alimentaire, une valeur supérieure aux légumineuses, mais, par les sucs qu'elle contient, *elle constitue un stimulant et un excitant des fonctions digestives.*

RÉSUMÉ

1. Les *aliments* sont les substances capables d'être utilisées par l'organisme pour réparer ses pertes et pour lui fournir la chaleur et l'énergie nécessaires à son fonctionnement.

Ces substances comprennent :

a) De l'eau et des sels minéraux, chlorures, phosphates, etc. ;

b) Des matières azotées ;

c) Des matières organiques non azotées : hydrates de carbone (amidon, sucres) et corps gras (graisses, huiles).

2. Ces aliments subissent dans le tube digestif d'importantes transformations sous l'influence de ferments ou diastases sécrétés par les glandes digestives.

3. Le *lait* est un aliment complet pour les jeunes mammifères. Le lait des vaches renferme :

a) Des globules de matière grasse (beurre) en suspension : 40 grammes par litre en moyenne ;

b) De la matière azotée (caséine) : 35 grammes par litre ;

c) Du sucre de lait ou lactose : 50 grammes par litre ;

d) Des sels minéraux : 6 grammes par litre.

Quand le lait est abandonné au repos, la *crème* contenant la matière grasse monte à la surface ; on peut retirer aussi la crème au moyen de l'écrémeuse centrifuge.

Le lactose subit une fermentation qui transforme le sucre en acide lactique ; la présence de cet acide amène la coagulation de la caséine. On peut encore faire cailler le lait rapidement en y ajoutant de la présure.

Le *beurre* se retire de la crème par barattage.

Les *fromages* s'obtiennent en faisant cailler le lait frais au moyen de la présure. On égoutte le caillé pour le séparer de la partie liquide et on fait fermenter la partie solide. Les fromages renferment la plus grande partie des albuminoïdes, de la matière grasse et des sels minéraux du lait.

4. L'*œuf* de poule comprend :

a) Une coquille calcaire doublée de membranes azotées ;

b) Un liquide incolore, le blanc d'œuf, renfermant surtout de l'albumine ;

c) Une partie jaune, riche en albumine et en matière grasse. On y trouve de la lécithine, matière grasse phosphorée.

L'*albumine* est une matière azotée qui renferme du soufre. Elle coagule par la chaleur (70°), par l'alcool, par les acides ; elle donne avec le tanin une combinaison imputrescible (tannage des peaux, collage des vins). Certains sels métalliques (cuivre, mercure, argent) donnent avec l'albumine un précipité insoluble, d'où l'emploi de l'eau albumineuse pour combattre les empoisonnements par ces sels. La *pepsine* en milieu acide (HCl) transforme l'albumine en peptone. Cette transformation s'accomplit dans le tube digestif des mammifères sous l'action du suc gastrique et de l'une des diastases du suc pancréatique.

5. La *viande* est constituée par le tissu musculaire des animaux. Elle fournit surtout de l'albumine; la quantité de matière grasse qui s'y trouve est très variable.

Par les sucs qu'elle contient, la viande est un excitant et un stimulant; sa valeur alimentaire n'est pas supérieure à celle des légumineuses, par exemple.

6. Le *pain* est obtenu au moyen de la farine de céréales. Cette farine, pétrie avec de l'eau, forme une pâte qui subit un commencement de fermentation. Il se dégage du gaz carbonique, qui produit des bulles dans la masse.

La pâte fermentée est soumise à la cuisson dans des fours en briques.

Dans la partie extérieure, *croûte*, une partie de l'amidon a été transformée en dextrine. Au centre du pain, la température pendant la cuisson ne dépasse guère 70°. La stérilisation n'est donc pas complète.

Le pain est une matière alimentaire de premier ordre; 1 kilogramme renferme 80 grammes de matière azotée et fournit 2 500 calories environ.

EXERCICES

Qu'appelle-t-on aliments? — Quelles sont les principales substances chimiques qui constituent nos aliments? — Qu'appelle-t-on ration alimentaire? — Quelles sont les principales causes susceptibles de faire varier la ration? — Quelles sont les pertes de l'organisme en un jour? — Montrez comment une ration bien comprise peut compenser ces pertes. — Quelle est la constitution du blanc d'œuf? — Comment expliquez-vous l'odeur désagréable des œufs pourris? — Pourquoi emploie-t-on le blanc d'œuf pour le collage des vins? — Comment peut-on préparer de l'eau albumineuse? — Pourquoi le blanc d'œuf est-il utilisé contre les empoisonnements par certains sels métalliques? — Qu'est-ce que la pepsine? — Quelle est l'action de la pepsine sur l'albumine? — Quels sont les animaux domestiques dont nous utilisons le lait? — Quelle est la composition moyenne du lait de vache? — Montrez que le lait est un aliment complet. — Comment obtient-on le beurre? — Qu'est-ce que la présure? — Comment fabrique-t-on le fromage? — De quoi se compose l'œuf de poule? — Comparer la viande et les légumineuses (pois, lentilles, haricots), au point de vue alimentaire. — Comment se fabrique le pain? — Quelle différence y a-t-il au point de vue alimentaire entre la croûte et la mie du pain, entre le pain bis et le pain blanc? — Que pensez-vous de l'usage du pétrin mécanique dans la fabrication du pain? — Montrez que le pain est un aliment de première nécessité. — Vous expliquez-vous comment de pauvres gens puissent se nourrir presque exclusivement de pain et de fromage ou de produits dérivés du lait?

26e LEÇON

PRODUITS RETIRÉS DES VÉGÉTAUX

MATÉRIEL : Résine, essence de térébenthine, colophane. — Essences diverses (essence de lavande, alcool de menthe, eau de Cologne, etc.). — Caoutchouc ordinaire, ébonite, colle à réparer les pneus de bicyclette. — Caoutchouc brut, gutta-percha. — Cire. — Gomme laque en poudre. — Gomme copal. — Sandaraque. — Vernis à l'essence, à l'alcool. — Encaustique. — Camphre, eau-de-vie camphrée, objets en celluloïd. — Dissolution de camphre dans l'essence de térébenthine. — Eau bouillante.

Essence de térébenthine.

293. État naturel. Extraction. L'essence de térébenthine se retire par distillation de la résine appelée encore térébenthine brute. Cette résine est un produit qui s'écoule d'incisions faites à l'écorce des

Fig. 138. — Extraction de la résine dans les Landes.

conifères. C'est surtout le pin maritime qui est utilisé pour obtenir la résine (*fig.* 138).

La térébenthine est distillée avec de l'eau; l'essence est entraînée par la vapeur d'eau. Les vapeurs condensées, mélange d'eau et d'essence, sont reçues dans un récipient florentin (*fig.* 139). L'essence surnage et s'écoule par l'orifice supérieur; l'eau s'accumule à la partie inférieure et s'écoule par le deuxième tube. Dans la chaudière il reste la *colophane*.

Propriétés. L'essence de térébenthine est un liquide incolore, très mobile, de saveur âcre et brûlante et d'odeur caractéristique. Sa densité est 0,86. Elle est insoluble dans l'eau, mais elle se dissout dans l'alcool et l'éther.

Expériences. I. Dans un tube à essais, chauffer au bain-marie de l'essence de térébenthine et un morceau de cire: la cire se dissout. Cette dissolution est appelée *encaustique*. Quand on veut cirer un meuble, un parquet, on commence par le recouvrir d'une couche d'encaustique.

II. Chauffer au bain-marie de la gomme copal ou de la gomme laque additionnée d'essence de térébenthine : la gomme se dissout. Cette dissolution porte le nom de *vernis*.

La gomme laque, la gomme copal sont des *résines*, analogues à la colophane.

Ainsi, *l'essence de térébenthine est un dissolvant des corps gras et des résines.*

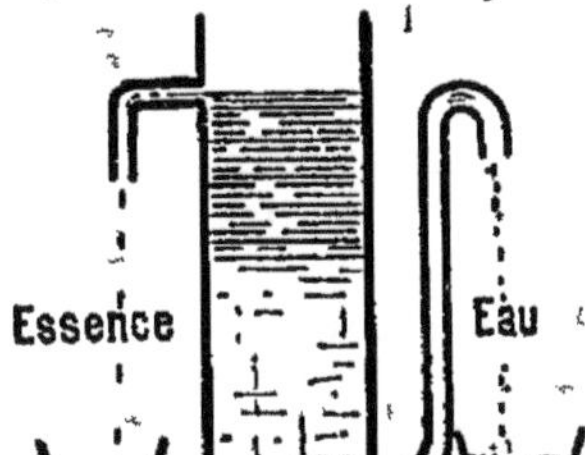

Fig. 139. — Récipient florentin.

L'essence de térébenthine ne renferme que du carbone et de l'hydrogène ; elle a pour formule $C^{10}H^{16}$; c'est un carbure d'hydrogène. Elle est le type d'une série de carbures qu'on appelle *carbures térébéniques ou terpéniques* et qui comprennent un grand nombre d'essences végétales.

III. Enflammer de l'essence de térébenthine; ce liquide brûle avec une flamme rougeâtre, très fuligineuse. — (Écrire la formule de la combustion complète et déterminer les volumes d'oxygène et d'air nécessaires pour brûler complètement un volume d'essence supposée réduite en vapeur.)

IV. Sur une plaque de verre, verser de l'essence de térébenthine qui s'y étale en mince couche; abandonner la plaque à l'air. Au bout d'une huitaine de jours, la plaque de verre est recouverte d'une couche solide. Sous l'action de l'oxygène, l'essence de térébenthine s'épaissit et se transforme en une matière solide qu'on désigne sous le nom de résine. Cette propriété explique la façon dont les vernis à l'essence se solidifient.

Usages. L'essence de térébenthine est utilisée pour préparer les *vernis dits à l'essence*, l'*encaustique*, pour enlever les taches de peinture ou de graisse sur les vêtements. Elle sert aussi pour délayer certains oxydes colorants employés en peinture ou pour la décoration du verre, de la faïence, de la porcelaine. En médecine, on utilise l'irritation qu'elle produit sur la peau pour combattre les maladies de la gorge et des voies respiratoires; elle remplace alors la teinture d'iode dans les cas peu graves. C'est le contrepoison du phosphore.

Essences végétales. — Parfums.

294. On désigne sous le nom d'*essences végétales* un certain nombre de composés organiques remarquables par leur odeur. Ces essences, utilisées dans la parfumerie et dans la préparation de certaines liqueurs, sont pour la plupart des carbures d'hydrogène dont la composition chimique est voisine de celle de l'essence de térébenthine. Cependant un certain nombre de ces essences renferment de l'oxygène et se rattachent aux corps que nous appelons alcools, aldéhydes, phénols, etc.

Ces essences portent le nom des plantes d'où on les retire : essence de roses, de menthe, de jasmin, de violette, de lavande, etc.

Elles sont *insolubles dans l'eau, mais solubles dans les corps gras (huiles, graisse) et dans l'alcool concentré.* Dans le commerce, on les trouve précisément sous ces deux dissolutions.

EXPÉRIENCE. Verser de l'eau dans de l'alcool de menthe, dans de l'eau de Cologne; le liquide se trouble et prend une teinte laiteuse par précipitation de l'essence insoluble dans l'alcool étendu. C'est cette précipitation que réalise le buveur d'absinthe quand il prépare son soi-disant apéritif.

On retire les essences soit par distillation avec de l'eau de la plante qui les renferme (l'extraction est alors analogue à celle de l'essence de térébenthine), soit par dissolution dans l'huile ou l'alcool, soit par simple compression (essence d'oranges).

Un grand nombre d'essences sont utilisées en parfumerie, mais d'autres, dissoutes dans l'alcool, sont livrées à la consommation sous le titre trompeur d'*apéritifs.*

L'absinthe est la plus redoutable de ces liqueurs dont la consommation en France s'accroît dans des proportions effrayantes. A l'action nocive de l'alcool qu'elles renferment, ces liqueurs ajoutent l'action plus dangereuse encore des essences dissoutes.

L'industrie de l'essence de roses est assez florissante dans le midi de la France, mais elle est beaucoup plus importante en Bulgarie. La Bulgarie et la Roumanie orientale produisent annuellement 5 300 kilogrammes d'essence de roses environ, d'une valeur de 3 700 000 francs. Pour obtenir 1 kilogramme d'essence, il faut près de 2 800 kilogrammes de fleurs. Ceci justifie le prix élevé de l'essence; mais il suffit d'une très petite quantité d'essence pour donner à l'eau de toilette une odeur particulière.

Caoutchouc.

295. État naturel. Extraction. De même que les conifères de nos régions laissent écouler la résine, certains arbres des pays chauds sécrètent un suc laiteux qui s'écoule par les incisions de l'écorce et qui constitue le *caoutchouc brut.* L'un de ces arbres est analogue à notre figuier domestique (*ficus elastica* des Indes), un autre appartient à la famille des euphorbiacées et croît surtout au Brésil, à la Guyane.

Pour recueillir le caoutchouc brut, on fait des incisions à l'écorce de l'arbre à caoutchouc. On recueille dans des vases le liquide laiteux qui s'écoule. On plonge dans ce liquide une planchette de bois; elle se recouvre d'une couche mince de latex. On expose la plan-

chette à un feu de bois vert: l'eau s'évapore, laissant sur la planche
une mince pellicule de caoutchouc. On recommence cette opération
jusqu'à ce qu'on ait une couche de caoutchouc d'une épaisseur suffisante. On fend cette couche qu'on détache de la lame de bois et on a
le caoutchouc brut, en plaques de quelques centimètres d'épaisseur.

Propriétés. Vulcanisation. Ébonite. Le caoutchouc est solide à la
température ordinaire; au-dessus de 35° il devient visqueux et s'altère par la chaleur.

Le caoutchouc pur est élastique entre 10° et 35° seulement; à 0° il
est résistant comme du cuir; à chaud il peut se souder à lui-même,
propriété importante au point de vue des applications.

Le caoutchouc est insoluble dans l'eau; il est soluble dans la benzine, le sulfure de carbone. La *colle* employée par les bicyclistes
pour réparer leurs pneus est une dissolution de caoutchouc pur
dans la benzine.

En incorporant du soufre (1 à 2 pour 100) au caoutchouc pur, on
obtient le caoutchouc *vulcanisé*, qui est élastique dans les limites de
la température beaucoup plus étendues que le caoutchouc brut. C'est
ce caoutchouc vulcanisé qui est utilisé dans les usages industriels.

Mais le *caoutchouc vulcanisé ne se soude plus à lui-même, il est insoluble
dans les solvants du caoutchouc brut.* Ainsi les objets en caoutchouc
sont d'abord faits en caoutchouc brut, puis on les vulcanise. Le
caoutchouc vulcanisé n'a pu jusqu'alors être régénéré économiquement pour être employé à nouveau.

Lorsqu'on incorpore au caoutchouc 25 pour 100 de soufre, on obtient un corps dur, noir, susceptible d'être travaillé au tour et
poli : c'est l'*ébonite*, employé comme isolant en électricité.

Usages. Les usages du caoutchouc sont nombreux; nous cite-
rons seulement la fabrication des tubes, des bouchons, des vêtements imperméables. L'industrie des cycles et des automobiles en
consomme de grandes quantités pour la confection des chambres à
air des pneumatiques, des bandages de roues. L'industrie électrique
utilise l'ébonite comme isolant.

Actuellement, la production mondiale s'élève à 68 000 tonnes (1906).
Cette production est inférieure à la consommation; aussi ce produit
a subi une hausse rapide ces dernières années. L'arbre à caoutchouc
devient, dans les régions tropicales, l'objet d'une culture rationnelle.
En 1901, on a fait, à Ceylan, une plantation de 1 000 hectares environ. L'arbre commence à produire au bout de cinq ou six ans et la
production s'élève à 250 kilogrammes par hectare. Le caoutchouc
manufacturé se vend aujourd'hui 30 francs le kilogramme. Le plus
estimé vient du Brésil, de la province de Para.

Gutta-Percha.

296. La *gutta-percha* est analogue au caoutchouc; elle provient du
suc laiteux d'arbres nommés *isonandra* qu'on trouve en Asie, princi-

palement dans la Malaisie et les îles de la Sonde. La gutta s'obtient comme le caoutchouc.

Elle est solide, noirâtre à la température ordinaire, insoluble dans l'eau, soluble dans le sulfure de carbone; elle n'est pas élastique. Au-dessous de 50° elle ramollit, peut se souder à elle-même, devient plastique et sert alors à prendre l'empreinte de petits objets que l'on veut reproduire par galvanoplastie.

C'est un excellent isolant employé dans l'industrie électrique. La gutta sert encore à faire des cuvettes, des flacons destinés à recevoir l'acide fluorhydrique : c'est à peu près le seul corps inattaquable par cet acide.

Résines. — Baumes.

297. Les *résines* sont des corps solides, cassants, de couleur jaune ou brune, insolubles dans l'eau, solubles dans l'alcool, les essences; elles proviennent de l'oxydation des essences végétales, oxydation qui se produit souvent dans la plante même. Ainsi, la résine des conifères est un mélange de colophane et d'essence de térébenthine.

Les principales résines sont la colophane, le copal, la laque, la sandaraque, le mastic.

Leur principal usage est la fabrication des *vernis*. Les vernis sont une dissolution de résines dans l'alcool (vernis pour meubles), dans l'essence de térébenthine (vernis pour métaux) ou même dans l'huile de lin (vernis pour voitures).

Les propriétés chimiques des résines ont été peu étudiées. En présence des alcalis, elles peuvent jouer le rôle d'acides, et depuis quelques années on en fabrique des *savons*.

Les *baumes* sont des résines renfermant de l'acide *benzoïque*. Ils sont odorants; on les emploie en parfumerie et en médecine. Exemples: benjoin, baume de Tolu, baume du Pérou.

Les *gommes-résines* sont un mélange de gommes et de résines. Exemples : myrrhe, encens, scamonnée, etc.

Camphre.

298. Le camphre s'extrait d'un grand arbre de la Chine et du Japon, le camphrier, voisin de notre laurier.

On l'obtient en chauffant dans l'eau à l'ébullition les racines et les tiges du camphrier après les avoir réduites en copeaux. Le camphre brut est raffiné en Europe.

Le camphre est un solide blanc, de saveur brûlante, d'odeur caractéristique. Presque insoluble dans l'eau, le camphre est soluble dans l'alcool, la benzine, l'essence de térébenthine.

La dissolution saturée de camphre dans l'essence de térébenthine est utilisée pour permettre le travail du verre. Les outils en acier, forets, limes, mordent très bien sur le verre imprégné de cette solution.

L'alcool camphré est employé en médecine comme *sédatif* (calmant). L'*eau sédative* est formée d'ammoniaque, d'eau, de sel marin,
de camphre. L'usage industriel le plus important du camphre est la
fabrication du *celluloïd*, formé de camphre et de collodion.

Alcaloïdes végétaux.

299. On retire de certains végétaux des substances de nature azotée
et possédant des propriétés basiques très nettes : elles ramènent au
bleu le tournesol rouge et se combinent aux bases pour donner des sels
cristallisables. Ces substances sont appelées alcaloïdes végétaux.

Les alcaloïdes, ainsi que leurs sels, sont en général des poisons
redoutables, qui déterminent la mort à des doses qui varient de
quelques centigrammes à un gramme. Cependant, à des doses extrêmement faibles, ces substances sont employées en médecine et constituent des médicaments énergiques.

Nous dirons quelques mots des principaux alcaloïdes.

Nicotine. C'est l'alcaloïde contenu dans le tabac. Il se trouve combiné dans les feuilles de tabac à divers acides organiques. La proportion de cet alcaloïde est très variable : 2 pour 100 (tabac de la
Havane) à 9 pour 100 (tabac du Lot).

La nicotine est un liquide oléagineux incolore. C'est un poison
extrêmement violent : quelques gouttes suffisent pour tuer un chien.
La nicotine existe dans la fumée du tabac. On conçoit dès lors que
l'abus du tabac puisse provoquer chez certains individus des troubles
sérieux. Actuellement, on a des tabacs dont la plus grande partie de
la nicotine a été enlevée.

La nicotine est *soluble dans l'eau*. Le jus de tabac, titré, vendu par
la régie des contributions indirectes, renferme, par litre, 100 grammes de nicotine ; il est utilisé comme *insecticide*. On l'emploie :

1° En *arrosage* sur les plantes (1 litre de jus de tabac pour 100 litres
d'eau) ;

2° En *fumigations* dans les serres. Le jus de tabac, étendu de 5 fois
son volume d'eau, est projeté sur une plaque de fer chauffée fortement. Les vapeurs ainsi produites asphyxient les insectes.

Morphine et codéine. Ce sont les principaux alcaloïdes extraits du
suc du pavot blanc, ou pavot somnifère.

Lorsqu'on fait des incisions sur les capsules encore vertes du pavot
somnifère, il s'écoule un suc laiteux qui se dessèche et s'épaissit à
l'air, en donnant une matière brune appelée *opium*.

L'opium est utilisé en médecine comme calmant dans diverses
préparations pharmaceutiques. Le *laudanum*, par exemple, est obtenu
en faisant macérer l'opium dans du vin.

L'opium est un poison. Dans les pays orientaux, on fume l'opium
comme chez nous on fume le tabac. L'usage de l'opium cause rapidement de profonds désordres dans l'organisme et amène la
déchéance physique, intellectuelle et morale des individus qui s'y

adonnent. Les effets de l'opium sont beaucoup plus intenses sur les Occidentaux que sur les individus de l'Orient, sans doute à cause de l'accoutumance héréditaire de ces derniers. Néanmoins, les ravages de l'opium en Orient sont comparables à ceux de l'alcool dans les pays occidentaux.

De l'opium on retire la *morphine* et la *codéine*. L'opium renferme de 7 à 12 pour 100 de morphine. En médecine on utilise comme calmant le chlorhydrate de morphine. On absorbe la morphine sous forme de sirop, ou en injections sous la peau, à la dose de 1 ou 2 centigrammes.

La morphine est un calmant du système nerveux. La *codéine* est également un calmant utilisé dans les affections des voies respiratoires.

Quinine. La quinine est le principal alcaloïde extrait de l'écorce des *quinquinas*. Les quinquinas sont des arbres des pays tropicaux appartenant à la famille des *rubiacées*.

La quinine est employée en médecine sous forme de *sulfate de quinine* à la dose de 10 à 50 centigrammes. C'est le meilleur fébrifuge que l'on possède; il produit des troubles de la vision et des bourdonnements d'oreilles qui disparaissent assez vite.

Autres alcaloïdes. Citons l'*atropine*, extraite de la belladone; la *digitaline*, qu'on retire de la digitale; la *strychnine*, extraite de la noix vomique et de la fève de Saint-Ignace; l'*aconitine*, de la racine d'aconit; la *théobromine* et la *caféine*, du thé et du café; la *cocaïne*, de la feuille de coca, employée comme anesthésique.

Ptomaïnes ou alcaloïdes animaux. Il faut rapprocher des alcaloïdes précédents les poisons violents qui se produisent dans la putréfaction des matières azotées d'origine animale, poisons qu'on désigne sous le nom de *ptomaïnes*. Ces ptomaïnes peuvent provoquer des accidents mortels à la dose de quelques milligrammes. De là les dangers d'empoisonnement par les viandes ou les conserves avariées.

Pendant la vie, des poisons analogues aux ptomaïnes peuvent se former dans l'organisme. On les désigne sous le nom de *leucomaïnes* (de leucoma, blanc d'œuf). Ces leucomaïnes constituent un premier terme de destruction des matières albuminoïdes; une partie est éliminée par les reins (10 milligrammes par litre d'urine environ), le reste est transformé en urée, acide urique et est éliminé aussi avec l'urine.

RESUMÉ

1. L'*essence de térébenthine* $C^{10}H^{16}$ s'obtient par la distillation de la résine ou térébenthine brute extraite des incisions faites à l'écorce des conifères. Le résidu de la distillation est la *colophane*.

L'essence de térébenthine est un liquide incolore, à odeur caractéristique, de saveur âcre et brûlante, insoluble dans l'eau, soluble dans l'alcool, l'éther; elle dissout les résines, les corps gras, le camphre, etc. C'est un liquide *volatil* et *combustible*, qu'il faut manier loin de toute flamme; il brûle avec une flamme très fuligineuse. A l'air, l'essence de térébenthine s'oxyde, s'épaissit et se transforme en une *résine* solide.

L'essence de térébenthine est employée dans la préparation des *vernis*, de l'*encaustique;* elle est utilisée pour enlever les taches de peinture sur les vêtements; en médecine, elle sert à combattre les maladies des voies respiratoires et comme antidote du phosphore.

2. La plupart des essences végétales ont même composition chimique que l'essence de térébenthine. Elles ont une odeur caractéristique. Dissoutes dans l'alcool, elles sont employées en parfumerie ou dans la fabrication de certaines liqueurs alcooliques : chartreuse, anisette, alcool de menthe, absinthe, etc.

3. Le *caoutchouc* se retire du suc laiteux de certaines plantes des régions tropicales. Ce suc s'épaissit par évaporation et donne le caoutchouc brut, solide, brun, élastique entre 10° et 35°. Le caoutchouc brut se ramollit et peut se souder à lui-même vers 100°. Il s'altère par la chaleur au-dessus de 100°. Le caoutchouc brut est soluble dans la benzine, le sulfure de carbone.

On augmente l'élasticité du caoutchouc en y incorporant 1 à 2 pour 100 de soufre (vulcanisation). Une proportion (25 pour 100) de soufre le transforme en *ébonite*, employé comme *isolant*. Le caoutchouc a de nombreux usages : l'industrie électrique et l'industrie des cycles et automobiles en consomment de grandes quantités.

La *gutta-percha* est voisine du caoutchouc, mais n'est pas élastique; on l'utilise comme isolant en électricité.

4. Les *résines*, les *baumes*, les *gommes-résines* sont voisines des corps précédents; les résines sont utilisées dans la fabrication des vernis.

Le *camphre* se retire des racines et des tiges d'un arbre de la Chine. Son principal usage est la fabrication du *celluloïd.* L'*eau-de-vie camphrée*, l'*eau sédative*, sont employées comme calmants.

5. Les *alcaloïdes végétaux* sont des composés azotés, à fonction basique, qu'on rencontre à l'état de sels dans un grand nombre de végétaux. Ce sont des poisons violents, utilisés en médecine à très faible dose comme agents thérapeutiques.

Les principaux alcaloïdes sont la *nicotine* du tabac, la *morphine* et la *codéine* du pavot, la *quinine* du quinquina, la *caféine* et la *théobromine* du café et du thé, la *cocaïne* de la coca.

Aux alcaloïdes on rattache les *ptomaïnes*, poisons violents qui se forment pendant la putréfaction des substances organiques azotées, et les *leucomaïnes*, produits de désassimilation des matières azotées; les leucomaïnes sont transformées en urée, acide urique, et éliminées par les reins avec l'urine.

EXERCICES

Comment obtient-on la résine, l'essence de térébenthine? — Qu'appelle-t-on vernis à l'essence? — Quelle est l'action de l'oxygène sur l'essence de térébenthine? — Comment se prépare l'encaustique? — Citez des essences végétales voisines de l'essence de térébenthine. — Pourquoi l'eau de Cologne, l'absinthe, précipitent-elles quand on y ajoute de l'eau? — D'où provient le caoutchouc? — Quelle différence y a-t-il entre le caoutchouc brut et le caoutchouc vulcanisé? — Qu'est-ce que l'ébonite? — D'où provient la gutta-percha? — Quels sont les usages de ce corps? — Citez des résines, des baumes. — Usages de ces corps. — D'où provient le camphre? — Justifiez l'odeur des objets en celluloïd. — Citez des alcaloïdes végétaux. — Quel est l'usage agricole de la nicotine? — D'où provient l'opium? — Quels alcaloïdes contient l'opium? — Quel est l'usage médical de la morphine? — D'où provient la quinine? — Citez des plantes de nos régions qui renferment de dangereux alcaloïdes? — Quels sont les alcaloïdes que renferment le café, le thé? — A quoi sont dus les empoisonnements par les viandes, les conserves avariées?

INDEX ALPHABÉTIQUE

Les chiffres renvoient aux pages.

TABLE DES MATIÈRES

Paris. — Imp. Larousse, 17, rue Montparnasse.

www.ingramcontent.com/pod-product-compliance
Ingram Content Group UK Ltd.
Pitfield, Milton Keynes, MK11 3LW, UK
UKHW021526080726
13613UKWH00008B/177